U0386748

| 彩色 | 红 | 绿 | 蓝 |

图 2-6　彩色图像的 3 个通道

(a) 彩色图像　　　　　　　　　(b) 转换为灰度图后

(c) 转换为HSV颜色模型后　　　　(d) 转换为YUV颜色模型后

图 3-5　ConvertColor.java 程序的运行结果

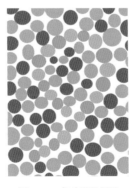

图 3-6　色盲测试图

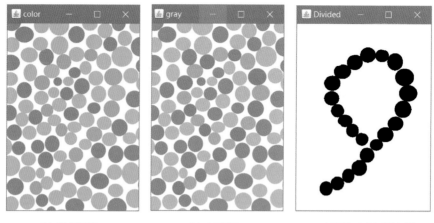

(a) 彩色图像   (b) 灰度图   (c) 用颜色分割后的图像

图 3-7　DetectColor.java 程序的运行结果

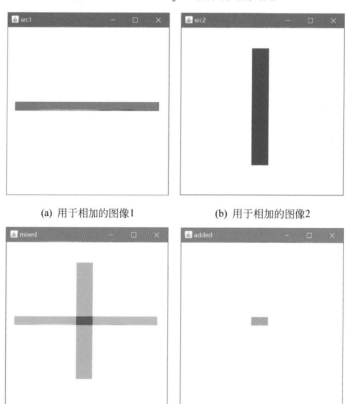

(a) 用于相加的图像1   (b) 用于相加的图像2

(c) 加权相加后的图像   (d) 简单相加后的图像

图 4-1　Add.java 程序的运行结果

(a) 输入图像　　　　　　　　　　　　　　(b) 反相后的图像

图 4-5　Bitwise_not.java 程序的运行结果

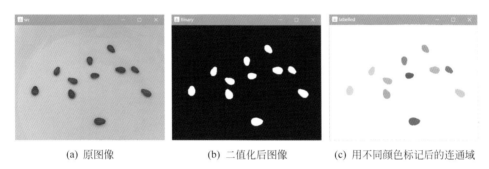

(a) 原图像　　　　　　　(b) 二值化后图像　　　　　(c) 用不同颜色标记后的连通域

图 7-6　ConnectedComponents.java 程序的运行结果

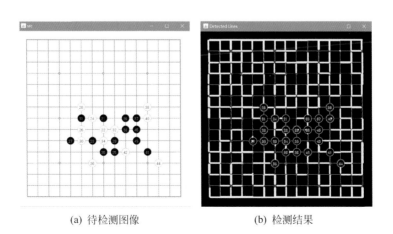

(a) 待检测图像　　　　　　　　　　　(b) 检测结果

图 10-10　HoughLinesP.java 程序的运行结果

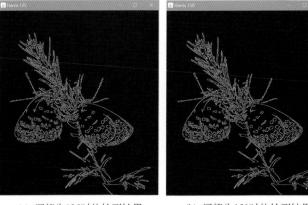

(a) 阈值为125时的检测结果　　　　　(b) 阈值为150时的检测结果

(c) 阈值为175时的检测结果　　　　　(d) 阈值为200时的检测结果

图 11-7　不同阈值下 Harris 角点的检测结果

(a) 待检测图像　　　　(b) 检测出的Harris角点　　　　(c) 检测出的Shi-Tomasi角点

图 11-9　GoodFeaturesToTrack.java 程序的运行结果

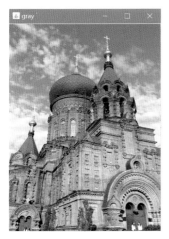

(a) 待检测图像   (b) SIFT算法检测结果

图 11-17　Sift.java 程序的运行结果

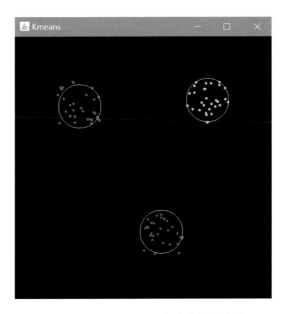

图 12-1　Kmeans.java 程序的运行结果

(a) 原图像　　　　　　　　　　　(b) 图像分割结果

图 12-2　Kmeans2.java 程序的运行结果

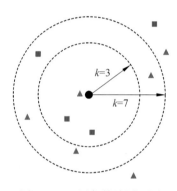

图 12-3　K 近邻算法原理图

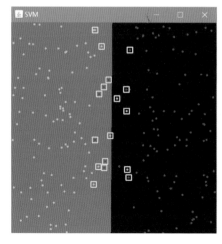

图 12-11　SVM2.java 程序的运行结果

计算机技术开发与应用丛书

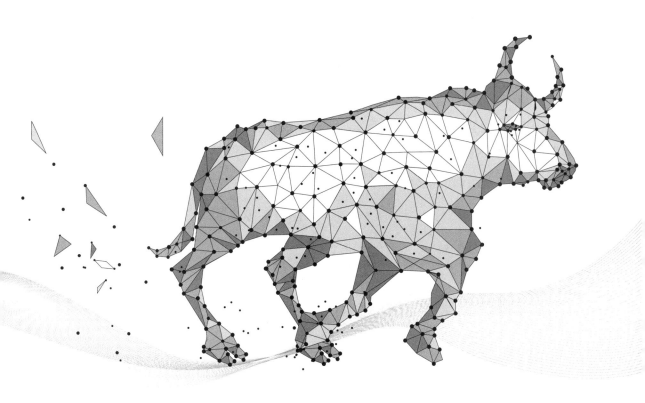

Java+OpenCV
高 效 入 门

姚利民 ◎ 编著

清华大学出版社

北京

内 容 简 介

OpenCV 作为一个应用广泛的开源计算机视觉库，正在受到越来越多的关注。目前 OpenCV 的各类教程基本上以 Python 和 C++为主，基于 Java 的教程则少之又少，本书旨在弥补这一空白。

本书共 13 章，第 1~4 章是基础部分，包括 OpenCV 概述和安装配置、数字图像基础及图像基本操作等内容；第 5~11 章是进阶内容，包括图像的几何变换、图像平滑、图像形态学、直方图与匹配、边缘与轮廓检测、霍夫变换、特征点检测和匹配等；第 12 章和第 13 章属于提高内容，主要介绍机器学习和视频分析。

本书通过通俗易懂的语言、图文并茂的讲解，力图使初学者能够快速高效入门。本书面向的读者包括高校学生在内的各类初学者、研究计算机视觉的业余爱好者及需要快速上手的专业人员。

图书在版编目（CIP）数据

Java+OpenCV高效入门/姚利民编著. —北京：清华大学出版社，2023.4
（计算机技术开发与应用丛书）
ISBN 978-7-302-62953-5

Ⅰ. ①J… Ⅱ. ①姚… Ⅲ. ①JAVA语言－程序设计 Ⅳ. ①TP312.8

中国国家版本馆CIP数据核字（2023）第038516号

责任编辑：赵佳霓
封面设计：吴 刚
责任校对：郝美丽
责任印制：朱雨萌

出版发行：清华大学出版社
    网 址：http://www.tup.com.cn, http://www.wqbook.com
    地 址：北京清华大学学研大厦 A 座 邮 编：100084
    社 总 机：010-83470000 邮 购：010-62786544
    投稿与读者服务：010-62776969，c-service@tup.tsinghua.edu.cn
    质 量 反 馈：010-62772015，zhiliang@tup.tsinghua.edu.cn
    课 件 下 载：http://www.tup.com.cn,010-83470236
印 装 者：三河市君旺印务有限公司
经 销：全国新华书店
开 本：186mm×240mm 印 张：21.25 插页：3 字 数：489 千字
版 次：2023 年 6 月第 1 版 印 次：2023 年 6 月第 1 次印刷
印 数：1～2000
定 价：79.00 元

产品编号：099215-01

前言
PREFACE

OpenCV 是一个开源的计算机视觉库，它实现了图像处理和计算机视觉方面很多通用的算法。免费开源而又强大，这些特性使 OpenCV 日益成为计算机视觉领域中一个不可或缺的重要工具。OpenCV 同时提供了 C++、Java 和 Python 的接口，但是目前 OpenCV 的教程主要以 Python 和 C++为主，而基于 Java 的教程则近乎空白，本书旨在弥补这一空白。

Java 是一门优秀的跨平台的编程语言，它脱胎于 C++，同时摒弃了指针和多继承等特别复杂的东西，因而受到广泛欢迎。无论是 Java 语言还是 OpenCV，相关的资料都已经相当丰富，但是，基于 Java 的 OpenCV 开发仍然有着不小的难度。首先，OpenCV 有着众多的数据类型，例如，最核心的 Mat（矩阵）类就有 MatOfInt、MatOfPoint、MatOfPoint2f、MatOfRect 等十几个子类。OpenCV 中各种函数的参数类型各不相同，因而在完成某一任务时需要进行各种数据类型的转换，而这对于初学者来讲是有着相当难度的。其次，用 Java 语言调用 OpenCV 函数时很多参数需要加上模块名，而参数和模块名的搭配又很容易搞错。再次，Java 的数据类型与 OpenCV 并不完全兼容。例如，Java 中 byte 类型的取值范围为−128~127，而 OpenCV 中像素值的取值范围通常为 0~255，如果不加注意，则程序调用的结果往往与预期大相径庭。毫无疑问，一本精心编写的入门教程将为初学者早日"登堂入室"节省大量宝贵的时间。作为一个过来人，笔者将众多的经验和心得融入本书，希望读者阅读本书后能够少走弯路，早日步入 OpenCV 的神奇殿堂！

本书主要内容

本书是一本基于 Java 的 OpenCV 入门级教程，目标是让各类型的初学者在最短时间内掌握 OpenCV 的编程技巧。全书共 13 章，各章主要内容如下：

第 1 章首先介绍 OpenCV 的发展历程、主要模块等内容，然后介绍 OpenCV 的下载、安装和配置，并通过一个 OpenCV 程序进行验证，最后归纳总结了 Eclipse 和 Java 的一些必备知识。

第 2 章主要介绍数字图像的基础、OpenCV 中的 Mat 类及相关操作、OpenCV 中常用的数据结构等。

第 3 章介绍图像的读写显示、常用的绘图函数及颜色空间操作。

第 4 章介绍图像的算术运算、逻辑运算、二值化和查找表等阈值操作及图像金字塔等内容。

第 5 章介绍图像的几何变换，包括平移、旋转、缩放、仿射变换、透视变换等。

第 6 章介绍与图像平滑相关的内容，包括图像噪声、滤波器、线性滤波和非线性滤波。

第 7 章首先介绍像素的距离和邻域等基本概念，然后介绍膨胀、腐蚀及形态学操作。

第 8 章介绍直方图及模板匹配的相关内容。

第 9 章介绍边缘检测算子、Canny 边缘检测、轮廓检测、轮廓特征等内容。

第 10 章介绍霍夫变换的原理、霍夫线检测和霍夫圆检测的内容。

第 11 章介绍角点检测、特征点检测及特征点匹配等内容。

第 12 章首先介绍机器学习的相关内容，包括 K 均值、K 近邻、决策树、随机森林、SVM 等，然后介绍人脸检测的相关内容。

第 13 章介绍视频的基础操作及均值迁移法、背景建模、光流估计等目标追踪技术。

本书详细介绍了近 120 个 OpenCV 函数，并给出了 100 多个示例程序，力求让读者在最短时间内掌握基于 Java 的 OpenCV 编程技术。

阅读建议

本书是一本面向初学者的入门级教程。为了适合各类型读者的需要，本书采用了 OpenCV 3.4.16 和 4.6.0 两个版本，前者比较稳定，后者则是截稿时的最新版本，书中所有代码均在这两个版本中进行了测试。在 3.4.16 版本中，所有代码均可不加修改地正常运行，而在 4.6.0 版本中，除了 Draw2.java 和 Draw3.java 两个程序需要略作修改（参见代码说明）外，其余程序也均能正常运行。另外，本书详细介绍了近 120 个常用的 OpenCV 函数并列出了相关参数（含相应模块名），因而也可以作为备查的工具书使用。

本书内容由浅入深，因此建议读者按顺序阅读。在了解 OpenCV 的基础知识后，建议按第 1 章相关内容搭建开发环境并写出第 1 个 OpenCV 程序。第 1 个程序的顺利运行将增强读者的信心并激发学习的兴趣。第 2 章的内容属于基础中的基础，掌握这一章的内容对后面的学习很重要，建议不要跳过。第 3 章和第 4 章则是一些基础算法，后面不少高级算法都建立在这些算法的基础之上。

第 5~11 章属于进阶内容，通常会先介绍相关概念或算法原理，然后给出程序实例。对于这些章节建议读者先通读一遍，以便了解概念和原理，然后边运行程序边加深对算法的理解。

第 12 章和第 13 章涉及机器学习和视频分析等较为高级的内容，代码也会比较长。不过代码中的详细注释会帮助读者理清思路，建议读者在掌握了前面的基础算法后再学习这两章。

致谢

感谢我的家人，感谢你们一直以来对我的理解和支持!

本书的写作也得到了清华大学出版社赵佳霓编辑的大力帮助，在此深表感谢!

由于本书涉及内容广泛，加上笔者水平有限，因此难免存在疏漏之处，还请各位读者不吝批评指正。

本书源代码

姚利民

2023 年 3 月

目 录
CONTENTS

第 1 章

OpenCV 概述

1.1 OpenCV 简介

近年来，计算机视觉技术得到了迅猛发展。计算机视觉是专门研究如何让机器"看"的科学，具体来讲，就是用摄影头和计算机等代替人眼对目标进行识别、检测、跟踪和测量，并做进一步的图形处理。

计算机视觉是一门综合性的学科，涵盖了数学、计算机图形学、算法、工程学、人工智能（AI）、认知科学、心理学及神经科学等众多领域。涉及如此众多的专业知识，计算机视觉研究的难度可想而知。

OpenCV 是一个开源的计算机视觉库，它实现了图像处理和计算机视觉方面很多通用的算法。免费开源而又强大，这些特性使它日益成为计算机视觉领域中一个不可或缺的重要工具。

1.1.1 什么是 OpenCV

OpenCV 是 Open Source Computer Vision Library（开源计算机视觉库）的简称，Open 取自 Open Source，CV 是 Computer Vision 的首字母。

OpenCV 是一个开源的跨平台的计算机视觉库，它支持 Windows、Linux、Android 和 macOS 等操作系统，并具有 C++、Java、Python 和 MATLAB 接口。

OpenCV 是用 C++开发而成的，由 500 多种算法组成，而支撑这些算法的函数大约是算法数量的 10 倍。

1.1.2 OpenCV 简史

OpenCV 诞生于 Intel 研究中心，最初的目的是开发一个可普遍适用的计算机视觉库。OpenCV 发展史中的重大事件如下：

（1）1999 年，OpenCV 项目启动。

（2）2000 年，第 1 个开源版本 OpenCV alpha 3 发布。

（3）2006 年，OpenCV 1.0 正式版发布，可以运行在 macOS 和 Linux 平台上，主要提供

C 语言接口。

（4）2009 年 10 月，OpenCV 2.0 问世，带来了全新的 C++接口。在 2.0 时代，OpenCV 增加了对 iOS 和 Android 系统的支持，通过 CUDA 和 OpenCL 实现了 GPU 加速，还提供了 Java 和 Python 接口。

（5）2014 年 8 月，OpenCV 3.0 alpha 发布。这个版本中最大的变革是抛弃了整体架构，改为使用内核+插件的架构形式。

（6）2015 年 6 月，OpenCV 3.0 发布。在它的发布声明中是这样描述的："它是史上功能最全，速度最快的版本。它还是非常稳定的：在项目期间进行了数千次测试，它还成功通过了在 Windows、Linux、macOS、x64 和 ARM 上的进一步测试"。 OpenCV 3.0 还大幅度改进、扩展了 Java 和 Python 绑定并引入了 MATLAB 绑定，同时改进了对 Android 系统的支持。

（7）2018 年 11 月，OpenCV 4.0 正式版发布。OpenCV 4.0 版的一个重要使命是去除 C 语言风格的接口，使其完全支持 C++11。它还强化了深度神经网络（DNN）模块，并添加了 G-API 这一新的模块。

1.1.3　OpenCV 的特色与应用

计算机视觉市场潜力十分巨大，除了开源的 OpenCV 之外，还有 MATLAB、Halcon 这样的商业软件。

OpenCV 的主要特点如下：

（1）开源、免费。

（2）由 C++开发而成并经过深度优化，运行速度快。

（3）拥有非常丰富的计算机视觉和机器学习算法。

（4）支持多个操作系统。

（5）定期更新，紧跟潮流。

正是由于这些原因，OpenCV 受到了广泛欢迎。OpenCV 的应用领域十分广泛，例如安保监控、工业检测、医学图像处理、摄像机标定、卫星地图、无人机应用、自动驾驶、军事应用等。

1.1.4　OpenCV 的主要模块

OpenCV 3.4.16 的主要模块及其内容见表 1-1。

表 1-1　OpenCV 的主要模块

模块名称	中文名称	主 要 内 容
calib3d	相机定标和三维重建模块	基本多视角几何算法；单个立体摄像机标定；物体姿态估计；三维信息重建
core	核心模块	基础数据结构；动态结构；数组操作；辅助功能、系统函数和宏；OpenGL 交互相关

续表

模块名称	中文名称	主 要 内 容
features2d	二维特征框架模块	特征的检测及描述；特征检测器接口；描述符提取器接口；描述符匹配器接口；通用描述符匹配器接口；关键点及匹配功能绘制函数；物体分类
flann	FLANN 模块	快速最近邻搜索库
highgui	高层 GUI 模块	高层图形用户界面
imgCodecs	图像读写模块	图片的读写
imgproc	图像处理模块	绘图函数；图像的几何变换；图像转换；图像滤波；直方图相关；结构分析和形状描述；形状检测；模板匹配
ml	机器学习模块	统计模型；贝叶斯分类器；K 近邻；支持向量机；决策树；随机森林；EM；神经网络
objdetect	对象检测模块	对象检测
photo	计算摄影模块	降噪；高范围动态成像；无缝克隆
stitching	图像拼接模块	图像拼接
video	视频分析模块	动作分析；视频追踪
videoio	视频读写模块	视频读写
---	其他模块	CUDA 系列、dnn、shape、videostab、world 等

1.2 OpenCV 的下载及安装

本书内容基于 Java 的 OpenCV 开发，其中开发环境使用的是 Eclipse。

为了照顾各类型读者的需求，本书推荐 OpenCV 的 3.4.16 版和 4.6.0 版两个版本，其中 4.6.0 版是截稿时最新的版本。用这两个版本的 OpenCV 搭配下面介绍的 Java 和 Eclipse 版本可以运行书中所有的示例程序，但是由于 OpenCV 升级到 4.6.0 版本后个别参数有所调整，所以极个别的程序参数略有不同。下面以 OpenCV 的 3.4.16 版为例介绍如何下载和配置，书中介绍的函数也都以该版本为准。除非另有注明，书中代码同时适用于两个版本。

正如 Java 和 Eclipse 各版本之间并不完全兼容一样，OpenCV 和 Java 的版本之间也存在兼容性问题。如果搭配不好，则往往会在运行时出错甚至无法运行。为了避免不必要的麻烦，建议初学者采用与本书相同的版本，其安装文件如下：

```
Java（JDK）：JDK1.8.0_11-win32.exe
Eclipse: eclipse-SDK-3.4-win32.zip
OpenCV: opencv-3.4.16-vc14_vc15.exe(或opencv-4.6.0-vc14_vc15.exe)
```

目前，操作系统存在 32 位和 64 位之分，而 Java、Eclipse 和 OpenCV 也都存在 32 位和 64 位两个版本（有的是合一版）。如果是 32 位的操作系统，则 Java、Eclipse 和 OpenCV 都应是 32 位的；如果是 64 位的操作系统，则 32 位和 64 位版本都可以运行。

笔者的操作系统是 64 位的 Windows 系统，而 Java、Eclipse 和 OpenCV 的版本全部是

32 位的，上述配置能够很好地运行书中的所有示例程序。

注意：务必保持 Java、Eclipse 和 OpenCV 三者之间的一致性，或者全部使用 32 位，或者全部使用 64 位，以避免不必要的麻烦。

下面就逐一介绍 Java、Eclipse 和 OpenCV 的下载和安装，本书示例全部使用 32 位版本。

1.2.1　Java 环境的配置

1．Java 的下载

Java 最新版本的下载网址为 https://www.oracle.com/java/technologies/downloads.html。本书使用了 Java 的一个较早版本，下载网址为 https://www.oracle.com/java/technologies/javase/javase8-archive-downloads.html。

进入该网页后，找到 jdk-8u11-windows-i586.exe 这个版本（此版本是 32 位的，如需 64 位请选择该版本下方的 jdk-8u11-windows-x64.exe），如图 1-1 所示。

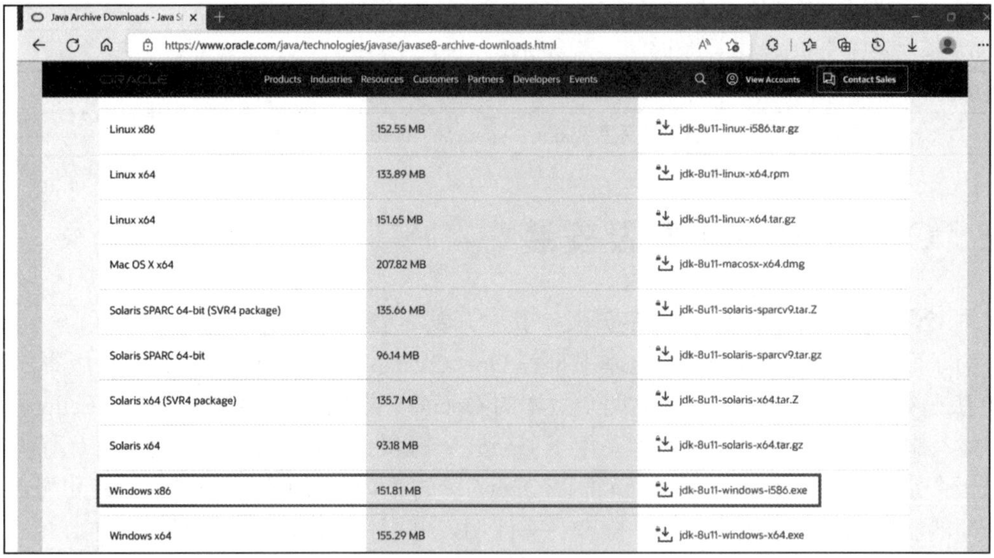

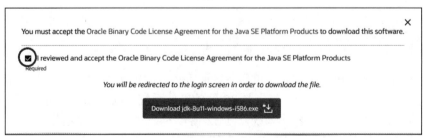

图 1-1　选择 JDK 版本

单击文件名处的链接，会弹出如图 1-2 所示的确认框，必须接受相关协议才能继续下载。

图 1-2　Oracle 使用许可协议

勾选图 1-2 中圆圈所示的选项之后，单击下方绿色的下载按钮，会弹出 Oracle 账户的登录页面，如图 1-3 所示，如果没有 Oracle 账户，则可以注册一个。输入用户名和密码登录以后即可下载安装文件 jdk-8u11-windows-i586.exe。

2. Java 的安装与配置

Java 的安装非常简单，双击下载的 exe 文件后，会弹出相应的对话框。前面的对话框无须任何配置，只需单击"下一步"按钮即可。接着会弹出如图 1-4 所示的对话框，这是用来设置安装组件和安装目录的。默认选项是安装所有 JDK 组件，因此不必修改。安装路径可以选择默认路径，也可以另行设置。注意：如需更改安装路径，最好不要设置含有中文字符的路径，以避免不必要的麻烦。设置完成后单击"下一步"按钮，开始 JDK 的安装。

图 1-3　Oracle 账户登录

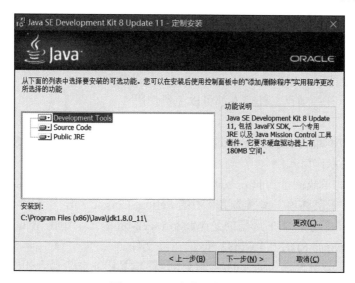

图 1-4　JDK 安装路径设置

正常情况下，如果在 Windows 系统下安装本书推荐版本的 JDK 和 Eclipse，则不需要设置 JDK 的环境变量。上述步骤完成后即可进入 Eclipse 的下载和安装阶段。

3. JDK 与 JRE 的区别

在下载 Java 安装包时，细心的读者会发现：安装包开头的 3 个字母有的是 JDK，有的是 JRE，那么二者有什么区别呢？

JRE 是 Java 运行时环境（Java Runtime Environment）的简称，凡是运行 Java 编写的程序都需要这个运行时环境。JDK 则是 Java 开发工具包（Java Development Kit）的简称，是给开发人员用的。JDK 中包含了 JRE，而 JRE 是可以单独安装的。JDK 和 JRE 的关系如图1-5 所示。

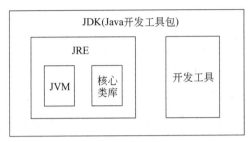

图 1-5　JDK 与 JRE 关系图

1.2.2　Eclipse 简介及安装

1．Eclipse 简介

Eclipse 是一个开源的、基于 Java 的可扩展开发平台。Eclipse 最初是由 IBM 投入巨资开发的一个软件产品。2001 年，它被捐献给开源社区。

Eclipse 最初主要用作 Java 语言开发，通过安装不同的插件它也可以支持其他编程语言，如 C++、Python、COBOL、PHP 等。Eclipse 的插件扩展机制是它最突出的特点，它的设计思想是"一切皆插件"。

Eclipse 是一个开源项目，任何人都可以免费使用。

2．Eclipse 的下载

Eclipse 的官方网址为 https://www.eclipse.org/。本书选用的是较早的 Ganymede 版本，下面的操作都以此版本作为范例。

Ganymede 版的下载网址为 https://www.eclipse.org/downloads/packages/release/ganymede。进入该网页后有若干个选项，本书选用其中的 Eclipse Classic 3.4。根据操作系统的不同又有3 个选项，如图 1-6 所示，本书选用的是 Windows 32-bit 版本。单击 Windows 32-bit 处的链接即可下载名为 eclipse-SDK-3.4-win32.zip 的压缩文件。

Eclipse Classic 是不含任何插件的纯净版本，简单易用，非常适合初学者使用。

3．Eclipse 的安装

Eclipse 的安装非常简单。它属于绿色软件，不需要运行安装程序，也不需要修改注册表。

下载后的文件是一个压缩包，解压缩后只有一个名为 eclipse 的文件夹，把这个文件夹移动到安装路径即可。本书示例的安装路径为 D:\Program\Tools\eclipse，安装完成后的目录结构如图 1-7 所示。

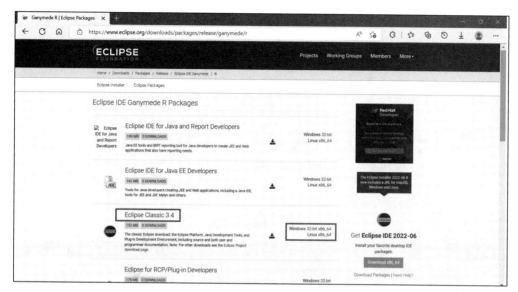

图 1-6　Eclipse Ganymede 版下载页

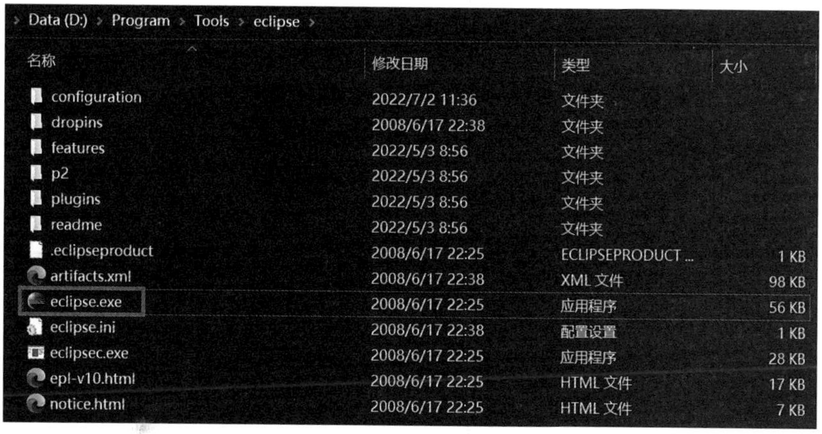

图 1-7　Eclipse 的目录结构

接下来，双击 eclipse 目录下的 eclipse.exe 文件试运行一下。首次启动会有一个设置工作空间（Workspace）的对话框，如图 1-8 所示，一般情况下采用其默认路径即可。单击 OK 按钮就会出现 Eclipse 的启动页面，这表示 Eclipse 已经安装成功。

Eclipse 启动后的界面及其主要功能区如图 1-9 所示，相关内容将在 1.3.1 节中详细介绍。

4．Eclipse 中 JRE 的配置

在安装 Eclipse 后，还需要确认一下 JRE 的安装情况。事实上，Eclipse 中可以安装多个不同版本的 JRE。

在菜单栏中选择 Window→Preferences（首选项），会弹出一个对话框，在对话框中选择

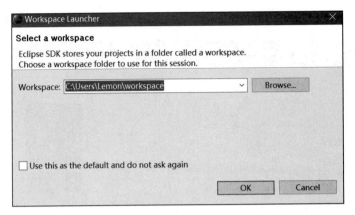

图 1-8　设置工作空间

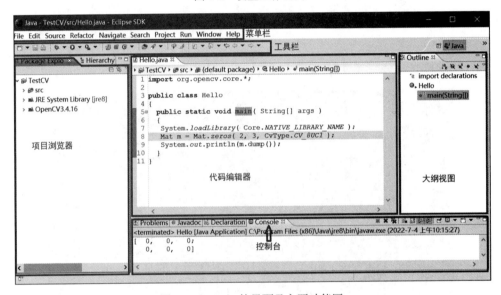

图 1-9　Eclipse 的界面及主要功能区

Java→Installed JREs 选项后，会出现如图 1-10 所示的页面。正常情况下，前面安装的 JDK 所包含的 JRE 应该自动出现在其中。

勾选该选项（箭头处）后单击 OK 按钮，JRE 的配置即告完成。

1.2.3　OpenCV 的下载和安装

OpenCV 的官方网址为 https://opencv.org/。如前所述，本书采用 OpenCV 3.4.16 和 OpenCV 4.6.0 两个版本，下载网址为 https://opencv.org/releases/。这两个版本的下载和安装过程雷同，下面就以 3.4.16 版为例进行介绍。打开下载网址后，向下找到 3.4.16 版本，如图 1-11 所示。

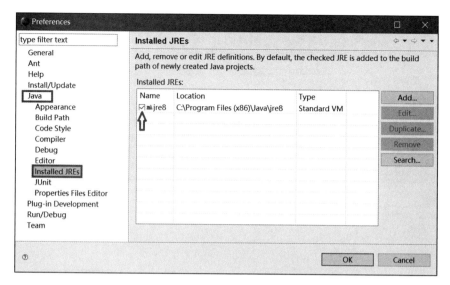

图 1-10　Eclipse 中 JRE 的配置

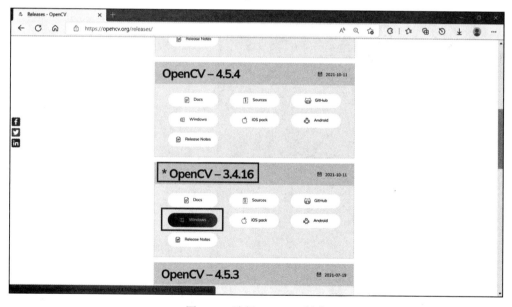

图 1-11　选择 OpenCV 版本

　　接着选择相应的操作系统,本书以 Windows 为例进行说明。单击图中的 Windows 选项,将会重定向至 sourceforge 的下载网页。稍等几秒后,浏览器会自动开始下载,如图 1-12 所示,安装包的文件名为 opencv-3.4.16-vc14_vc15.exe。

　　双击下载的 exe 文件,文件将开始自解压过程。解压完成后是一个名为 opencv 的文件夹。和 Eclipse 一样,只要把这个文件夹移动到安装路径即可。OpenCV 的配置将在 Eclipse 中完成。本书示例的安装路径为 D:\Program\Tools\OpenCV,安装完成后的目录结构如图 1-13

图 1-12　OpenCV 下载

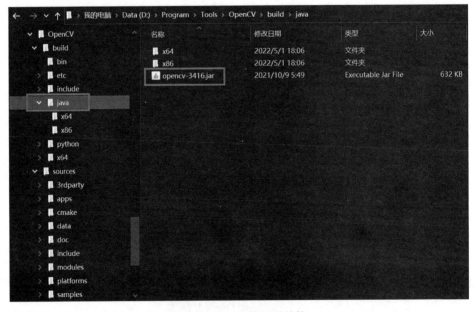

图 1-13　OpenCV 目录结构

所示。

　　OpenCV 文件夹下有 build 和 sources 两个子文件夹，其中 build 下面有一个名为 java 的子文件夹,这是本书将要用到的主要文件夹,java 子文件夹下面又有一个名为 opencv-3416.jar 的文件（opencv 后的数字与版本号一致）。接下来将在 Eclipse 中进行相关配置。

1.2.4 Eclipse 中 OpenCV 的配置

Eclipse 中 OpenCV 的配置过程（以 3.4.16 版为例）如下：

（1）选择菜单栏的 Window→Preferences（首选项），在弹出的窗口中选择 Java→Build Path→User Libraries 后，出现如图 1-14 所示的页面。

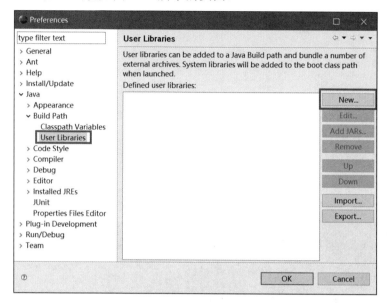

图 1-14 Eclipse 中的 Preferences 窗口

（2）单击右侧的 New 按钮，会弹出如图 1-15 所示的对话框，将用户库命名为 OpenCV3.4.16。名称并不重要，只要易于识别即可。名称下方标有 System library 的选项无须勾选。

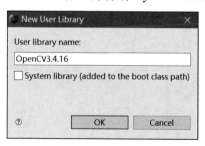

图 1-15 设置 OpenCV 用户库名称

（3）确认无误后单击 OK 按钮，此时 Defined user libraries（已定义用户库）中会出现刚才设置的名称 OpenCV3.4.16，如图 1-16 所示。

（4）单击选中这个新加的库，然后单击右侧的 Add JARs 按钮，会弹出一个选择 JAR 文件的对话框。导航到 OpenCV 安装路径下的\build\java\（本书示例路径为 D:\Program\Tools\OpenCV\build\java\），选中下面的 opencv-3416.jar 文件，如图 1-17 所示。

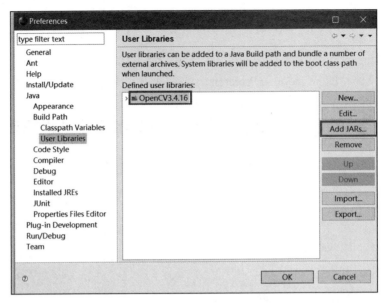

图 1-16　OpenCV 用户库添加后

图 1-17　选择 JAR 文件

（5）单击"打开"按钮后，页面会回到 Preferences 窗口。选中其中标有 Native library location：(None)那一行，然后单击右侧的 Edit 按钮，如图 1-18 所示。

（6）在弹出的窗口中单击右侧的 External Folder 按钮设置 dll（动态链接库）所在的文件夹，选择 opencv-3416.jar 所在目录下的 x64 或 x86 文件夹即可。如果安装的是 64 位版本，则选择 x64，如果是 32 位版本，则选择 x86，如图 1-19 所示。

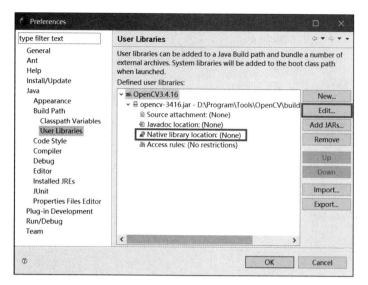

图 1-18 OpenCV 用户库中的设置

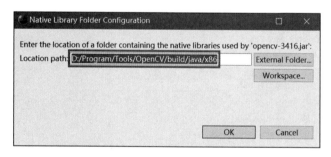

图 1-19 OpenCV 本地库路径设置

注意：如果是在 64 位的 Windows 操作系统上安装 32 位的 Java、Eclipse 和 OpenCV，则应该选用 x86。

（7）路径设置完成后，单击 OK 按钮回到 Preferences 窗口，此时 Native library location 中的路径已经变成设置好的路径，如图 1-20 所示。

（8）单击 OK 按钮结束 OpenCV 的配置。

1.2.5 第 1 个 OpenCV 程序

为了检验 OpenCV 的安装和配置是否正确，需要用一个测试程序来验证。验证过程分为以下几步。

1. 新建一个 Java 项目

选择菜单栏的 File→New→Java Project 选项，会弹出一个名为 New Java Project（新的 Java 项目）的窗口，在 Project Name 文本框中输入项目名 TestCV，其余保留默认值，如图 1-21 所示。

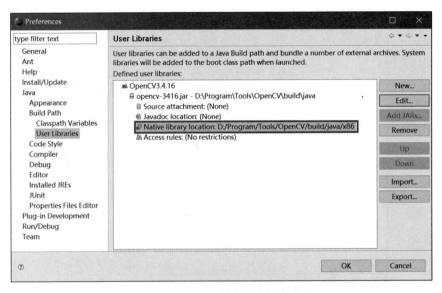

图 1-20　OpenCV 用户库配置完成后

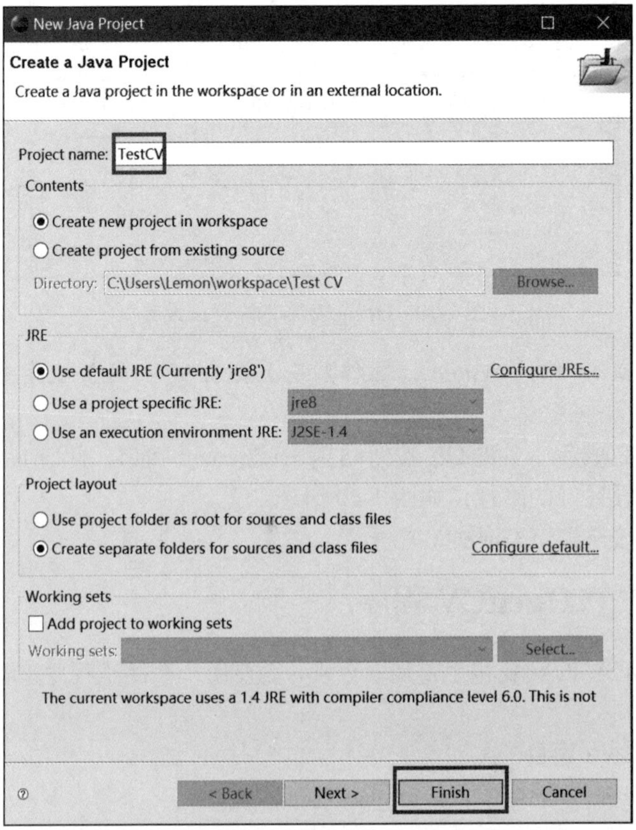

图 1-21　新建 Java 项目

单击 Finish 按钮,"项目浏览器"中会出现 TestCV 这一项目,如图 1-22 所示。

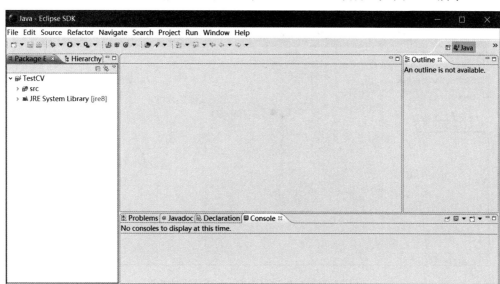

图 1-22 Java 项目新建后

2. 在 TestCV 项目中添加 OpenCV 库

选中"项目浏览器"中的 TestCV,右击,在打开的快捷菜单中选择 Build Path→Add Library 选项,在弹出的窗口中选中 User Library(用户库),如图 1-23(a)所示。

单击 Next 按钮后,弹出的窗口中应有 OpenCV3.4.16 一项,这就是前面添加的用户库,如图 1-23(b)所示。

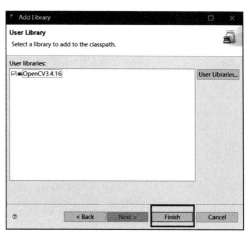

(a) 选择库的类型　　　　　　　　　　(b) 勾选OpenCV3.4.16

图 1-23 Java 项目中添加 OpenCV 库

　　勾选 OpenCV3.4.16，单击 Finish 按钮完成设置。添加完成后，TestCV 项目下面会多出一项 OpenCV3.4.16，如图 1-24 所示。

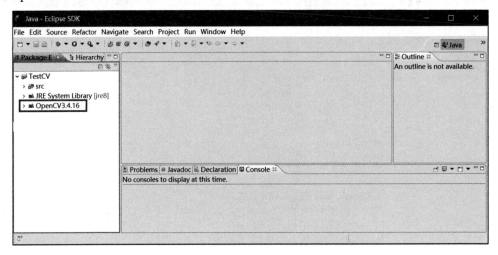

图 1-24　Java 项目中 OpenCV 库添加后

3．新建一个 Java 类

　　选中"项目浏览器"中的 TestCV，右击，在打开的快捷菜单中选择 New→Class，弹出 New Java Class 窗口，如图 1-25 所示。在 Name 文本框中输入类名 Hello，勾选下方的 public

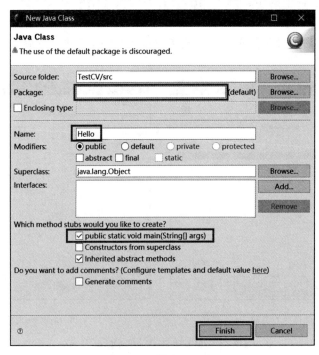

图 1-25　新建 Java 类

static void main(String[]args)选项，其余保留默认值。正常情况下，Java 项目的层级结构应为 Project（项目）→Package（包）→Class（类）。本书为了简单起见将 Package 文本框设为空白。

设置完成后单击 Finish 按钮，"项目浏览器"中 TestCV→src 下会多出一个子项（default package），其下又有一个名为 Hello.java 的子项，这就是新添加的类。同时，"代码编辑器"中会出现几行代码，如图 1-26 所示，包括 Hello 类的声明行、main()方法的框架及几行注释（如图中方框所示，可以删除）。

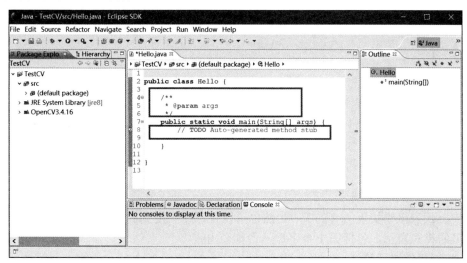

图 1-26　新建 Java 类

4. 输入 Java 程序

在"代码编辑器"中第 1 行添加一行 import 语句，在 main()方法中添加 3 行代码。为了使代码更为简洁，此处将注释行删去。完成后的程序如图 1-27 所示。

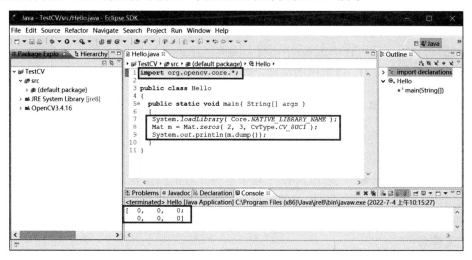

图 1-27　第 1 个 OpenCV 程序

完整的代码如下：

```
//第1章/Hello.java

import org.opencv.core.*;

public class Hello{
        public static void main( String[] args ) {
                System.loadLibrary( Core.NATIVE_LIBRARY_NAME);
                Mat m = Mat.zeros( 2, 3, CvType.CV_8UC1 );
                System.out.println(m.dump());
        }
}
```

用 Java 编写 OpenCV 程序要注意以下两点：

（1）main()方法下第 1 行的 System.loadLibrary()函数用于加载 OpenCV 用户库，每个 OpenCV 程序都需要这一行。

（2）OpenCV 的程序需要用 import 语句导入相应的 OpenCV 包，一般来讲格式如下：

```
import org.opencv.[模块名].*;
```

其中 *代表该模块下所有的类，当然也可以将程序中用到的类一一列出。模块名全部用英文字母的小写表示，包括第 1 个字母，否则会出错。

5．执行程序进行验证

选择菜单栏的 Run→Run 选项（或按快捷键 Ctrl+F11）运行程序。如果在"控制台"出现如图 1-27 所示的两行数据，则表示程序运行成功，也证明 OpenCV 的安装和配置没有问题。

1.3 Eclipse 及 Java 基础

本书的所有程序都可在 Eclipse 中运行，因此，有必要对 Eclipse 的一些常用功能进行介绍。本书只介绍最基础的、最常用的功能，如需详细了解，可参照 Eclipse 文档或相关书籍。

1.3.1 Eclipse 的界面

Eclipse 启动后的界面如图 1-28 所示。Eclipse 中常涉及的概念是工作空间和工作台。

1．工作空间

工作空间（Workspace）是 Eclipse 平台中各种工具的操作范围。工作空间由若干个项目组成，每个项目都被映射到用户指定的目录。在新建 Java 项目时，默认为放在工作空间中。项目的路径可以通过菜单栏 Project→Properties 选项查看。

2．工作台

图 1-28 所示的整个窗口称为 Eclipse 的工作台（Workbench），它为用户提供了一个可扩

展的开发平台。

图 1-28　Eclipse 的界面

前面已经接触过菜单栏、项目浏览器（也叫包浏览器）、代码编辑器和控制台等，下面介绍工具栏。

如图 1-29 所示，工具栏位于菜单栏下方，由许多个图标组成。当鼠标悬停在某个图标上方时，会出现相关功能的提示。

1.2.5 节中在新建 Java 项目、新建 Java 类时都是用快捷菜单操作的，实际上工具栏上就有它们的图标（如图 1-29 中方框所示）。工具栏上还有一个常用的图标是 Run 图标（如图 1-29 中圆圈所示），用来运行编写的程序。

图 1-29　Eclipse 中的工具栏

1.3.2　Eclipse 的常用快捷键

使用快捷键能极大地提高编程效率，下面介绍一些 Eclipse 中最常用的快捷键。

（1）Alt+/：代码提示。

（2）Ctrl+/：单行注释；再按一次取消注释。

（3）Ctrl+D：删除光标所在行。

（4）Ctrl+F：查找/替换。

（5）Ctrl+Z：撤销操作。

（6）Ctrl+1：提供快速修正方案。

（7）Ctrl+Shift+/：多行注释，需要先选中要加注释的行。

（8）Ctrl+Shift+O：自动添加 import 语句。

（9）鼠标悬停：提供鼠标悬停处的类和方法的注释。

1.3.3 Eclipse 中如何新建 Java 项目

新建 Java 项目的方法如下：

（1）选择菜单栏的 File→New→Java Project 选项，会弹出一个名为 New Java Project（新的 Java 项目）的窗口，如图 1-30 所示。在 Project Name 文本框中输入项目名 TestCV，其余保留默认值即可。

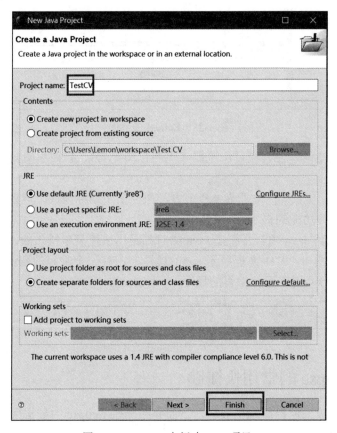

图 1-30　Eclipse 中新建 Java 项目

（2）单击 Finish 按钮，"项目浏览器"中会出现 TestCV 这一项目，下有 src 和 JRE System Library 两个子项。这是一个简化步骤，如需详细设置，则需要单击 Next 按钮继续其他设置，本书从略。

（3）如果是一般的 Java 项目，则创建工作已经完成。由于本书是关于 OpenCV 的，还需要添加 OpenCV 的用户库，具体方法在 1.2.5 节中已经介绍过，此处不再重复。

（4）每个 OpenCV 的项目都需要添加 OpenCV 的用户库，否则会报错，因此，每个 OpenCV 项目下应该至少有 3 项：src、JRE System Library 和 OpenCV 用户库。

1.3.4　Eclipse 中如何新建 Java 类

首先选中"项目浏览器"中的项目名 TestCV，右击，在快捷菜单中选择 New→Class，将打开 New Java Class 窗口，如图 1-31 所示。在 Name 处填写类名 Hello，勾选下方的 public static void main(String[]args)选项，其余保留默认选项。勾选 public static void main(String[]args) 选项是为了让 Eclipse 自动生成程序入口 main()方法的框架。

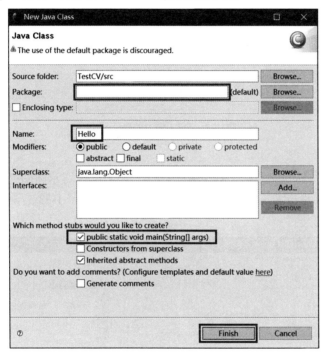

图 1-31　Eclipse 中新建 Java 类

单击 Finish 按钮后，"项目浏览器"中 TestCV→src 之下会多出一个子项（default package），其下又有一个名为 Hello.java 的子项，这就是新建的 Hello 类。同时，"代码编辑器"中会出现几行代码，包括 Hello 类的声明行和 main()方法的框架及几行注释。

1.3.5　Eclipse 中如何调试程序

作为一个开发平台，调试工具是必不可少的。下面介绍 Eclipse 中的常规调试技术。

1．断点设置和取消

在代码编辑器代码行编号左方区域双击，就可以为程序设置一个断点，Eclipse 中用一个小圆点表示，如图 1-32 所示（见方框处）。再次双击断点处可取消断点，小圆点消失。

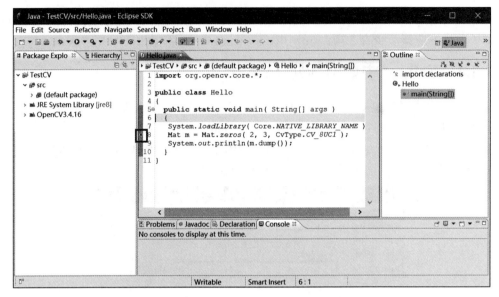

图 1-32　Eclipse 中的断点设置

2．调试模式

在工具栏上单击 Debug 图标（Run 图标左侧，见图 1-33 所示圆圈处），可进入调试模式
（调试透视图）。如需退出调试模式，则可单击右上角>>处（图 1-33 右侧方框处），然后选择
Java 选项即可。

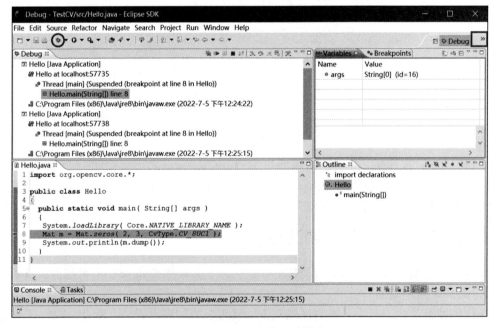

图 1-33　Eclipse 中的调试模式

3．单步跳入

如果想要进入调用的方法内部，则可采用"单步跳入"（Step Into）方式，快捷键为 F5。

4．单步跳过

如果不想进入调用的方法内部，而是在执行方法后返回该方法的下一行，则可采用"单步跳过"（Step Over）方式，快捷键为 F6。

1.3.6 Java 语言基础

本书是基于 Java 的 OpenCV 编程，此处对 Java 语言最基础的部分作一些概括总结。对 Java 语言比较熟悉的读者可以跳过这部分。

1．基本数据类型

Java 的基本数据类型有 8 种，见表 1-2。

表 1-2　Java 的基本数据类型

数 据 类 型	关 键 字	字 节 数	默 认 值
布尔类型	boolean	1 字节	false
字符类型	char	2 字节	0
整数类型	byte	1 字节	0
	short	2 字节	0
	int	4 字节	0
	long	8 字节	\u0000
单精度浮点类型	float	4 字节	0.0F
双精度浮点类型	double	8 字节	0.0D

2．代码的注释

代码注释可分为单行注释和多行注释。

单行注释的语法如下：

```
//注释内容
```

多行注释以"/*"开始，以"*/"结束，其语法如下：

```
/*注释内容*/
```

3．基本运算符

Java 的基本运算符有以下几类：

- 算术运算符：+、−、*、/、%、++、− −
- 关系运算符：>、>=、<、<=、==、!=
- 布尔运算符：!、&&、||
- 位运算符： &、^、|、~、>>、<<、>>>

- 赋值运算符：=、+=、−=、*=、/=
- 三元运算符：?:
- 其他运算符

4. 流程控制语句

流程控制语句可分为分支语句、循环语句和跳转控制语句，具体又可细分如下。

1）分支语句

- if···else···语句
- switch 语句

2）循环语句

- while 语句
- do···while 语句
- for 语句

3）跳转控制语句

- break 语句
- continue 语句
- return 语句

5. 数组的定义

数组的定义格式如下：

```
格式 1：数据类型[] 变量名;
例如 int[] i;

格式 2：数据类型 变量名[];
例如 int i[];
```

创建数组对象的格式如下：

```
格式：数据类型[] 变量名= new 数据类型[数组长度];
例如 int[] i = new int[100];
```

6. 类的定义

类的定义格式如下：

```
public class ClassName
{
//类的成员变量
//类的方法
}
```

类的实例化格式如下：

```
格式：类名 对象名 = new 类名();
例如 Mat m = new Mat();
```

7．异常处理

用 try…catch…语句进行异常处理的格式如下：

```
try
{
//可能出现异常的代码
}
catch(异常类名 变量名)
{
//异常处理的代码
}
```

用 throws 语句进行异常处理的格式如下：

```
throws 异常类名
```

8．输入/输出

Java 通过 System 类达到访问标准输入/输出的功能。System 类有两个静态成员变量：

```
public static final InputStream in;  //标准输入流
public static final PrintStream out; //标准输出流
```

对于简单的 Java 程序，输出一行数据的方法如下：

```
System.out.println(data);
```

1.4　本章小结

本章首先对 OpenCV 做了简要介绍，包括 OpenCV 的发展历程和主要模块，然后介绍了如何下载、安装 OpenCV 并在 Eclipse 中进行配置的过程。本章的最后对 Eclipse 和 Java 语言进行了简单介绍，便于缺乏相关基础的读者快速入门。

本章中的示例程序清单见表 1-3。

表 1-3　第 1 章示例程序清单

编号	程 序 名	程 序 说 明	所在章节
1	Hello.java	第 1 个 OpenCV 程序	1.2.5 节

第 2 章

图像处理基础

OpenCV 是一个功能十分强大的计算机视觉库，要很好地运用 OpenCV 这个工具对数字图像进行处理和分析，就有必要了解数字图像的存储方式和 OpenCV 中的基础数据结构，这样才能达到事半功倍的效果，本章将讨论这些基础的内容。

2.1 数字图像基础

2.1.1 数字图像的基本概念

当在 Windows 系统中查看一张图片的属性时，可以在"详细信息"标签中看到分辨率、位深度、颜色表示（颜色空间）等专业术语，如图 2-1 所示，这些都是数字图像的基本属性，下面就逐一进行介绍。

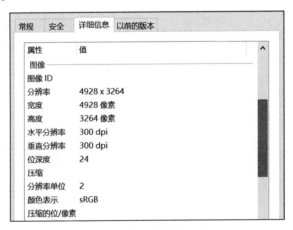

图 2-1　数字图像的详细信息

1．分辨率

此处的分辨率指的是图像分辨率，用来衡量图像中存储的信息量。一般来讲，图像的分辨率越高，所包含的像素就越多，图像也越清晰。分辨率通常用 4000×3000 这种形式表示，其中前一个数字是水平方向上的像素数，后一个数字则是垂直方向上的像素数。另一种表示分辨率的方式是"每英寸像素数"（Pixels Per Inch，PPI）或者"每英寸点数"（Dots Per Inch，DPI），它们也被称为设备分辨率。现在，PPI 和 DPI 有混用的倾向，但是确切地说，PPI 用于显示领域，而 DPI 则用于打印或印刷领域。

分辨率的大小直接关系图像的大小。例如，图中这张分辨率为 4928×3264 的图片就包含了 16 084 992 像素，也就是我们常说的 1600 万像素。

2．位深度

计算机是二进制系统，每个二进制数字 0 或 1 就是一"位"(bit，也叫"比特")。"位"是计算机存储信息的最小单位，一像素在计算机中占据的位数就是它的"位深度"。如果位深度等于 8，则一像素可以有 2^8 即 256 种不同的取值；如果位深度等于 24，则一像素可以有 2^{24} 即 16 777 216 种取值，此时称为"真彩色"，因为这么多种色彩已经达到了人眼能够分辨的极限，即使是同样分辨率的图像，如果位深度不同，则其文件的大小也会有较大的差异。根据位深度的不同，数字图像可以分为二值图像、灰度图像和彩色图像等。

1）二值图像

二值图像只有黑白两种颜色，位深度为 1。二值图像经常被用来描述字符图像，因为它只占用很少的空间。日常生活中二值图经常被用于电子文档、数字签名、传真文件、条形码、二维码等，在 OpenCV 中不少算法是以二值图作为输入的。二值图像的样例如图 2-2 所示。

2）灰度图像

灰度图像是用灰度表示的图像，灰度是指在白色与黑色之间划分成的若干等级。OpenCV 中最常用的是位深度为 8 的灰度图，灰度范围为 0~255，其中灰度为 0 表示黑色，灰度为 255 表示白色。灰度图应用十分广泛，日常生活中的黑白照片和黑白电视其实都是灰度图。灰度图在印刷、摄影、医学、天文等方面也有着广泛的应用，但是在这些专业场合 8 位灰度图已经不够用了，经常会出现 12 位（4096 级）、14 位（16 384 级）甚至 16 位（65 536

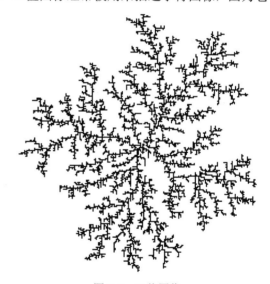

图 2-2　二值图像

级）的灰度图。灰度图像与二值图像（轮廓图）的对比如图 2-3 所示，无论是从图像的信息量还是美感来比较，灰度图像都是远超二值图像的。

3）彩色图像

彩色图像通常是用红（R）、绿（G）、蓝（B）3 个分量来表示每像素的色彩的，位深度为 8 时，每个分量介于 0~255。由于每个分量都需要用 8 位来表示，一像素就需要用 24 位来存储。在更为专业的领域，24 位已经不够用了，于是 30 位、36 位乃至 42 位的彩色图像应运而生。当然，位数的提升是有代价的。位数越高，存储图像所需的空间越大，处理速度也越慢。

(a) 灰度图像   (b) 二值图像

图 2-3 灰度图像和二值图像

3. 颜色空间

颜色空间，也常称为色彩空间、颜色模型或色彩模型。颜色空间是指针对一个给定的颜色，如何组合颜色元素对其编码。颜色空间有许多种，常用的有 RGB、CMY 和 HSV 等。

1）RGB 颜色空间

RGB 颜色空间是其中最常用的一种。RGB 就是常说的光学三原色，其中 R 代表红色（Red），G 代表绿色（Green），B 代表蓝色（Blue），人眼所能看到的任何自然界的色彩都由这 3 种色彩混合而成。有时 RGB 颜色模型中也会加入第 4 个元素 Alpha 来表示透明度。RGB 颜色模型常用于显示设备。

2）CMY 颜色空间

与用于显示设备的 RGB 颜色空间不同，CMY 则是用于工业印刷的颜色空间，CMY 是青（Cyan）、洋红（Magenta）和黄（Yellow）3 种颜色的简称。理论上讲，等量的颜料原色（青、洋红和黄色）可以产生黑色，但是，由于彩色墨水和颜料的化学特性，用 3 种基本色得到的黑色并不纯正，因此在印刷时常常加入一种真正的黑色（Black Ink），此时称为 CMYK 颜色空间。印刷行业中所讲的"四色打印"就是指 CMY 颜色模型的 3 种原色再加上黑色。打印机的墨盒一般为四色墨盒，即 CMY 加黑色墨盒。

3）HSV 颜色空间

HSV 颜色空间把颜色分解成色调（Hue）、饱和度（Saturation）和明度（Value），用这种方式描述颜色更自然、更直观。RGB 和 CMY 颜色空间都是面向硬件的（RGB 颜色模型适用于显示设备，CMY 颜色空间则是针对打印机的），而 HSV 颜色空间更符合人描述和解释颜色的方式。色调是描述纯色的属性（纯黄色、橘黄或红色），它可以用角度度量，取值范围为 0°～360°，从红色开始按逆时针方向计算，其中红色为 0°，黄色为 60°，绿色为 120°，青色为 180°，蓝色为 240°，紫色为 300°。饱和度表示颜色接近光谱色的程度，也可解释为纯色被白光稀释的程度，饱和度越高，颜色越深越艳。饱和度通常取值范围为 0～100%，值越大，颜色越饱和。明度则表示颜色明亮的程度，取值范围通常也是 0（黑）～100%（白）。

2.1.2　像素的存储

1. 像素和矩阵

如果在 Windows 系统中用"画图"软件打开如图 2-4 所示的图像（实际上是一个字符"9"，分辨率为 16×24），然后把它放大到 800%，就能看到图像其实是由一个个小方格组成的，这些小方格叫作"像素"（Pixel）。

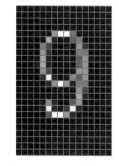

如果调取这幅图像的灰度图的内存数据，则可以发现它的存储方式如图 2-5 所示。图中显示的是一个二维数组，共有 24 行 16 列，与它的分辨率是一致的，其中每像素都有一个数字与之对应，称为"像素值"。在 8 位灰度图中，像素值都介于 0~255，其中 0 表示黑色，255 表示白色，其余数字则表示介于黑色和白色之间的不同程度的灰色。周边的大面积的"0"，在图像上表现为数字 9 周边的黑色区域，而非零部分就构成了 9 的轮廓，只不过数字有大有小，因为构成 9 字的像素有的是白色而有的是灰色。

图 2-4　数字图像的像素

```
[  0,   0,   0,   0,   0,   0,   0,   0,   0,   0,   0,   0,   0,   0,   0,   0;
   0,   0,   0,   0,   0,   0,   0,   0,   0,   0,   0,   0,   0,   0,   0,   0;
   0,   0,   0,   0,   0,   0,   0,   0,   0,   0,   0,   0,   0,   0,   0,   0;
   0,   0,   0,   0,   0,   0,   0,   0,   0,   0,   0,   0,   0,   0,   0,   0;
   0,   0,   0,   0,   0,  43, 196, 255, 255, 159,   0,   0,   0,   0,   0,   0;
   0,   0,   0,   0,  43, 208,  74,   0,   0, 135, 168,   0,   0,   0,   0,   0;
   0,   0,   0,   0, 163, 121,   0,   0,   0,   0, 196,  93,   0,   0,   0,   0;
   0,   0,   0,   0, 196,  93,   0,   0,   0,   0, 163, 168,   0,   0,   0,   0;
   0,   0,   0,  43, 208,  66,   0,   0,   0,   0, 135, 194,   0,   0,   0,   0;
   0,   0,   0,  43, 208,  66,   0,   0,   0,   0, 135, 194,   0,   0,   0,   0;
   0,   0,   0,   0, 196, 121,   0,   0,   0,  43, 196, 194,   0,   0,   0,   0;
   0,   0,   0,   0,  88, 251,  74,   0,  43, 175, 145, 194,   0,   0,   0,   0;
   0,   0,   0,   0,   0,  81, 196, 255, 194,  66, 163, 168,   0,   0,   0,   0;
   0,   0,   0,   0,   0,   0,   0,   0,   0,   0, 196, 121,   0,   0,   0,   0;
   0,   0,   0,   0,   0,   0,   0,   0,   0,  43, 208,  66,   0,   0,   0,   0;
   0,   0,   0,   0,  43, 185,  66,   0,   0, 135, 194,   0,   0,   0,   0,   0;
   0,   0,   0,   0,  62, 251,  66,   0,  88, 251,  66,   0,   0,   0,   0,   0;
   0,   0,   0,   0,   0, 135, 255, 255, 194,  66,   0,   0,   0,   0,   0,   0;
   0,   0,   0,   0,   0,   0,   0,   0,   0,   0,   0,   0,   0,   0,   0,   0;
   0,   0,   0,   0,   0,   0,   0,   0,   0,   0,   0,   0,   0,   0,   0,   0;
   0,   0,   0,   0,   0,   0,   0,   0,   0,   0,   0,   0,   0,   0,   0,   0;
   0,   0,   0,   0,   0,   0,   0,   0,   0,   0,   0,   0,   0,   0,   0,   0;
   0,   0,   0,   0,   0,   0,   0,   0,   0,   0,   0,   0,   0,   0,   0,   0;
   0,   0,   0,   0,   0,   0,   0,   0,   0,   0,   0,   0,   0,   0,   0,   0]
```

图 2-5　数字图像的内存数据

这个二维数组是一个矩阵（Matrix），每个这样的矩阵就是一个通道（Channel）。灰度图像只有一个通道，而彩色图像则不止一个。如果彩色图像采用的是 RGB 颜色模型，则可以分解为红、绿、蓝 3 种颜色，这幅彩色图像就有红、绿、蓝 3 个通道，如图 2-6 所示。彩色图像 3 个通道的数据模型如图 2-7 所示。

2. 文件格式

图 2-5 显示的是图像在内存中的存储方式，而实际上图像数据通常是从文件中被读入内

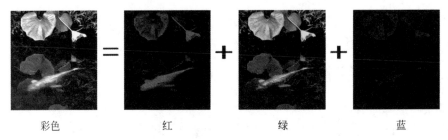

图 2-6　彩色图像的 3 个通道

蓝色通道

绿色通道		227	146	42	31	232	196	160	200
红色通道	221	198	46	55	160	181	97	36	68
103	215	82	169	189	79	200	21	78	235
45	194	230	106	213	162	155	15	119	29
246	145	189	101	19	26	83	27	219	210
182	135	146	232	140	86	138	160	196	173
214	107	170	129	132	235	2	195	253	53
92	8	170	240	172	235	15	86	86	30
246	154	25	229	82	99	193	201	182	
188	114	121	12	245	94	87	180		

图 2-7　彩色图像 3 个通道的数据

存的。文件为存储、归档和交换图像数据提供了基本机制。常用的图像文件格式包括 TIFF、GIF、JPEG、PNG 和 BMP 等，下面逐一介绍这些常用的格式。

1）TIFF

TIFF（标签图像文件格式，Tag Image File Format 的简称）是一种广泛使用的非常灵活的文件格式，主要用来存储照片和艺术图片等图像。TIFF 格式支持灰度图像、索引图像和真彩色图像。一个 TIFF 文件可以包含多幅具有不同属性的图像。TIFF 规范中提供了多种不同的压缩方法和颜色空间，所以它可以以不同的大小和表现形式将一张图像的多个变形存储在同一个 TIFF 文件中。TIFF 文件的通用性很强，绝大多数的图像处理软件和排版软件对其提供了很好的支持，因此它被广泛应用于文档的存档、科学应用、数码照片和数字视频产品中。TIFF 格式还是印刷行业标准的图像格式，它的强大之处在于它的结构，它允许通过定义新的"标签"来创建新的图像类型和信息块。

2）GIF

在网络时代，GIF（图形交换格式，Graphics Interchange Format 的简称）文件格式得到了广泛的应用。GIF 采用的是 LZW 压缩算法，最高支持 256 种颜色，因此不适合于照片等需要大量色彩的图片，但是，在诸如卡通造型、图标图像等色彩不多的场合，GIF 文件格式得以大显身手。GIF 实际上是一种索引图像文件格式，是为最大深度为 8 位的彩色和灰度图像度身定制的，因而它不支持真彩色图像。GIF 有 GIF87a 和 GIF89a 两个版本，其中 GIF89a 版本允许一个文件存储多个图像，可实现动画功能，这在图像文件格式中是独树一帜的。

3）PNG

PNG（便携式网络图形，Portable Network Graphics 的简称）是一种采用无损压缩算法的位图格式，设计的初衷是用来替代 GIF 和 TIFF 文件格式的。PNG 被设计成一种通用图像格式，支持灰度图像、索引图像和真彩色图像。32 位的 PNG 还增加了 8 位 Alpha 通道，可实现 256 级透明效果。相比之下，GIF 图像的 Alpha 通道只有 1 位。PNG 采用 LZ77 派生算法进行压缩，压缩比高且属于无损压缩。不过它并不支持有损压缩，因为它的设计目标并不是为了取代 JPEG。PNG 文件格式因其体积小、无损压缩、支持透明效果等特点而受到欢迎。

4）JPEG

JPEG（联合图像专家组，Joint Photographic Experts Group 的简称）是所有图像格式中压缩率最高的一种。JPEG 格式具有很好的压缩比，能达到 10∶1 甚至 40∶1，但它属于有损压缩，压缩比越高，图像质量损失也越大。不过在 10∶1 乃至 20∶1 的压缩比下，图像质量损失有限，肉眼几乎无法辨别，因此，当对图像的精度要求不是很高而存储空间有限时，JPEG 是理想的选择。JPEG 支持 CMYK、RGB 和灰度颜色模式，但不支持 Alpha 通道。因为它出色的表现，JPEG 格式已经成为手机和相机中不可或缺的一种图像格式，受欢迎程度可见一斑。

5）BMP

BMP（位图，Bitmap 的简称)是一种支持灰度图像、索引图像和真彩色图像的文件格式，在 Windows 系统中被广泛使用。BMP 格式支持 1、4、8、16、24 和 32 位的 RGB 位图，其中 32 位支持 Alpha 通道。BMP 虽然支持二值图像，但它用一整字节来存储一像素，因而存储效率并不高。BMP 采用位映射的存储格式，不采用任何压缩，因而处理起来比较简单，它的最大缺点就是文件占用的空间较大。

2.1.3　数字图像的分类

2.1.1 节中根据位深度将数字图像分为二值图像、灰度图像和彩色图像。除此之外，还有一个经常被提到的词是"索引图像"，2.1.2 节中介绍的 GIF 文件格式就是索引图像的文件格式。索引图像中的数据部分存储的并不是像素值，而是颜色表的索引，根据索引颜色的序号就可以找到该像素的实际颜色，如图 2-8 所示。当把索引图像读入计算机时，索引颜色将被存储到调色板中。与灰度模式类似，索引模式中每像素也可以有 256 种不同颜色，但灰度模式中图像最多只能有 256 种灰度，而索引模式中则是 256 种彩色，就像一张颜色表。索引图像只能用于存放色彩比较简单的图像，如果图像的色彩较丰富，256 色就让人感觉捉襟见肘了。

除了上述分类方法外，图像还可以分为光栅图像和向量图像。

光栅图像是以光学的视角将图像看成平面上密集排列的点（像素）的集合。2.1.2 节中所讲的文件格式，实际上都是光栅图像的格式。光栅图像适用于没有明显规律的、颜色丰富细腻的图像。

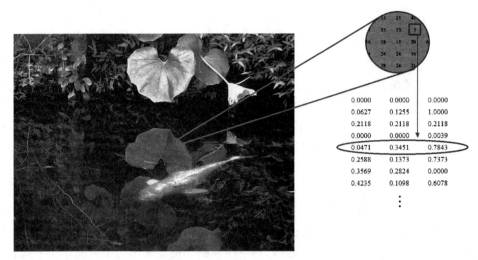

图 2-8　索引图像的数据存储方式

　　向量图像则将图片看成各种"对象"的组合。向量图像中的"对象"，既可以是简单的几何图形，也可以是某种颜色模式描述的图案，例如用梯度来描述渐变色。向量图像中的几何图形只需几个特征值就可以确定，例如两个点的坐标就可以确定一条直线，圆心的坐标和半径就能确定一个圆等，即使是复杂的曲线，也可以用少数几个参数确定。与光栅图像相比，向量图像的优点是节省空间，并且具有完美的伸缩性。向量图像无论如何缩放画质都不会有任何损失，而光栅图像放大后各像素之间会出现空缺或锯齿等现象。向量图像的应用虽然不如光栅图像那么广，但是在某些领域，向量图像还是具有不可替代的作用的。例如 Windows 中常用的 TTF 字体文件格式，实际上就是一种向量字体的格式，无论把字号设为 8 磅，或者 72 磅都同样清晰美观。反之，如果是一幅扫描的图像，将它放大若干倍以后就有点惨不忍睹了。光栅图像和向量图像的对比如图 2-9 所示，图中白底黑字的是向量图像，放大后仍然非常清晰，黑底白字的则是光栅图像，放大后明显变得模糊了。

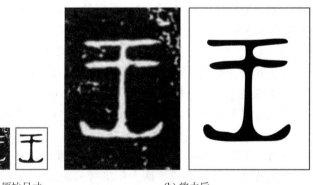

(a) 原始尺寸　　　　　　　　　　　　(b) 放大后

图 2-9　光栅图像与向量图像的对比

2.2 矩阵与 Mat 类

如前所述，数字图像在计算机中是以矩阵的方式存储的，在 OpenCV 中也同样如此。由于最早的 OpenCV 函数库是基于 C 接口构建的，因此在最初的几个 OpenCV 版本中，图像在内存中是用一个叫作 IplImage 的数据结构存储的。在 OpenCV 1.x 时代，如果在退出前忘记释放内存，则会造成内存泄漏。OpenCV 在 2.0 版本中引入了 C++接口，利用自动内存管理解决了这个问题。与此同时，Mat 类取代了 IplImage。

2.2.1 Mat 类简介

Mat 是矩阵（Matrix）的缩写，Mat 由矩阵头（Header）和数据两部分组成，如图 2-10 所示。

1. 矩阵头

矩阵头中包含了矩阵尺寸、存储方法、存储地址等信息。如果将 1.2.5 节中的代码的最后一句修改如下：

```
System.out.println(m);
```

则控制台会输出如图 2-11 所示的一行数据。

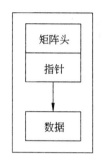

图 2-10　OpenCV 中的
矩阵模型

```
Mat [ 2*3*CV_8UC1, isCont=true, isSubmat=false, nativeObj=0xbad9d0, dataAddr=0xb84d40 ]
```

图 2-11　控制台输出内容

这行数据可以分解如下。

（1）Mat：表示这是一个 Mat 类，方括号中是它的矩阵头信息。

（2）2*3*CV_8UC1：矩阵尺寸是 2×3，数据类型是 CV_8UC1。

（3）isCont=true：是否连续存储（isCont 是 isContinuous 的缩写）。

（4）isSubmat=false：是否为子矩阵。

（5）nativeObj=0xbad9d0：本地对象地址。

（6）dataAddr=0xb84d40：存储的图片的地址。

其中，2*3*CV_8UC1 是矩阵的关键信息，包含了矩阵的尺寸和数据类型。

子矩阵则是指矩阵的一个子区域，如图 2-12 所示，可以将图中方框部分定义为子矩阵。子矩阵可以像矩阵一样进行处理和保存，但是对子矩阵的任何修改都会同时影响原来的矩阵。

数据的最后两项是内存地址，每个人的运行结果都不一样，即使是同一台计算机，两次运行的结果也不会一样。

2. 矩阵的数据类型

矩阵的数据类型在 OpenCV 中比较重要，下面以 CV_8UC3 为例说明其具体含义。CV 代表 OpenCV，下画线后面一般由 4 部分组成。

图 2-12 子矩阵

（1）第 1 部分表示数据位数：8 表示 8 位，16 表示 16 位，32 表示 32 位，64 表示 64 位。

（2）第 2 部分表示数据类型，U 代表无符号整数（Unsigned），S 代表有符号整数（Signed），F 代表浮点类型（Floating Point）。

（3）第 3 部分 C 代表通道（Channel）。

（4）第 4 部分为通道数：1 表示 1 通道，2 表示 2 通道，3 表示 3 通道等。

这样，CV_8UC3 合起来解释为 8 位无符号整数（0～255 的整数），共有 3 个通道。再举 2 个例子。

（1）CV_8UC1：8 位无符号整数，共有 1 个通道。

（2）CV_64FC3：64 位浮点数，共有 3 个通道。

经过以上介绍，相信读者对矩阵的数据类型有了初步的认识。OpenCV 的不少函数中有数据类型这个参数，通常用 type 表示。另外，在 OpenCV 中，数据类型的第 1 和第 2 部分合起来称为图像的深度，在参数中用 ddepth 表示。OpenCV 中的图像深度有 7 种，见表 2-1。在 OpenCV 中，很多参数是常数值，这些常量往往用全是大写字母的标识符表示以示区别，

表 2-1　图像深度

图 像 深 度	数 字 值	具 体 描 述	取 值 范 围
CV_8U	0	8 位无符号整数	0~255
CV_8S	1	8 位有符号整数	−128~127
CV_16U	2	16 位无符号整数	0~65 535
CV_16S	3	16 位有符号整数	−32 768~32 767
CV_32S	4	32 位有符号整数	−2 147 483 648~2 147 483 647
CV_32F	5	32 位浮点数	---
CV_64F	6	64 位浮点数	---

例如表中的 CV_8U。每个标识符都有一个对应的数字值，例如 CV_8U 对应的数字值是 0。在程序中，可以用全大写的标识符，也可用数字值表示，效果一样，但是用数字值既不便于阅读也不便于调试，因此在入门阶段不建议用数字值表示。

3. Mat 类的子类

Mat 类里可以存储各种不同的数据类型。根据数据类型的不同，Mat 类又派生出了众多子类，有些 OpenCV 函数会以这些子类作为参数。常用的子类有 MatOfByte、MatOfDouble、MatOfFloat、MatOfInt 等，它们之间的关系如图 2-13 所示。这些子类的性质根据其名称即可了解，此处不再详细介绍。

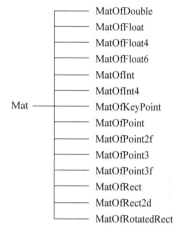

图 2-13 Mat 类的子类

2.2.2 矩阵数据的存储

Mat 类是 OpenCV 最基础、最核心的数据结构；OpenCV 中的大多数函数，或是以 Mat 类为参数，或者返回值是 Mat 类，或是和 Mat 类有着紧密的联系。

Mat 类存储图像数据时，可以看作按照栅格扫描顺序存储的数组。单通道的灰度图中数据的排列顺序如下：

```
第 1 行第 1 列的灰度值，第 1 行第 2 列的灰度值，第 1 行第 3 列的灰度值…
第 2 行第 1 列的灰度值，第 2 行第 2 列的灰度值，第 2 行第 3 列的灰度值…
第 3 行第 1 列的灰度值，第 3 行第 2 列的灰度值，第 3 行第 3 列的灰度值…
……
```

下面给出数字 0 的灰度图在内存中的存储样例，如图 2-14 所示。

灰度图因为只有 1 个通道，所以相对简单，那么有着 3 个通道的 RGB 彩色图像的数据又是如何排列的呢？首先，在 OpenCV 中颜色是按 B（蓝）、G（绿）、R（红）的顺序排列的。数字 9 的彩色图像（部分数据）的内存数据如图 2-15 所示。

图中每个方框都代表一像素的 3 个像素值，像素的排列顺序和灰度图是一样的，只不过灰度图中每像素只有一个数字，而 RGB 彩色图像中每像素有 3 个值，分别表示 3 个通道。每个方框中的数字按顺序代表 B（蓝）、G（绿）、R（红）的像素值。

如果一个矩阵的数据类型是 CV_8UC3，矩阵大小为 3×3，则这个矩阵数据的存储方式如图 2-16 所示。

2.2.3 创建矩阵的方法

在 OpenCV 中创建矩阵有多种方法，以下介绍常用的 4 种。

```
[  0,   0,   0,   0,   0,   0,   0,   0,   0,   0,   0,   0,   0,   0,   0,   0;
   0,   0,   0,   0,   0,   0,   0,   0,   0,   0,   0,   0,   0,   0,   0,   0;
   0,   0,   0,   0,   0,   0,   0,   0,   0,   0,   0,   0,   0,   0,   0,   0;
   0,   0,   0,   0,   0,   0,   0,   0,   0,   0,   0,   0,   0,   0,   0,   0;
   0,   0,   0,   0,   0,  61, 198, 255, 255, 210,  92,   0,   0,   0,   0,   0;
   0,   0,   0,   0, 134, 255, 248, 155, 163, 255, 255, 120,   0,   0,   0,   0;
   0,   0,   0,  61, 255, 203,   0,   0,   0,  42, 217, 248,  59,   0,   0,   0;
   0,   0,   0, 141, 255,  92,   0,   0,   0,   0, 141, 255, 120,   0,   0,   0;
   0,   0,   4, 217, 240,  59,   0,   0,   0,   0,  61, 255, 177,   0,   0,   0;
   0,   0,   4, 217, 203,   0,   0,   0,   0,   0,  42, 217, 203,   0,   0,   0;
   0,   0,  42, 217, 203,   0,   0,   0,   0,   0,  42, 217, 203,   0,   0,   0;
   0,   0,  42, 217, 203,   0,   0,   0,   0,   0,  42, 217, 203,   0,   0,   0;
   0,   0,  42, 217, 203,   0,   0,   0,   0,   0,  42, 217, 203,   0,   0,   0;
   0,   0,  42, 217, 203,   0,   0,   0,   0,   0,  42, 217, 177,   0,   0,   0;
   0,   0,   4, 217, 240,  59,   0,   0,   0,   0,  61, 255, 177,   0,   0,   0;
   0,   0,   4, 170, 255,  92,   0,   0,   0,   0, 141, 255,  92,   0,   0,   0;
   0,   0,   0,  87, 255, 203,   0,   0,   0,  42, 217, 240,  59,   0,   0,   0;
   0,   0,   0,   4, 170, 255, 248, 155, 163, 255, 248,  92,   0,   0,   0,   0;
   0,   0,   0,   0,   4, 134, 217, 255, 255, 184,  59,   0,   0,   0,   0,   0;
   0,   0,   0,   0,   0,   0,   0,   0,   0,   0,   0,   0,   0,   0,   0,   0;
   0,   0,   0,   0,   0,   0,   0,   0,   0,   0,   0,   0,   0,   0,   0,   0;
   0,   0,   0,   0,   0,   0,   0,   0,   0,   0,   0,   0,   0,   0,   0,   0;
   0,   0,   0,   0,   0,   0,   0,   0,   0,   0,   0,   0,   0,   0,   0,   0]
```

图 2-14　数字 0 的灰度图在内存中的存储方式

```
  0,   0,   0,   0,   0,   0,   0,   0,   0,   0,   0,   0,   0,   0,
  0,   0,   0,   0,   0,   0,   0,   0,   0,   0,   0,   0,   0,   0,
  0,   0,   0, 128,  32,  32, 240, 202, 166, 255, 255, 255, 255, 255, 255,
128,  32,  32, 192, 220, 192,  64,  64,  96,   0,   0,   0,   0,   0,   0,
192, 192,  96,  64,  96, 192,   0,   0,   0,   0,   0,   0,   0,   0,   0,
240, 202, 166,  64,  64, 160,   0,   0,   0,   0,   0,   0,   0,   0,   0,
192, 220, 192,   0,  64,  96,   0,   0,   0,   0,   0,   0,   0,   0,   0,
192, 220, 192,   0,  64,  96,   0,   0,   0,   0,   0,   0,   0,   0,   0,
240, 202, 166,  64,  96, 192,   0,   0,   0,   0,   0,   0,   0,   0,   0,
192,  96,  32, 240, 251, 255,  64,  64,  96,   0,   0,   0, 128,  32,  32,
  0,   0,   0, 128,  96,  32, 240, 202, 166, 255, 255, 255, 128, 192, 224,
  0,   0,   0,   0,   0,   0,   0,   0,   0,   0,   0,   0,   0,   0,
  0,   0,   0,   0,   0,   0,   0,   0,   0,   0,   0,   0,   0,   0,
```

图 2-15　数字 9 的彩色图像在内存中的存储方式

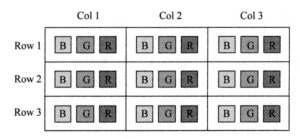

图 2-16　3 通道的 3×3 矩阵的存储方式

1. 用 Mat 类的 zeros()、ones()和 eye()方法创建

用 Mat 类的 zeros()、ones()和 eye()方法可以迅速创建一个简单的矩阵。1.2.5 节中的第 1 个 OpenCV 程序就用了其中的 zeros()方法。这 3 种方法的原型如下：

```
Mat Mat.zeros(int rows, int cols, int type);
```
函数用途：创建值全为 0 的矩阵。

```
Mat Mat.ones(int rows, int cols, int type);
```
函数用途：创建值全为 1 的矩阵。

```
Mat Mat.eye(int rows, int cols, int type);
```
函数用途：创建矩阵，当行号等于列号时值为 1，其余值为 0。

【参数说明】
(1) rows：行数。
(2) cols：列数。
(3) type：数据类型，即 2.2 节介绍的矩阵数据类型，但此处要用 CvType.CV_8UC3 这种格式。
事实上，CvType 也是 OpenCV 中的一个类。后续章节中凡是涉及数据类型的都是如此，不再一一说明。

用这 3 种方法创建的矩阵（尺寸为 3×3）数据如图 2-17 所示。

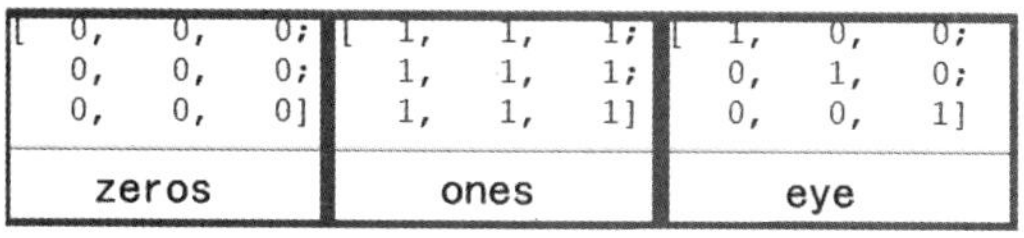

[0, 0, 0;
  0, 0, 0;
  0, 0, 0]
	[1, 1, 1;
	  1, 1, 1;
	  1, 1, 1]
		[1, 0, 0;
		  0, 1, 0;
		  0, 0, 1]

zeros	ones	eye

图 2-17 3 种简单矩阵的数据

需要提醒的是，如果通道数大于 1，则 ones()函数创建的 Mat 类并非所有像素值都等于 1，而是只有第 1 个像素值为 1。下面用一个完整的程序说明创建简单矩阵的方法，代码如下：

```java
//第 2 章/SimpleMat.java

import org.opencv.core.*;

public class SimpleMat{

        public static void main( String[] args )  {

                //加载 OpenCV 用户库
                System.loadLibrary( Core.NATIVE_LIBRARY_NAME );

                //创建简单的矩阵
                Mat m0 = Mat.zeros( 2, 3, CvType.CV_8UC1 );
                Mat m1 = Mat.ones( 3, 2, CvType.CV_8UC1 );
                Mat m2 = Mat.eye( 3, 3, CvType.CV_8UC1 );
                Mat m3 = Mat.ones( 2, 3, CvType.CV_8UC3 );

                //在控制台输出矩阵 m0 数据
                System.out.println("m0:");
                System.out.println(m0.dump());
```

```
                        System.out.println();

            //在控制台输出矩阵 m1 数据
            System.out.println("m1:");
            System.out.println(m1.dump());
            System.out.println();

            //在控制台输出矩阵 m2 数据
            System.out.println("m2:");
            System.out.println(m2.dump());
            System.out.println();

            //在控制台输出矩阵 m3 数据
            System.out.println("m3:");
            System.out.println(m3.dump());
            System.out.println();

        }
}
```

程序的运行结果如图 2-18 所示，其中在 m3 的数据中，只有第 1 个通道值等于 1。

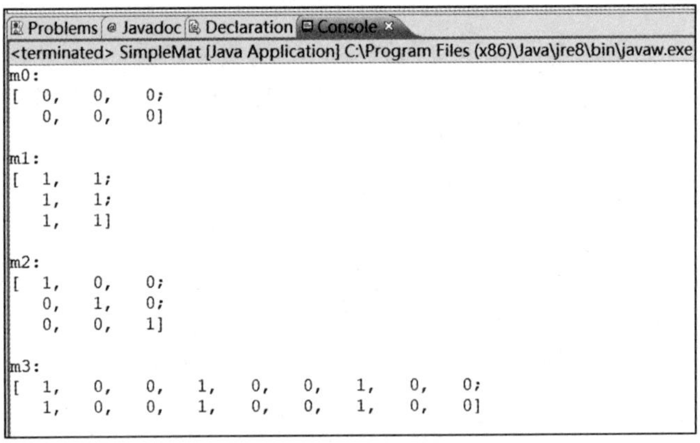

图 2-18　SimpleMat.java 程序运行结果

2. 用 Mat 类的构造方法创建

创建 Mat 类还可以用其构造方法。在 OpenCV3.4.16 的文档中，Mat 类的构造方法有 14
种，列示如下：

Mat ()

Mat (int[] sizes, int type)

Mat (int[] sizes, int type, Scalar s)

Mat (int rows, int cols, int type)

Mat (int rows, int cols, int type, java.nio.ByteBuffer data)

Mat (int rows, int cols, int type, java.nio.ByteBuffer data, long step)

Mat (int rows, int cols, int type, Scalar s)

Mat (long addr)

Mat (Mat m, Range rowRange)

Mat (Mat m, Range[] ranges)

Mat (Mat m, Range rowRange, Range colRange)

Mat (Mat m, Rect roi)

Mat (Size size, int type)

Mat (Size size, int type, Scalar s)

这 14 种构造方法大多类似，下面介绍最常用的两种。掌握这两种构造方法后，其余的都可以触类旁通，例如用 Size 类代替 rows 和 cols 两个参数，或者省略颜色等。

1）构造方法 1

第 1 种构造方法的函数原型如下：

```
Mat()
函数用途：创建一个空的 Mat 对象。
```

由于此构造方法并未给出矩阵的具体定义，因此通常要和 Mat 类的 create()方法或 copyTo()方法联用。

下面是和 create()方法联用的例子，代码如下：

```
Mat mat = new Mat();                    //创建一个新的 Mat 类对象，名为 mat
mat.create(3, 3, CvType.CV_8UC3);       //mat 的尺寸为 3×3，数据类型为 CV_8UC3
```

Java 中是区分大小写的，因此，将 Mat 类的对象命名为 mat 是合法的。

下面是和 copyTo()方法联用的例子，代码如下：

```
Mat src = Mat.ones( 3, 3, CvType.CV_8UC1 );     //创建一个简单矩阵
Mat dst = new Mat();                            //创建一个矩阵 dst
src.copyTo(dst);                                //将 src 复制到 dst
```

2）构造方法 2

第 2 种构造方法的函数原型如下：

```
Mat(int rows, int cols, int type, Scalar s)
函数用途：Mat 类构造方法。
```

```
【参数说明】
(1) rows：行数。
(2) cols：列数。
(3) type：数据类型。
(4) s：颜色，为 Scalar 类。Scalar 类的详细介绍见 2.3.4 节。
```

这个构造方法对 Mat 类的行数、列数、类型和颜色都进行了定义。

下面是一个简单的例子，代码如下：

```
Mat mat=new Mat(100,100,CvType.CV_8UC3,new Scalar(255,0,0));
//创建大小为100×100的矩阵，数据类型为8位无符号整数，3通道，颜色为蓝色
```

3．通过读取图像文件创建

用读取图像文件的方式直接创建 Mat 类也很常见。下面是一个简单的例子，代码如下：

```
Mat src=Imgcodecs.imread("fish.png");
//创建名为 src 的 Mat 类，读取图像后将数据保存在 src 中

HighGui.imshow("src", src); //在屏幕上显示图像
HighGui.waitKey(0);          //按任意键退出
```

这里涉及的几个函数将在 3.1 节详细介绍。类似的代码将在本书中反复出现，本章中也有几个例子会用到，此处只要了解它们的用途即可。代码中的第 1 行的 imread() 用于读取一个图像文件，最后两行用于在屏幕上显示读取的文件，图像的窗口将一直显示在屏幕上，直至用户按下任意键才消失。

4．用 Mat 类的 clone() 方法创建

下面是用 clone() 方法创建矩阵的例子，代码如下：

```
Mat src = Mat.ones( 3, 3, CvType.CV_8UC1 ); //创建一个简单矩阵
Mat dst = src.clone();                       //将 src 克隆为 dst
```

2.2.4　获取矩阵信息

在程序运行过程中，有时需要根据矩阵的尺寸或数据类型等信息进行不同的处理，此时就需要获取矩阵的相关信息。根据所需信息的不同，获取方法也不尽相同。

1．获取矩阵头信息

获取矩阵头信息可用以下语句，代码如下：

```
System.out.println(m);
```

2．获取矩阵数据

如需查看图像的数据，可使用 Mat 类的 dump() 方法，如 2.2.3 节的 SimpleMat.java 所示。下面是一个简单的例子，代码如下：

```
System.out.println(m.dump());
```

但是，这种方法在矩阵尺寸较大时不太方便，此时需要通过 Mat 类的 get() 方法获取矩阵数据，详见 2.2.5 节。

3．获取矩阵相关信息

Mat 类有一些很有用的方法，可以获得矩阵的相关信息，举例如下。

（1）int Mat.rows()：矩阵的行数。

（2）int Mat.cols()：矩阵的列数。

（3）int Mat.dims()：矩阵的维度数，如 2×3 为二维，3×4×5 为三维。

（4）int Mat.channels()：矩阵的通道数。

（5）int Mat.depth()：矩阵的深度。

（6）int Mat.size()：矩阵的尺寸。

（7）int Mat.type()：矩阵的数据类型。

（8）int Mat.total()：矩阵的元素个数，等于行数×列数。

下面用一个完整的程序说明如何获取矩阵的相关信息，代码如下：

```java
//第2章/MatInfo.java

import org.opencv.core.*;
import org.opencv.imgcodecs.Imgcodecs;

public class MatInfo {

        public static void main(String[] args) {
                System.loadLibrary(Core.NATIVE_LIBRARY_NAME);

                        //将文件读至 mat 中
                        Mat mat=Imgcodecs.imread("9.bmp");

                        //在控制台输出 mat 的矩阵头
                        System.out.println(mat);
                        System.out.println();

                        //在控制台输出 mat 的行数、列数和维度数
                        System.out.println(mat.rows()+"行"+mat.cols()+"列");
                        System.out.println(mat.dims()+"维");

                        //在控制台输出 mat 的通道数、深度、尺寸和像素数
                        System.out.println(mat.channels()+"通道");
                        System.out.println();
                        System.out.println("深度: "+mat.depth());
                        System.out.println("尺寸: "+mat.size());
                        System.out.println("像素数: "+mat.total());
        }

}
```

程序运行后控制台的输出如图 2-19 所示。

需要注意的是，矩阵尺寸的返回结果是列数在前而行数在后的，因此显示为 16×24，而矩阵头中显示的则是 24×16。另外，矩阵的深度没有返回诸如 CV_8U 这样的符号，而是用其数字值表示的，两者的对应关系见表 2-1。

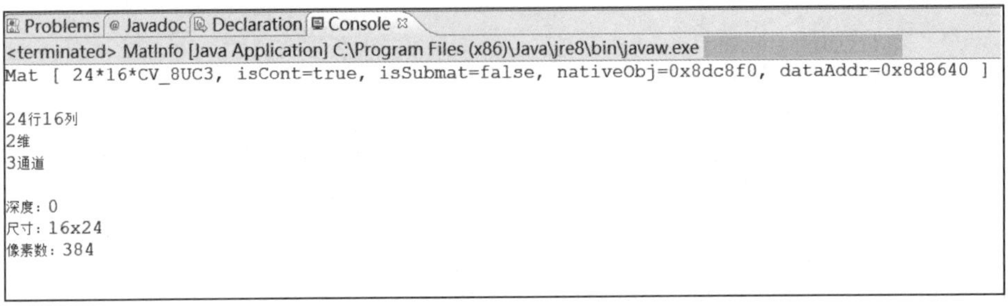

图 2-19 MatInfo.java 程序的运行结果

2.2.5 矩阵相关操作

在创建图像矩阵后，有时需要获取矩阵中某像素的值，或者修改某一像素的值，这时要用到 Mat 类的 get()和 put()方法。

1. 获取像素值

获取像素值需要用到 Mat 类的 get()方法，根据数据类型有多个重载方法，具体如下：

```
int Mat.get(int row, int col, byte[] data)
函数用途：获取图像某像素的像素值，数据类型为 byte。

int Mat.get(int row, int col, short[] data)
函数用途：获取图像某像素的像素值，数据类型为 short。

int Mat.get(int row, int col, int[] data)
函数用途：获取图像某像素的像素值，数据类型为 int。

int Mat.get(int row, int col, float[] data)
函数用途：获取图像某像素的像素值，数据类型为 float。

int Mat.get(int row, int col, double[] data)
函数用途：获取图像某像素的像素值，数据类型为 double。
```

【参数说明】
(1) row：行号。
(2) col：列号。
(3) data：用于存储获取的像素值。因为通道数可能大于 1，所以用数组来存储。

注意：
（1）当 row 和 col 为 0 时表示第 1 行（列），为 1 时表示第 2 行（列），以此类推。
（2）Java 中的 byte 类型的取值范围为-128~127，如果矩阵的数据类型为 CV_8U，则二者的取值范围并不一致，这一点要特别注意。

下面是一个简单的例子，代码如下：

```
int[] i= new int[3];    //用于接收数据的数组（假设矩阵为 3 通道）
mat.get(1,1,i);         //获取第 2 行第 2 列的像素值，保存在数组 i 中
```

2. 修改像素值

修改像素值需要用到 Mat 类的 put()方法，其原型如下：

```
int Mat.put(int row, int col, byte[] data)
函数用途：修改图像某像素的像素值，数据类型为 int。

int Mat.put(int row, int col, short[] data)
函数用途：修改图像某像素的像素值，数据类型为 short。

int Mat.put(int row, int col, int[] data)
函数用途：修改图像某像素的像素值，数据类型为 int。

int Mat.put(int row, int col, float[] data)
函数用途：修改图像某像素的像素值，数据类型为 float。

int Mat.put(int row, int col, double[] data)
函数用途：修改图像某像素的像素值，数据类型为 double。
```

【参数说明】
(1) row：行号。
(2) col：列号。
(3) data：像素值要修改成的数据。

下面用一个完整的程序说明获取和修改像素值的方法，代码如下：

```java
//第2章/MatPixel.java

import org.opencv.core.*;

public class MatPixel{

        public static void main( String[] args ) {
                System.loadLibrary( Core.NATIVE_LIBRARY_NAME );

                //创建一个简单矩阵
                Mat m = Mat.eye( 3, 3, CvType.CV_8UC1 );

                //输出修改前的矩阵数据
                System.out.println(m.dump());
                System.out.println();

                //将第2行第2列的值改为9
                m.put(1,1,9);

                //输出修改后的矩阵数据
                System.out.println(m.dump());
                System.out.println();
```

```
                                  //获取第2行第2列的像素值，存储在data数组中
                                  byte [] data= new byte[3];
                                  m.get(1,1,data);

                                  //输出像素值
                                  System.out.print(data[0]);
                          }
                  }
```

程序的运行结果如图 2-20 所示。此程序先生成一个简单的矩阵，然后用 put()方法修改第 2 行第 2 列的像素值。该矩阵的数据类型为 CV_8UC1，说明只有一个通道，所有 put()方法只用一个变量来赋值也可以；接着，get()方法取出了修改后的像素值，此处定义了一个有 3 个元素的数组，但由于矩阵是单通道的，所以只用到了第 1 个元素。最后在控制台输出取出的数据，确实为 9，与预期一致。程序中还输出了修改前和修改后的矩阵数据，用于对比。

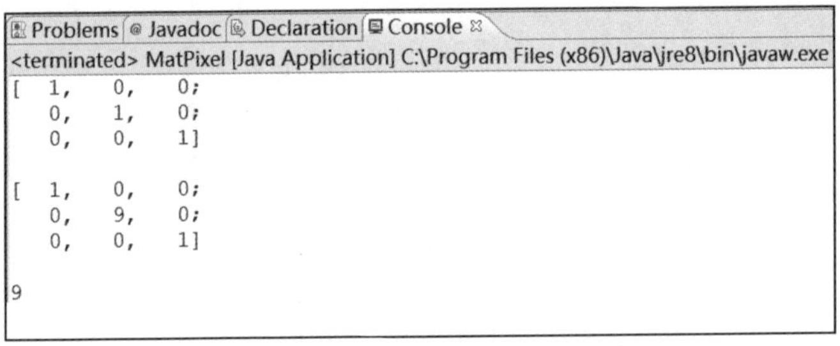

图 2-20　MatPixel.java 程序的运行结果

但是这个程序有个潜在的问题：矩阵 m 的数据类型和 data 数组的数据类型并不匹配。上述程序能够正确运行是因为第 2 行第 2 列的数据被修改成了 9，两个数据类型都接受的数字。如果把 put()函数一行改成如下代码，则程序的输出结果就不一样了。

```
m.put(1,1,255);
```

程序修改后的输出结果如图 2-21 所示，矩阵数据中第 2 行第 2 列的数据确实修改成了 255，因为 put()函数中自动把 255 识别成了 int 类型，但是在用 get()方法取出的像素值则不对。究其原因，用于保存像素值的数组定义为 byte 类型，而 255 并不在 byte 类型的取值范围（−128～127），因此 255 被映射成了−1。

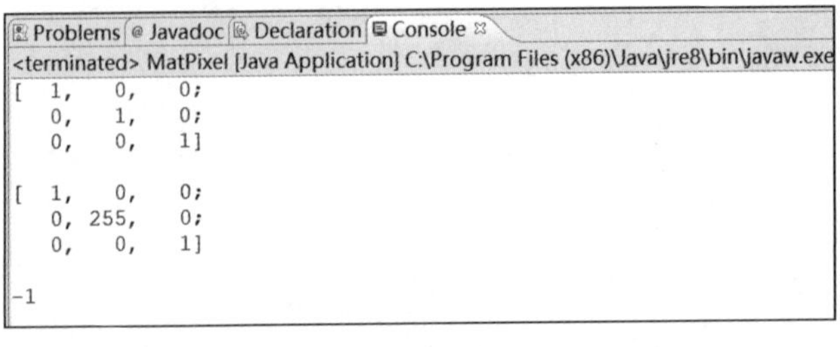

图 2-21　数据修改为 255 的程序运行结果

那么把 data 数组的数据类型改成 int 能否解决这个问题呢？遗憾的是，不能！因为这样又产生了新的问题：矩阵的数据类型和数组的数据类型不一致。要解决这个问题，需要同时修改矩阵和数组的数据类型。修改后的程序代码如下：

```java
//第 2 章/MatPixel2.java

import org.opencv.core.*;

public class MatPixel2{

        public static void main( String[] args ) {
                System.loadLibrary( Core.NATIVE_LIBRARY_NAME );

                //创建一个简单矩阵
                Mat m = Mat.eye( 3, 3, CvType.CV_32SC1 );

                //输出修改前的矩阵数据
                System.out.println(m.dump());
                System.out.println();

                //将第 2 行第 2 列的值改为 255
                m.put(1,1,255);

                //输出修改后的矩阵数据
                System.out.println(m.dump());
                System.out.println();

                //获取第 2 行第 2 列的像素值，存储在 data 数组中
                int [] data= new int[3];
                m.get(1,1,data);

                //输出像素值
                System.out.print(data[0]);
        }

}
```

这个程序运行后的输出结果如图 2-22 所示。

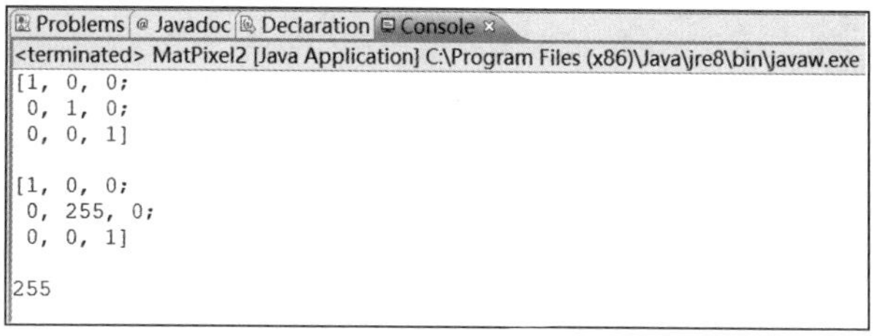

图 2-22　MatPixel2.java 程序的运行结果

看上去问题得到了解决，但是实际上这里还存在一个小问题：矩阵的数据类型是CV_32SC1，不是希望的 CV_8UC1。要彻底解决这个问题需要调用 Mat 类的 convertTo()方法，将数据类型转换成 CV_8UC1。

用于转换数据类型的 convertTo()方法的原型如下：

```
void Mat.convertTo(Mat m, int rtype)
函数用途：转换矩阵的数据类型。
```

【参数说明】
(1) m：输出矩阵。
(2) rtype：输出矩阵的数据类型。

最后的解决方法将在下一个示例程序中给出，在此之前先来看一看 get()和 put()更强大的功能。

3. 批量获取或修改像素值

获取或修改像素值对 get()和 put()方法来讲只能算是雕虫小技。如果将参数中的行号和列号都置 0，并且第 3 个参数（数组）的容量足够大，则这两种方法可以用于获取或修改整个矩阵的数据。

下面用一个完整的程序说明批量获取或修改像素值的方法，代码如下：

```
//第2章/MatBatch.java

import org.opencv.core.*;

public class MatBatch {

    public static void main(String[] args) {
        System.loadLibrary( Core.NATIVE_LIBRARY_NAME );

        //创建矩阵 mat
        Mat mat = new Mat(2, 2, CvType.CV_32SC3);

        //将矩阵数据放在数组 Data 中
        int[] Data=new int[] {1,2,3,4,5,6,7,8,9,128,200,255};
        mat.put( 0, 0, Data);  //批量修改矩阵数据

        //查看矩阵 mat 的数据
        System.out.println(mat.dump());
        System.out.println();

        //转换矩阵数据类型
        Mat m= new Mat();  //创建新矩阵 m
        mat.convertTo(m, CvType.CV_8UC3);

        //获取矩阵的所有数据
```

```
                         int[] i= new int[12];  //创建数组
                         mat.get(0,0,i);  //获取所有数据

                         //查看 m 的矩阵头
                         System.out.println(m);
                         System.out.println();

                         //查看矩阵数据
                         System.out.println(m.dump());
                         System.out.println();

                         //查看数组 i 的数据
                         for (int n=0; n<12; n++)
                                 System.out.print(i[n]+",");

            }
}
```

程序运行的结果如图 2-23 所示。

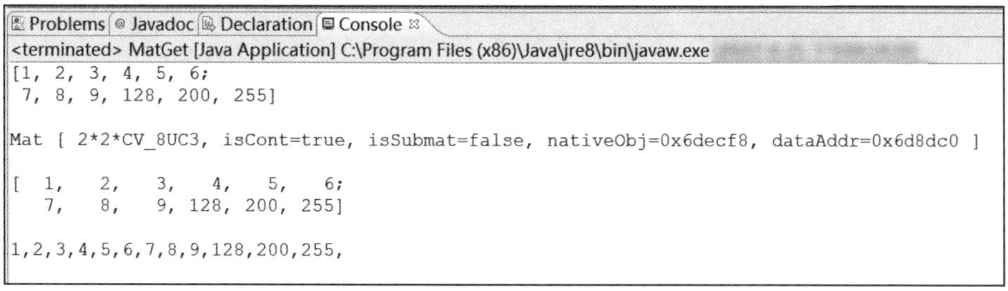

```
🐞 Problems  @ Javadoc  🔍 Declaration  🖥 Console ✕
<terminated> MatGet [Java Application] C:\Program Files (x86)\Java\jre8\bin\javaw.exe
[1, 2, 3, 4, 5, 6;
 7, 8, 9, 128, 200, 255]

Mat [ 2*2*CV_8UC3, isCont=true, isSubmat=false, nativeObj=0x6decf8, dataAddr=0x6d8dc0 ]

[  1,   2,   3,   4,   5,   6;
   7,   8,   9, 128, 200, 255]

1,2,3,4,5,6,7,8,9,128,200,255,
```

图 2-23　MatBatch.java 程序的运行结果

　　这个程序中采用了 CV_32SC3 这种数据类型以确保数据类型不发生冲突。实际上，这个矩阵的像素值为 0~255，数据类型用 CV_8UC3 也可以，但是这种数据类型会导致获取像素值出错。由于矩阵大小为 2×2，有 3 个通道，因此矩阵共有 12 个数据（2×2×3）。在 Data 数组完成初始化后，put()函数将所有数据一次性赋值给矩阵。查看矩阵 mat 的数据后发现一切正常。接着，程序创建了一个新的矩阵 m，然后调用 Mat 类的 convertTo()方法把矩阵数据类型转换成 CV_8UC3，查看数据发现两个矩阵的数据一模一样，但是数据类型发生了变化。最后取出数组 i 的数据查看，也一切正常。

　　需要注意的是，get()方法是用在转换前的 mat 矩阵上的，如果用在转换后的矩阵 m，则会出错。用这种方法，程序绕过了数据类型不匹配的障碍，保证了像素值的正确性。当然，解决数据类型不匹配的方法不止这一种。这个例子也提醒我们：在 Java 程序中调用 OpenCV 函数时必须时刻注意数据类型的一致性，特别是数据类型为 byte 时。

4．矩阵的其他操作

　　除了上述操作外，上文中还陆续介绍了 Mat 类的一些常用方法，如用来创建矩阵的

create()方法；用来复制和克隆矩阵的 copyTo()和 clone()方法；用来转换矩阵数据类型的 convertTo()方法。Mat 类的方法还有不少，但用法都比较简单，这里就不一一举例了。

2.3 OpenCV 中常用数据结构

OpenCV 中有一些非常基础的数据结构，如表示点的 Point 类、表示矩形的 Rect 类、表示尺寸的 Size 类和表示颜色的 Scalar 类。了解这些数据结构对 OpenCV 的编程大有裨益，下面就逐一进行介绍。

2.3.1 点的表示：Point 类

在 OpenCV 的基本数据结构中，Point 类可能是最为简单的，它用于表示二维坐标系中的一个点。Point 类的成员变量有 x 和 y，分别为点的 x 坐标和 y 坐标。Point 类的构造函数如下：

```
Point(double x, double y)
函数用途：Point 类构造函数。
```

【参数说明】
1) x：点的 x 坐标。
2) y：点的 y 坐标。

2.3.2 矩形的表示：Rect 类

Rect 类用来表示一个矩形，成员变量有 x、y、width 和 height，分别表示左上角顶点的 x 坐标和 y 坐标、矩形宽和矩形高。Rect 类的构造函数如下：

```
Rect(int x, int y, int width, int height)
函数用途：Rect 类构造函数。
```

【参数说明】
(1) x：矩形左上角顶点的 x 坐标。
(2) y：矩形左上角顶点的 y 坐标。
(3) width：矩形宽度。
(4) height：矩形高度。

2.3.3 尺寸的表示：Size 类

Size 类用来表示尺寸，其成员变量为 width 和 height，表示矩阵的宽和高。Size 类的构造函数如下：

```
Size(double width, double height)
函数用途：Size 类构造函数。
```

【参数说明】
(1) width：宽度。
(2) height：高度。

2.3.4　颜色的表示：Scalar 类

Scalar 表示具有 4 个元素的数组，在 OpenCV 中被大量用来传递颜色值，如 RGB 的色彩值。Scalar 表示颜色时的顺序是 B（蓝色）、G（绿色）、R（红色），如果是四通道，则在后面跟透明度。Scalar 类常用的构造函数如下：

```
Scalar(double v0)
```
函数用途：Scalar 类构造函数，通常用于灰度图像。

【参数说明】
v0：用于灰度图像时为灰度值。

```
Scalar(double v0, double v1, double v2);
```
函数用途：Scalar 类构造函数，通常用于三通道（不含透明通道）的图像。

【参数说明】
v0、v1 和 v2：用于三通道图像时为 B、G、R 的值

```
Scalar(double v0, double v1, double v2, double v3);
```
函数用途：Scalar 类构造函数，通常用于四通道的图像。

【参数说明】
(1) v0、v1 和 v2：用于四通道图像时为 B、G、R 的值。
(2) v3：用于四通道图像时为透明度的值。

下面用一个完整的程序说明这几种数据结构的创建和用法，代码如下：

```java
//第 2 章/BasicStructure.java

import org.opencv.core.*;

public class BasicStructure{

        public static void main( String[] args ) {
                System.loadLibrary( Core.NATIVE_LIBRARY_NAME );

                //创建 1 个 Point 对象并在控制台输出
                Point point = new Point(10, 20);
                System.out.println("point: " +point);
                System.out.println(point.x + "," + point.y);
                System.out.println();

                //创建 1 个 Rect 对象并在控制台输出
```

```
Rect rect = new Rect(10, 20, 50, 100);
System.out.println("rect: " +rect);
System.out.println(rect.x+","+ rect.y + "," + rect.size());
System.out.println();

//创建1个Size对象并在控制台输出
Size size = new Size(50, 100);
System.out.println("size: " + size);
System.out.println(size.width + "," + size.height);
System.out.println();

//创建1个Scalar对象并在控制台输出
Scalar red = new Scalar(0,0,255);
System.out.println("red:" + red);
System.out.println();

    }

}
```

程序的运行结果如图 2-24 所示。

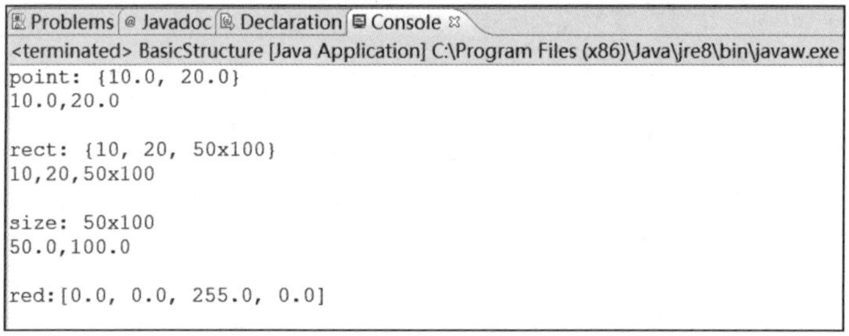

图 2-24　BasicStructure.java 程序的运行结果

2.4　颜色和通道

数字图像根据颜色的不同可分为黑白图像、灰度图像和彩色图像。此处的黑白图像指的是二值图像，只有黑白两色。灰度图像则包括了不同程度的灰度色，但不包含任何色相。如果用 RGB 颜色模型表示，则灰度色的 RGB 数值是相等的。

在 2.1.2 节中提到过"通道"这个概念。灰色图像只有一个通道，而 RGB 图像则有红、绿、蓝 3 个通道，有时还有第 4 个通道：表示透明度的 Alpha 通道。带 Alpha 通道的图像与不带 Alpha 通道的差别较大，如图 2-25 所示。图 2-25（a）是三通道图像，不带 Alpha 通道，而图 2-25（b）则是透明度等于 50%时的四通道图像，二者的差异显而易见。

(a) 无Alpha通道图像　　　　　　　　(b) 透明度等于50%的图像

图 2-25　无 Alpha 通道图像和带 Alpha 通道图像的区别

2.5　本章小结

　　本章从数字图像的基础知识开始讲起，详细介绍了 OpenCV 中核心的 Mat 类及相关操作。本章还介绍了 OpenCV 中一些常用的数据结构，为在 OpenCV 中进行图像处理打下了坚实的基础。

　　本章介绍的主要函数见表 2-2。

表 2-2　第 2 章主要函数清单

编号	函 数 名	函 数 用 途	所在章节
1	Mat.zeros()	创建值全为 0 的矩阵	2.2.3 节
2	Mat.ones()	创建值全为 1 的矩阵	2.2.3 节
3	Mat.eye()	创建矩阵，当行号等于列号时值为 1，其余值为 0	2.2.3 节
4	Mat.get()	获取图像像素值	2.2.5 节
5	Mat.put()	修改图像像素值	2.2.5 节
6	Mat.convertTo()	转换矩阵数据类型	2.2.5 节

　　本章中的示例程序清单见表 2-3。

表 2-3　第 2 章示例程序清单

编号	程 序 名	程 序 说 明	所在章节
1	SimpleMat.java	用 Mat.zeros()等函数创建简单的矩阵	2.2.3 节
2	MatInfo.java	获取矩阵相关信息	2.2.4 节
3	MatPixel.java	获取和修改像素值	2.2.5 节
4	MatPixel2.java	在获取和修改像素值时数据类型不一致的解决方法	2.2.5 节
5	MatBatch.java	批量存取矩阵数据	2.2.5 节
6	BasicStructure.java	Point 类等常用数据结构的创建及用法	2.3.4 节

第 3 章

图像基本操作（1）

OpenCV 是一个计算机视觉库，需要频繁地和各种图像文件打交道，图像的读写操作显然是基础中的基础。另外，在处理图像的过程中也需要时常查看处理结果，此时需要在屏幕上显示图像。本章将从这 3 个基本操作开始讲起。除了图像的读写和显示以外，本章还将介绍基础的绘图函数及颜色空间的操作。

用 Java 调用 OpenCV 中的函数，需要在函数名前面加上相应的模块名，例如读取图像文件的 imread()函数就要写成 Imgcodecs.imread()，因此，在介绍有关函数原型时就以"模块名.函数名"这种方式来表示函数名。同样地，模块名中也要注意大小写，否则会出错。

另外，OpenCV 中的函数大多有多个重载方法，本书在介绍函数时只介绍最常用的方法，如果有多个常用，则同时进行介绍。

3.1 图像读写与显示

3.1.1 图像的读取

OpenCV 中用于读取图像文件的函数原型如下：

```
Mat Imgcodecs.imread(String filename, int flags)
函数用途：从指定文件加载图像。
```

【参数说明】
(1) filename：指定的文件名。
(2) flags：读取方式。如果此参数省略，则按默认方式读取图像。flags 的取值范围见表 3-1。

表 3-1 读取方式取值表

参　　数	数字值	用　　法
Imgcodecs.IMREAD_UNCHANGED	−1	按图像原样读取，保留 Alpha 通道
Imgcodecs.IMREAD_GRAYSCALE	0	读取图像并转换成单通道灰度图像
Imgcodecs.IMREAD_COLOR	1	读取图像并转换成三通道图像

续表

参　　　数	数字值	用　　法
Imgcodecs.IMREAD_ANYDEPTH	2	读取图像，如图像为 16 位/32 位则保留，否则转换为 8 位图像
Imgcodecs.IMREAD_ANYCOLOR	4	以任何可能的颜色格式读取图像
Imgcodecs.IMREAD_LOAD_GDAL	8	使用 gdal 驱动加载图像
Imgcodecs.IMREAD_REDUCED_GRAYSCALE_2	16	读取图像并转换成单通道灰度图像，图像尺寸变为原来的 1/2
Imgcodecs.IMREAD_REDUCED_COLOR_2	17	读取图像并转换成三通道图像，图像尺寸变为原来的 1/2
Imgcodecs.IMREAD_REDUCED_GRAYSCALE_4	32	读取图像并转换成单通道灰度图像，图像尺寸变为原来的 1/4
Imgcodecs.IMREAD_REDUCED_COLOR_4	33	读取图像并转换成三通道图像，图像尺寸变为原来的 1/4
Imgcodecs.IMREAD_REDUCED_GRAYSCALE_8	64	读取图像并转换成单通道灰度图像，图像尺寸变为原来的 1/8
Imgcodecs.IMREAD_REDUCED_COLOR_8	65	读取图像并转换成三通道图像，图像尺寸变为原来的 1/8
Imgcodecs.IMREAD_IGNORE_ORIENTATION	128	读取图像，不按 EXIF 方向标志旋转图像

读取图像文件时的注意事项如下：

（1）如果因为某些原因（文件不存在、没有权限、文件格式不被支持或无效等）无法读取图像，则该函数将返回一个空矩阵。

（2）由于 Java 中反斜杠"\"用作转义符，因此绝对路径中的分隔符不能用"\"，而要用"\\"或"/"。

（3）OpenCV 支持 TIFF、PNG、JPEG、BMP 等常用文件格式，但不支持 GIF 文件格式。

（4）该函数根据文件内容而不是文件扩展名来确定图像的类型。

（5）如读取的文件是彩色图像，解码后的图像通道按 B、G、R 顺序存储。

（6）如果 flags 为 Imgcodecs.IMREAD_GRAYSCALE，则灰度转换的结果可能与 cvtColor() 函数的输出不同。

（7）默认情况下，图像的像素数必须小于 2^{30}。如有必要，可通过修改系统变量 OPENCV_IO_MAX_IMAGE_PIXELS 设定最大像素数。

下面是一个读取文件的简单例子，代码如下：

```
Mat src=Imgcodecs.imread("fish.png",Imgcodecs.IMREAD_GRAYSCALE);
//读取 fish.png 文件，并将其转换成灰度图
```

3.1.2　图像的保存

OpenCV 中用于保存图像文件的函数原型如下：

```
boolean Imgcodecs.imwrite(String filename, Mat img)
该函数将图像保存为指定文件。
```

【参数说明】

(1) filename：指定的文件名。

(2) img：要保存的图像。

保存图像时的格式依据 filename 的扩展名确定，此函数通常仅支持单通道或三通道（按照 B、G、R 的通道顺序）图像的保存，但有以下例外：

（1）16 位无符号整数类型（CV_16U）的图像可以保存为 PNG、JPEG 2000 或 TIFF 格式。

（2）32 位浮点数类型（CV_32F）的图像可保存为 TIFF、OpenEXR 及 HDR 格式。

（3）有 Alpha 通道的 PNG 图像也可用此函数保存。保存时需要先创建 8 位/16 位四通道图像 BGRA，其中 Alpha 通道排在最后；完全透明像素的 Alpha 值设为 0，完全不透明的像素值设为 255 或 65 535。

（4）要在一个文件中保存多个图像，可采用 TIFF 文件格式。

（5）如果图像格式不被支持，则图像将被转换为 8 位无符号整数类型（CV_8U）存储。

3.1.3　图像的显示

OpenCV 中用于在屏幕上显示图像的函数原型如下：

```
void HighGui.imshow(String winname, Mat img)
函数用途：在屏幕上显示图像。
```

【参数说明】

(1) winname：显示图像的窗口名称。

(2) img：要显示的图像。

在调用 imshow()函数后，需要通过 waitKey()函数告知系统图像在屏幕上停留的时间，如果不用这个函数，则屏幕上不会显示图像。该函数的原型如下：

```
int HighGui.waitKey(int delay)
函数用途：在给定的时间内等待用户按键触发。
```

【参数说明】

(1) delay：需要等待的时间，单位为毫秒（ms）。如将 delay 设为 0，表示等待用户按键结束此函数。

(2) 返回值：如果某键被按下，则返回键值对应的 ASCII 码，否则返回−1。

此函数只在存在 HighGUI 窗口时才有效。如果同时存在多个窗口，则其中任意一个均可被激活。

下面用一个完整的程序说明如何读取、保存和显示图像，代码如下：

```
//第 3 章/ReadFile.java
```

```java
import org.opencv.core.*;
import org.opencv.highgui.HighGui;
import org.opencv.imgcodecs.Imgcodecs;

public class ReadFile {

        public static void main(String[] args) {
                System.loadLibrary(Core.NATIVE_LIBRARY_NAME);

                //读取图像文件
                Mat src=Imgcodecs.imread("fish.png");

                //读取图像文件并转换成灰度图
                Mat grey = Imgcodecs.imread("fish.png",
Imgcodecs.IMREAD_GRAYSCALE);

                //将灰度图保存为图像文件
                Imgcodecs.imwrite("fish_grey.png", grey);

                //在屏幕上显示彩色图像和灰度图
                HighGui.imshow("color", src);
                HighGui.waitKey(0);  //按任意键退出
                HighGui.imshow("grey", grey);
                HighGui.waitKey(0);  //按任意键退出
                System.exit(0);
        }
}
```

程序运行后屏幕上会先后显示读取的彩色图像和灰度图，如图 3-1（a）和 3-1（b）所示。程序运行结束后，项目文件夹下还会多出一个文件 fish_grey.png，这就是用 imread() 函数保

(a) 彩色图像　　　　　　　　　　　　　　(b) 灰度图

图 3-1　ReadFile.java 程序的运行结果

存的文件。用图像软件查看，可以看到和屏幕显示相同的灰度图。

3.2 绘图函数

OpenCV 是用来处理图像的，画图并非它的主要功能，但在很多时候，用图形进行标记是必要的。例如，在模板匹配时，需要把匹配到的区域表示出来；在进行霍夫检测时，需要把检测出的直线或圆画出来；在进行人脸检测时，需要把检测到的人脸标出来等。本节介绍 OpenCV 中常用的绘图函数。

3.2.1 绘制直线

OpenCV 中用于绘制直线的函数原型如下：

```
void Imgproc.line(Mat img, Point pt1, Point pt2, Scalar color, int thickness)
函数用途：在图像上绘制一条线段。

【参数说明】
(1) img：用于绘图的图像。
(2) pt1：线段的端点 1。
(3) pt2：线段的端点 2。
(4) color：线段的颜色。
(5) thickness：线的粗细。
```

3.2.2 绘制矩形

OpenCV 中用于绘制矩形的函数原型如下：

```
void Imgproc.rectangle(Mat img, Point pt1, Point pt2, Scalar color, int thickness)
函数用途：在图像上绘制一个矩形。

【参数说明】
(1) img：用于绘图的图像。
(2) pt1：矩形两个对角点之一。
(3) pt2：pt1 的对角点。
(4) color：矩形的颜色。
(5) thickness：轮廓线的粗细。负值表示画一个实心矩形。
```

3.2.3 绘制圆形

OpenCV 中用于绘制圆形的函数原型如下：

```
void Imgproc.circle(Mat img, Point center, int radius, Scalar color, int thickness)
```

函数用途：在图像上绘制一个圆。

【参数说明】

(1) img：用于绘图的图像。

(2) center：圆的圆心。

(3) radius：圆的半径。

(4) color：圆的颜色。

(5) thickness：轮廓线的粗细。负值表示画一个实心圆。

下面用一个完整的程序说明绘制直线、矩形及圆形的方法，代码如下：

```java
//第3章/Draw.java

import org.opencv.core.*;
import org.opencv.highgui.HighGui;
import org.opencv.imgproc.Imgproc;

public class Draw {

        public static void main(String[] args) {
                System.loadLibrary(Core.NATIVE_LIBRARY_NAME);

                //用于画图的背景图，尺寸为800×800
                Mat img  = Mat.zeros( 800, 800, CvType.CV_8UC3 );
                Scalar white = new Scalar(255,255,255);

                int size = 40; //格子大小

                //画围棋棋盘格子
                for (int i=0; i<19; i++) {
                        Imgproc.line(img, new Point(40, 40 + size*i),
new Point(760, 40 + size*i), white, 1);
                        Imgproc.line(img, new Point(40 + size*i, 40),
new Point(40 + size*i, 760), white, 1);
                }

                //画棋盘的外框
                Imgproc.rectangle(img, new Point(30, 30), new Point(770,
770), white, 2);

                //画星位
                for (int i=3; i<19; i=i+6) {
                        for (int j=3; j<19; j=j+6) {
                                Imgproc.circle(img, new Point(40+
size*i, 40 + size*j), 4, white, 1);
                        }
                }
```

```
                    //在屏幕上显示画好的棋盘
                    HighGui.imshow("img", img);
                    HighGui.waitKey(0);
                    System.exit(0);


           }
    }
```

这个程序在一个黑色背景图上画了一个围棋棋盘，程序的运行结果如图 3-2 所示。

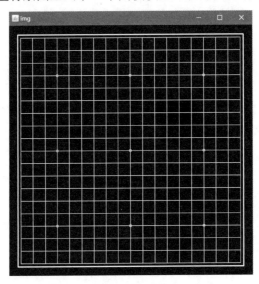

图 3-2　Draw.java 程序的运行结果

3.2.4　绘制椭圆

OpenCV 中用于绘制椭圆的函数原型如下：

```
void Imgproc.ellipse(Mat img, Point center, Size axes, double angle, double
startAngle, double endAngle, Scalar color, int thickness)
```
函数用途: 在图像上绘制一个椭圆或椭圆的一部分。如希望绘制一个完整的椭圆，则需将 startAngle 设为 0，将 endAngle 设为 360。

【参数说明】
(1) img: 用于绘图的图像。
(2) center: 椭圆的中心。
(3) axes: 椭圆主轴尺寸的一半。
(4) angle: 椭圆旋转的角度，单位为度。
(5) startAngle: 椭圆圆弧起始角度，单位为度。
(6) endAngle: 椭圆圆弧终止角度，单位为度。
(7) color: 椭圆的颜色。
(8) thickness: 轮廓线的粗细。正数表示画椭圆的轮廓，否则画一个实心椭圆。

3.2.5 绘制多边形

OpenCV 中用于绘制多边形的函数原型如下：

```
void Imgproc.polylines(Mat img, List<MatOfPoint> pts, boolean isClosed,
Scalar color, int thickness)
函数用途：在图像上绘制一个多边形。
```

【参数说明】
(1) img：用于绘图的图像。
(2) pts：多边形的多个顶点。
(3) isClosed：多边形是否闭合。
(4) color：多边形的颜色。
(5) thickness：线的粗细。

3.2.6 绘制文字

OpenCV 中用于绘制文字的函数原型如下：

```
void Imgproc.putText(Mat img, String text, Point org, int fontFace, double
fontScale, Scalar color)
函数用途：在图像上添加文字。
```

【参数说明】
(1) img：用于绘图的图像。
(2) text：需要画出的文字，只支持英文。
(3) org：文字左下角位置。
(4) fontFace：字体类型，可选参数如下。
◆ Core.FONT_HERSHEY_SIMPLEX：正常尺寸的无衬线字体。
◆ Core.FONT_HERSHEY_PLAIN：小尺寸的无衬线字体。
◆ Core.FONT_HERSHEY_DUPLEX：正常尺寸的较复杂的无衬线字体。
◆ Core.FONT_HERSHEY_COMPLEX：正常尺寸的衬线字体。
◆ Core.FONT_HERSHEY_TRIPLEX：正常尺寸的较复杂的衬线字体。
◆ Core.FONT_HERSHEY_COMPLEX_SMALL：较小版的衬线字体。
◆ Core.FONT_HERSHEY_SCRIPT_SIMPLEX：手写字体。
◆ Core.FONT_HERSHEY_SCRIPT_COMPLEX：更复杂的手写字体。
◆ Core.FONT_ITALIC：斜体字体。
(5) fontScale：文字大小。
(6) color：文字的颜色。

注意：putText()函数的 fontFace 参数在 OpenCV 3.4.16 版本中属于 Core 模块，但在 4.6.0 版本中被调整到了 Imgproc 模块中，因此在 4.6.0 版本中应使用 Imgproc.FONT_HERSHEY_ SIMPLEX 这种形式。

下面用一个完整的程序说明绘制椭圆、多边形及文字的方法，代码如下：

```
//第3章/Draw2.java
```

```java
import java.util.*;
import org.opencv.core.*;
import org.opencv.highgui.HighGui;
import org.opencv.imgcodecs.Imgcodecs;
import org.opencv.imgproc.Imgproc;

public class Draw2 {

        public static void main(String[] args) {
                System.loadLibrary(Core.NATIVE_LIBRARY_NAME);

                //用于绘制图形的背景图
                Mat img = Imgcodecs.imread("fish.png");
                Scalar black = new Scalar(0,0,0);
                Scalar white = new Scalar(255,255,255);

                //多边形的点集
                Point[] pt1 = new Point[5];
                pt1[0] = new Point(440, 540);
                pt1[1] = new Point(570, 470);
                pt1[2] = new Point(810, 420);
                pt1[3] = new Point(640, 540);
                pt1[4] = new Point(450, 580);

                //绘制鱼的轮廓
                MatOfPoint p = new MatOfPoint(pt1);
                List<MatOfPoint> pts = new ArrayList<MatOfPoint>();
                pts.add(p);
                Imgproc.polylines(img, pts, true, white, 2);

                //绘制叶子轮廓
                Imgproc.ellipse( img, new Point( 525, 130), new Size( 110,
130 ), 95, 0.0, 360.0, white, 2 );

                //在图像上绘制文字
                Imgproc.putText(img,   "Fish!",   new   Point(560,520),
Core.FONT_HERSHEY_SIMPLEX, 1, black, 2);

                //在屏幕上显示绘制好的图像
                HighGui.imshow("img", img);
                HighGui.waitKey(0);
                System.exit(0);
        }
}
```

注意： 由于 fontFace 参数所属模块的变更，如果采用 OpenCV 4.6.0 版本，则 putText()

一句应改为如下代码，其余不变。

```
Imgproc.putText(img, "Fish!", new Point(560,520), Imgproc.FONT_HERSHEY_
SIMPLEX, 1, black, 2);
```

程序的运行结果如图 3-3 所示。

图 3-3 Draw2.java 程序的运行结果

3.2.7 绘制箭头

OpenCV 中用于绘制箭头的函数原型如下：

```
void Imgproc.arrowedLine(Mat img, Point pt1, Point pt2, Scalar color, int
thickness, int line_type, int shift, double tipLength)
函数用途：从 pt1 绘制一个指向 pt2 的箭头。
```

【参数说明】
(1) img：用于绘图的图像。
(2) pt1：箭头起点。
(3) pt2：箭头终点。
(4) color：箭头的颜色。
(5) thickness：线的厚度。
(6) line_type：线型，可选参数如下。
◆ Core.FILLED：填充线。
◆ Core.LINE_4：4 连通线。
◆ Core.LINE_8：8 连通线。
◆ Core.LINE_AA：抗锯齿线。
(7) shift：坐标系中的小数位数。
(8) tipLength：箭头尖端长度(相对于线段长度的比例)。

注意：arrowedLine()函数的 line_type 参数在 OpenCV 3.4.16 版本中属于 Core 模块，但

在 4.6.0 版本中被调整到了 Imgproc 模块中，因此在 4.6.0 版本中应使用 Imgproc.LINE_4 这种形式。

3.2.8 绘制外框

OpenCV 中用于绘制图像外框的函数原型如下：

```
void Core.copyMakeBorder(Mat src, Mat dst, int top, int bottom, int left, int
right, int borderType)
函数用途：在图像外绘制一个边界框。

【参数说明】
(1) src：输入图像。
(2) dst：输出图像，和 src 具有相同的尺寸和数据类型。
(3) top：顶部边框的像素数。
(4) bottom：底部边框的像素数。
(5) left：左侧边框的像素数。
(6) right：右侧边框的像素数。
(7) borderType：边框类型，可选参数如下。
◆ Core.BORDER_CONSTANT：用特定值填充，如 iiiiii|abcdefgh|iiiiiii 中用 i 填充。
◆ Core.BORDER_REPLICATE：两端复制填充，如 aaaaaa|abcdefgh|hhhhhhh。
◆ Core.BORDER_REFLECT：倒序填充，如 fedcba|abcdefgh|hgfedcb。
◆ Core.BORDER_WRAP：正序填充，如 cdefgh|abcdefgh|abcdefg。
◆ Core.BORDER_REFLECT_101：不含边界值的倒序填充，如 gfedcb|abcdefgh|gfedcba。
◆ Core.BORDER_REFLECT101：同 Core.BORDER_REFLECT_101。
◆ Core.BORDER_DEFAULT：同 Core.BORDER_REFLECT_101。
```

下面用一个完整的程序说明绘制箭头和外框的方法，代码如下：

```java
//第 3 章/Draw3.java

import org.opencv.core.*;
import org.opencv.highgui.HighGui;
import org.opencv.imgcodecs.Imgcodecs;
import org.opencv.imgproc.Imgproc;

public class Draw3 {

        public static void main(String[] args) {
                System.loadLibrary(Core.NATIVE_LIBRARY_NAME);

                //用于绘制图形的背景图
                Mat src = Imgcodecs.imread("fish.png");

                //绘制边界框
                Mat dst = new Mat();
                Core.copyMakeBorder(src, dst, 9, 9, 9, 9, Core.BORDER_
```

```
CONSTANT);

                        //绘制箭头
                        Point pt1 = new Point(760, 450);
                        Point pt2 = new Point(465, 570);
                        Scalar red = new Scalar(0,0,255);
                        Imgproc.arrowedLine(dst, pt1, pt2, red, 3, Core.LINE_AA,
0, 0.1);

                        //在屏幕上显示绘制好的图像
                        HighGui.imshow("dst", dst);
                        HighGui.waitKey(0);
                        System.exit(0);
                }

        }
```

注意：由于 line_type 参数所属模块的变更，如果采用 OpenCV 4.6.0 版本，则绘制箭头一句应改为如下代码，其余不变。

```
Imgproc.arrowedLine(dst, pt1, pt2, red, 3, Imgproc.LINE_AA, 0, 0.1);
```

程序的运行结果如图 3-4 所示。

图 3-4　Draw3.java 程序的运行结果

3.3　颜色空间操作

3.3.1　颜色空间的转换

在进行图像处理时，往往需要在不同的颜色空间之间进行转换，例如，从彩色图像转换为灰度图，或者从 RGB 转换为 HSV 等。为了方便此类操作，OpenCV 提供了一个用于颜色空间转换的 cvtColor()函数，该函数的原型如下：

```
void Imgproc.cvtColor(Mat src, Mat dst, int code);
```
函数用途：将输入图像从一种颜色空间转换为另一种颜色空间。如果是在 RGB 颜色空间与其他颜色空间之间进行转换，则应明确指定通道的顺序（RGB 或 BGR）。由于 OpenCV 中的默认颜色格式实际上是 BGR，标准（24 位）彩色图像中的第 1~第 3 字节将是第 1 像素的 8 位蓝色、绿色、红色分量，第 4~第 6 字节将是第 2 像素的蓝色、绿色、红色分量，以此类推。

【参数说明】
(1) src：输入图像。
(2) dst：输出图像，与 src 具有相同的尺寸和深度。
(3) code：颜色空间转换编码。常见的转换编码如下。
◆ Imgproc.COLOR_BGR2GRAY：从 BGR 转换为灰度图。
◆ Imgproc.COLOR_GRAY2BGR：从灰度图转换为 BGR。
◆ Imgproc.COLOR_BGR2BGRA：从 BGR 转换为 BGRA。
◆ Imgproc.COLOR_BGRA2BGR：从 BGRA 转换为 BGR。
◆ Imgproc.COLOR_BGR2RGB：从 BGR 转换为 RGB。
◆ Imgproc.COLOR_RGB2BGR：从 RGB 转换为 BGR。
◆ Imgproc.COLOR_BGR2HSV：从 BGR 转换为 HSV。
◆ Imgproc.COLOR_RGB2HSV：从 RGB 转换为 HSV。
◆ Imgproc.COLOR_HSV2BGR：从 HSV 转换为 BGR。
◆ Imgproc.COLOR_HSV2RGB：从 HSV 转换为 RGB。

颜色空间转换编码的格式一般为 Imgproc.COLOR_XXX2XXX，其中 Imgproc.COLOR_ 为固定部分，2 代表 to（英语中发音相同），是"转换为"的意思，常用的 Imgproc.COLOR_ BGR2GRAY 可以解释为从 BGR 转换为灰度图（GRAY）。R、G 和 B 像素值的范围如下：
（1）CV_8U 类型为 0~255。
（2）CV_16U 类型为 0~65 535。
（3）CV_32F 类型为 0~1。
下面用一个完整的程序说明颜色空间转换的方法，代码如下：

```java
//第 3 章/ConvertColor.java

import org.opencv.core.*;
import org.opencv.highgui.HighGui;
import org.opencv.imgcodecs.Imgcodecs;
import org.opencv.imgproc.Imgproc;

public class ConvertColor {

        public static void main(String[] args) {
                System.loadLibrary(Core.NATIVE_LIBRARY_NAME);

                //读取图像文件并在屏幕上显示
                Mat src= Imgcodecs.imread("fish.png");
                HighGui.imshow("color", src);
```

```
        HighGui.waitKey(0);  //按任意键退出

        //将彩色图像转换为灰度图并在屏幕上显示
        Mat gray=new Mat();
        Imgproc.cvtColor( src, gray, Imgproc.COLOR_BGR2GRAY );
        HighGui.imshow("grey", gray);
        HighGui.waitKey(0);   //按任意键退出

        //将图像转换为HSV颜色模型并在屏幕上显示
        Mat hsv=new Mat();
        Imgproc.cvtColor( src, hsv, Imgproc.COLOR_BGR2HSV );
        HighGui.imshow("hsv", hsv);
        HighGui.waitKey(0);  //按任意键退出

        //将图像转换为YUV颜色模型并在屏幕上显示
        Mat yuv=new Mat();
        Imgproc.cvtColor( src, yuv, Imgproc.COLOR_BGR2YUV );
        HighGui.imshow("yuv", yuv);
        HighGui.waitKey(0);  //按任意键退出

        System.exit(0);
    }
}
```

程序的运行结果如图 3-5 所示。

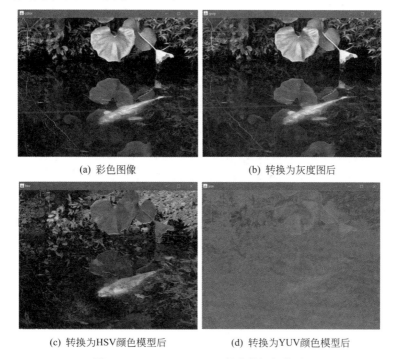

(a) 彩色图像   (b) 转换为灰度图后

(c) 转换为HSV颜色模型后   (d) 转换为YUV颜色模型后

图 3-5 ConvertColor.java 程序的运行结果

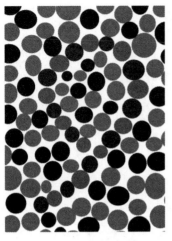

图 3-6　色盲测试图

由于 HSV 颜色空间更接近于人类视觉的直观感觉，因此可以在转换成 HSV 颜色空间后根据色彩对图像进行分割，如图 3-6 所示，图中是一幅色盲测试图，如果转换成灰度图后只能看到一些灰色的圆点，则无法将中央绿色的"9"分离出来，因此需要将图像转换成 HSV 颜色模型，然后根据色调值进行分离。分析图像可知，该图像前景主要有两个色系：绿色系和棕色系。已知 OpenCV 中 CV_8U 类型图像中绿色的色调值为 60，棕色（RGB[128,64,0]）为 15，可以据此对图像进行分割。为了不超过 8 位无符号数的最大值 255，OpenCV 中的色调值范围为 0~180。

下面用一个完整的程序说明如何根据颜色的色调进行图像分割，代码如下：

```java
//第3章/DetectColor.java

import org.opencv.core.*;
import org.opencv.highgui.HighGui;
import org.opencv.imgcodecs.Imgcodecs;
import org.opencv.imgproc.Imgproc;

public class DetectColor {

    public static void main(String[] args) {
        System.loadLibrary(Core.NATIVE_LIBRARY_NAME);

        //读取图像文件并在屏幕上显示
        Mat src= Imgcodecs.imread("blind.png");
        HighGui.imshow("color", src);
        HighGui.waitKey(0);  //按任意键退出

        //将彩色图像转换为灰度图并在屏幕上显示
        Mat gray=new Mat();
        Imgproc.cvtColor( src, gray, Imgproc.COLOR_BGR2GRAY );
        HighGui.imshow("gray", gray);
        HighGui.waitKey(0);

        //将图像转换为HSV颜色模型
        Mat hsv=new Mat();
        Imgproc.cvtColor( src, hsv, Imgproc.COLOR_BGR2HSV );

        //克隆src，用于输出分割后的图像
        Mat dst = src.clone();

        //搜索整幅图像并根据色调值分割图像
```

```
                    for (int i=0; i<hsv.rows(); i++) {
                        for (int j=0; j<hsv.cols(); j++) {
                            //获取 HSV 颜色模型中的色调值(H 值)
                            byte [] data= new byte[3];
                            hsv.get(i,j,data);

                            //根据色调值判断,如为绿色系(45~80)则用黑色
                            //画出,否则用白色画出
                            if ((data[0]>45) & (data[0]<80)){
                                    data[0]=0;
                                    data[1]=0;
                                    data[2]=0;
                            } else {
                                    //byte 类型的-1 将被映射为 CV_8U
                                    //类型的 255
                                    data[0]=-1;
                                    data[1]=-1;
                                    data[2]=-1;
                            };

                            //修改 dst 中 RGB 的值
                            dst.put(i,j,data);
                        }
                    }

                    //在屏幕上显示用颜色分割后的图像
                    HighGui.imshow("Divided", dst);
                    HighGui.waitKey(0); //按任意键退出
                    System.exit(0);
            }

    }
}
```

程序的运行结果如图 3-7 所示。

3.3.2 图像通道的拆分与合并

根据不同的应用场景,有时需要将彩色图像的 3 种颜色通道拆开后分别进行操作,另一些时候则需要把独立通道的图片合而为一,此时就会用到 OpenCV 中的 split()和 merge()函数。

OpenCV 中用于拆分图像通道的函数原型如下:

```
void Core.split(Mat m, List<Mat> mv)
函数用途:将图像拆分为多个通道。
```

【参数说明】
(1) m:输入图像(多通道)。
(2) mv:分离后的多个单通道图像。

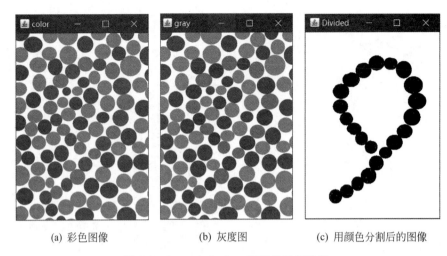

(a) 彩色图像　　　　　　　　(b) 灰度图　　　　　　　(c) 用颜色分割后的图像

图 3-7　DetectColor.java 程序的运行结果

OpenCV 中用于合并图像通道的函数原型如下：

```
void Core.merge(List<Mat> mv, Mat dst)
函数用途：将多个通道数据合并。
```

【参数说明】
(1) mv：需要合并通道的图像组，数据类型为 Mat 类的列表。
(2) m：合并通道后的多通道图像。

下面用一个完整的程序说明图像通道拆分和合并的方法，代码如下：

```java
//第 3 章/SplitMerge.java

import java.util.*;

import org.opencv.core.*;
import org.opencv.highgui.HighGui;
import org.opencv.imgcodecs.Imgcodecs;

public class SplitMerge {

        public static void main(String[] args) {
                System.loadLibrary(Core.NATIVE_LIBRARY_NAME);

                //读取图像并在屏幕上显示
                Mat src=Imgcodecs.imread("fish.png");
                HighGui.imshow("src", src);
                HighGui.waitKey(0);   //按任意键退出

                //拆分图像通道
                List<Mat> dst = new ArrayList<Mat>();
                Core.split(src, dst);
```

```
                    //合并图像通道
                    Mat src2=new Mat();
                    Core.merge(dst, src2);

                    //在屏幕上显示拆分后再合并的图像
                    HighGui.imshow("Split and Merge", src2);
                    HighGui.waitKey(0); //按任意键退出
                    System.exit(0);
            }

    }
```

程序的运行结果如图 3-8 所示。虽然两幅图像看上去没有任何变化，但内存中的矩阵数据却已经发生了"从合到分"和"从分到合"的两次变化。

   (a) 原图像   (b) 通道拆分又合并后的图像

图 3-8   SplitMerge.java 程序的运行结果

如果希望查看拆分后 3 个通道的图像，则可以在 split() 函数后加入以下代码行：

```
HighGui.imshow("Blue",dst.get(0)); //获取蓝色通道图像并显示
HighGui.waitKey(0);
HighGui.imshow("Green",dst.get(1)); //获取绿色通道图像并显示
HighGui.waitKey(0);
HighGui.imshow("Red",dst.get(2));    //获取红色通道图像并显示
HighGui.waitKey(0);
```

3 个通道的图像都是灰度图并且相差不大，此处就不展示了。如果想要将灰度图显示成蓝、绿、红的图片，则需要另行处理。

3.4   本章小结

本章介绍了图像的基本操作，包括图像的读写与显示、常用绘图函数及与颜色空间相关的函数。

本章介绍的主要函数见表 3-2。

表 3-2   第 3 章主要函数清单

编号	函 数 名	函 数 用 途	所在章节
1	Imgcodecs.imread()	从指定文件加载图像	3.1.1 节
2	Imgcodecs.imwrite()	将图像保存为指定文件	3.1.2 节
3	HighGui.imshow()	在屏幕上显示图像	3.1.3 节
4	HighGui.waitKey()	在给定的时间内等待用户按键触发	3.1.3 节
5	Imgproc.line()	在图像上绘制一条线段	3.2.1 节
6	Imgproc.rectangle()	在图像上绘制一个矩形	3.2.2 节
7	Imgproc.circle()	在图像上绘制一个圆	3.2.3 节
8	Imgproc.ellipse()	在图像上绘制一个椭圆或椭圆的一部分	3.2.4 节
9	Imgproc.polylines()	在图像上绘制一个多边形	3.2.5 节
10	Imgproc.putText()	在图像上添加文字	3.2.6 节
11	Imgproc.arrowedLine()	在图像上绘制箭头	3.2.7 节
12	Core.copyMakeBorder()	绘制图像外框	3.2.8 节
13	Imgproc.cvtColor()	颜色空间转换	3.3.1 节
14	Core.split()	将图像拆分为多个通道	3.3.2 节
15	Core.merge()	将多个通道数据合并	3.3.2 节

本章中的示例程序清单见表 3-3。

表 3-3   第 3 章示例程序清单

编号	程 序 名	程 序 说 明	所在章节
1	ReadFile.java	读取、保存和显示图像	3.1.3 节
2	Draw.java	在图像上绘制直线、矩形及圆形	3.2.3 节
3	Draw2.java	在图像上绘制椭圆、多边形及文字	3.2.6 节
4	Draw3.java	在图像上绘制箭头和外框	3.2.8 节
5	ConvertColor.java	进行颜色空间转换	3.3.1 节
6	DetectColor.java	根据颜色色调进行图像分割	3.3.1 节
7	SplitMerge.java	图像通道拆分和合并	3.3.2 节

第 4 章

图像基本操作（2）

第 3 章介绍了图像的读写等最基础的操作及常用的绘图函数和颜色空间操作。本章将介绍另外一些基础但又强大的功能，主要涉及图像的像素操作。通过这些操作，只需一个函数就能按照某种规则修改所有像素的值。像素操作包括的内容较多，有图像的加、减、乘、除等算术运算，有按位与、或、非等逻辑运算，还有二值化、查找表等阈值操作。本章中还有一部分内容是图像金字塔的操作，OpenCV 中不少高级的算法，如用于特征点检测的 SIFT 算法和 SURF 算法、用于光流分析的 LK 算法等都是建立在图像金字塔的基础之上的。

4.1 图像的算术运算

4.1.1 加法运算

图像加法是最基础的像素运算，加法运算又分为简单相加和加权相加两种。OpenCV 中图像加法的函数原型如下：

```
void Core.add(Mat src1, Mat src2, Mat dst)
```
函数用途：将两幅图像简单相加。输入图像与输出图像的深度可以相同也可以不同。例如，可以将 CV_16U 和 CV_8S 类型的图像相加，生成一个 CV_32F 类型的图像。相加后的像素值如果超过上限，则取上限值。

【参数说明】
(1) src1：输入图像 1。
(2) src2：输入图像 2。
(3) dst：输出图像，其尺寸和通道数与输入图像相同。

```
void Core.addWeighted(Mat src1, double alpha, Mat src2, double beta, double
gamma, Mat dst)
```
函数用途：将两幅图像按权重相加，其计算公式为 dst = src1*alpha + src2*beta + gamma，其中 dst、src1 和 src2 代表的是图像中的像素值。

【参数说明】
(1) src1：输入图像 1。
(2) alpha：输入图像 1 的权重。

(3) src2：输入图像 2。

(4) beta：输入图像 2 的权重。

(5) gamma：加权相加后额外添加的值。

(6) dst：输出图像，其尺寸和通道数与输入图像相同。

下面通过一个完整的程序说明这两种加法的区别，代码如下：

```java
//第 4 章/Add.java

import org.opencv.core.*;
import org.opencv.highgui.HighGui;
import org.opencv.imgcodecs.Imgcodecs;

public class Add {

        public static void main(String[] args) {
                System.loadLibrary(Core.NATIVE_LIBRARY_NAME);

                //读取两幅图像
                Mat src1 = Imgcodecs.imread("img1.jpg");
                Mat src2 = Imgcodecs.imread("img2.jpg");

                //在屏幕上显示两幅图像
                HighGui.imshow("src1", src1);
                HighGui.waitKey(0);
                HighGui.imshow("src2", src2);
                HighGui.waitKey(0);

                //将两幅图像加权相加并在屏幕上显示
                Mat dst = new Mat();
                Core.addWeighted(src1, 0.5, src2, 0.5, 0, dst);
                HighGui.imshow("mixed", dst);
                HighGui.waitKey(0);

                //将两幅图像简单相加并在屏幕上显示
                Core.add(src1, src2, dst);
                HighGui.imshow("added", dst);
                HighGui.waitKey(0);

                System.exit(0);
        }
}
```

程序的运行结果如图 4-1 所示，其中图（a）和图（b）是用于相加的两幅图像，一幅是红色横向条纹，另一幅是蓝色纵向条纹。图（c）是加权相加的结果，即红色条纹和蓝色条纹叠加的十字，但是颜色比输入图像要淡。这个结果比较容易理解，因为加权相加的参数（alpha=0.5，beta=0.5，gamma=0）说明这实际上是加权平均，颜色自然要比原来的淡。

图（d）多少有点出人意料。为什么两幅图像简单相加后只有很小的一个矩形了呢？了解了 add() 函数的相加原理后就不难发现其中的原因了。首先，输入图像的 3 个通道都是 8 位无符号整数，范围都是 0~255，而白色的像素值的 RGB 值是[255,255,255]，即输入图像中除了中间的条纹外其余区域的 3 个像素值都是 255。由于该函数相加时对相加后超过上限的像素值直接取上限值，因此所有这些区域相加后 3 个像素值仍然都是 255，即白色。总而言之，任意一张图像中是白色的区域，相加后这个区域仍然是白色。这样，除了两个条纹相交的区域以外，其余像素均为白色。那么相交部分的像素值为什么是紫色呢？因为图像是分通道相加的，第 1 张图像的相交区域是红色，像素的 RGB 值是[255,0,0]，第 2 张图像的相交区域是蓝色，RGB 值是[0,0,255]，相加之后的值就是[255,0,255]，即紫色。

(a) 用于相加的图像1　　　　　(b) 用于相加的图像2

(c) 加权相加后的图像　　　　　(d) 简单相加后的图像

图 4-1　Add.java 程序的运行结果

4.1.2　减法运算

图像可以相加，自然也可以相减，相减以后得到的是差值图像。图像的减法在 OpenCV 的很多算法中都有用武之地。OpenCV 中用于图像相减的函数原型如下：

```
void Core.subtract(Mat src1, Mat src2, Mat dst)
```

函数用途：将两幅图像（矩阵）相减。

【参数说明】
(1) src1：输入图像 1。
(2) src2：输入图像 2。
(3) dst：输出图像，其尺寸和通道数与输入图像相同。输入图像和输出图像的深度可以不同。

下面用一个完整的程序说明如何实现图像减法运算，代码如下：

```java
//第 4 章/Subtract.java

import org.opencv.core.*;
import org.opencv.highgui.HighGui;
import org.opencv.imgcodecs.Imgcodecs;

public class Subtract {

        public static void main(String[] args) {
                System.loadLibrary(Core.NATIVE_LIBRARY_NAME);

                //读取图像 1 并在屏幕上显示
                Mat src1 = Imgcodecs.imread("leaf.png");
                HighGui.imshow("src1", src1);
                HighGui.waitKey(0);

                //读取图像 2 并在屏幕上显示
                Mat src2 = Imgcodecs.imread("leaf2.png");
                HighGui.imshow("src2", src2);
                HighGui.waitKey(0);

                //将两幅图像相减并在屏幕上显示
                Mat dst=new Mat();
                Core.subtract(src1, src2, dst);
                HighGui.imshow("Subtract", dst);
                HighGui.waitKey(0);

                System.exit(0);
        }

}
```

程序的运行结果如图 4-2 所示，其中图（a）和图（b）是用于相减的两幅图像，图（c）是相减后得到的轮廓图。

4.1.3　点乘运算

点乘即将两个矩阵对应位置的数值相乘。

  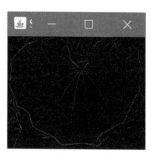

(a) 输入图像1 　　　　　 (b) 输入图像2 　　　　　 (c) 相减后的图像

图4-2　Subtract.java 程序的运行结果

假设有下列两个矩阵 A 和 B：

$$A = \begin{bmatrix} a_{00} & a_{01} \\ a_{10} & a_{11} \end{bmatrix}$$

$$B = \begin{bmatrix} b_{00} & b_{01} \\ b_{10} & b_{11} \end{bmatrix}$$

它们点乘的结果如下：

$$\begin{bmatrix} a_{00}b_{00} & a_{01}b_{01} \\ a_{10}b_{10} & a_{11}b_{11} \end{bmatrix}$$

OpenCV 中用于矩阵点乘的函数原型如下：

```
void Core.multiply(Mat src1, Mat src2, Mat dst)
函数用途：对矩阵进行点乘。
```

【参数说明】
(1) src1：输入矩阵 1。
(2) src2：输入矩阵 2，和 src1 具有相同的尺寸和数据类型。
(3) dst：输出矩阵，和 src1 具有相同的尺寸和数据类型。

下面用一个完整的程序说明矩阵点乘的方法，代码如下：

```
//第 4 章/Multiply.java

import org.opencv.core.*;

public class Multiply {

        public static void main(String[] args) {
                System.loadLibrary(Core.NATIVE_LIBRARY_NAME);

                //填充矩阵 1 的数据并在控制台输出
                Mat mat1 = new Mat(9, 9, CvType.CV_8UC1);
                Byte[] b1 = new Byte[]
                                {1,2,3,4,5,6,7,8,9,
```

```
                                1,2,3,4,5,6,7,8,9,
                                1,2,3,4,5,6,7,8,9,
                                1,2,3,4,5,6,7,8,9,
                                1,2,3,4,5,6,7,8,9,
                                1,2,3,4,5,6,7,8,9,
                                1,2,3,4,5,6,7,8,9,
                                1,2,3,4,5,6,7,8,9,
                                1,2,3,4,5,6,7,8,9 };
            mat1.put( 0, 0, b1);
            System.out.println(mat1.dump());
            System.out.println();

            //填充矩阵 2 的数据并在控制台输出
            Mat mat2 = new Mat(9, 9, CvType.CV_8UC1);
            byte[] b2 = new byte[]
                                {1,1,1,1,1,1,1,1,1,
                                2,2,2,2,2,2,2,2,2,
                                3,3,3,3,3,3,3,3,3,
                                4,4,4,4,4,4,4,4,4,
                                5,5,5,5,5,5,5,5,5,
                                6,6,6,6,6,6,6,6,6,
                                7,7,7,7,7,7,7,7,7,
                                8,8,8,8,8,8,8,8,8,
                                9,9,9,9,9,9,9,9,9 };
            mat2.put( 0, 0, b2);
            System.out.println(mat2.dump());
            System.out.println();

            //将矩阵 1 和矩阵 2 点乘并在控制台输出
            Core.multiply(mat1, mat2, mat1);
            System.out.println(mat1.dump());

        }

}
```

程序的运行结果如图 4-3 所示，程序用矩阵的点乘输出了一个九九乘法表。

4.1.4　点除运算

与点乘相对应的是点除，即将两个矩阵对应位置的数值相除。
OpenCV 中用于矩阵点除的函数原型如下：

```
void Core.divide(Mat src1, Mat src2, Mat dst)
函数用途：对矩阵进行点除。
```

【参数说明】
(1) src1：输入矩阵 1。
(2) src2：输入矩阵 2，和 src1 具有相同的尺寸和数据类型。
(3) dst：输出矩阵，和 src1 具有相同的尺寸和数据类型。

```
Problems @ Javadoc Declaration Console
<terminated> Multiply [Java Application] C:\Program Files (x86)\Java\jre8\bin\javaw.exe
[  1,   2,   3,   4,   5,   6,   7,   8,   9;
   1,   2,   3,   4,   5,   6,   7,   8,   9;
   1,   2,   3,   4,   5,   6,   7,   8,   9;
   1,   2,   3,   4,   5,   6,   7,   8,   9;
   1,   2,   3,   4,   5,   6,   7,   8,   9;
   1,   2,   3,   4,   5,   6,   7,   8,   9;
   1,   2,   3,   4,   5,   6,   7,   8,   9;
   1,   2,   3,   4,   5,   6,   7,   8,   9;
   1,   2,   3,   4,   5,   6,   7,   8,   9]

[  1,   1,   1,   1,   1,   1,   1,   1,   1;
   2,   2,   2,   2,   2,   2,   2,   2,   2;
   3,   3,   3,   3,   3,   3,   3,   3,   3;
   4,   4,   4,   4,   4,   4,   4,   4,   4;
   5,   5,   5,   5,   5,   5,   5,   5,   5;
   6,   6,   6,   6,   6,   6,   6,   6,   6;
   7,   7,   7,   7,   7,   7,   7,   7,   7;
   8,   8,   8,   8,   8,   8,   8,   8,   8;
   9,   9,   9,   9,   9,   9,   9,   9,   9]

[  1,   2,   3,   4,   5,   6,   7,   8,   9;
   2,   4,   6,   8,  10,  12,  14,  16,  18;
   3,   6,   9,  12,  15,  18,  21,  24,  27;
   4,   8,  12,  16,  20,  24,  28,  32,  36;
   5,  10,  15,  20,  25,  30,  35,  40,  45;
   6,  12,  18,  24,  30,  36,  42,  48,  54;
   7,  14,  21,  28,  35,  42,  49,  56,  63;
   8,  16,  24,  32,  40,  48,  56,  64,  72;
   9,  18,  27,  36,  45,  54,  63,  72,  81]
```

图 4-3　Multiply.java 程序的运行结果

下面用一个完整的程序说明矩阵点除的方法，代码如下：

```java
//第 4 章/Divide.java

import org.opencv.core.*;

public class Divide {

        public static void main(String[] args) {
                System.loadLibrary(Core.NATIVE_LIBRARY_NAME);

                //填充矩阵 1 的数据并在控制台输出
                Mat mat1 = new Mat(1, 9, CvType.CV_8UC1);
                byte[] b1 = new byte[] {1,2,3,4,5,6,7,8,9 };
                mat1.put( 0, 0, b1);
                System.out.println("mat1(CV_8UC1):");
                System.out.println(mat1.dump());
                System.out.println();

                //填充矩阵 2 的数据并在控制台输出
                Mat mat2 = new Mat(1, 9, CvType.CV_8UC1);
                byte[] b2 = new byte[] {1,1,1,2,2,2,3,3,3 };
                mat2.put( 0, 0, b2);
                System.out.println("mat2(CV_8UC1):");
                System.out.println(mat2.dump());
                System.out.println();
```

```
                            //将矩阵 1 和矩阵 2 点除并在控制台输出
                            Mat dst = new Mat();
                            System.out.println("mat1/mat2(CV_8UC1):");
                            Core.divide(mat1, mat2, dst);
                            System.out.println(dst.dump());
                            System.out.println();

                            //将矩阵 1 的数据类型转换成 CV_32FC1 并在控制台输出
                            mat1.convertTo(mat1, CvType.CV_32FC1);
                            System.out.println("mat1(CV_32FC1):");
                            System.out.println(mat1.dump());
                            System.out.println();

                            //将矩阵 2 的数据类型转换成 CV_32FC1 并在控制台输出
                            mat2.convertTo(mat2, CvType.CV_32FC1);
                            System.out.println("mat2(CV_32FC1):");
                            System.out.println(mat2.dump());
                            System.out.println();

                            //将 dst 的数据类型转换成 CV_32FC1
                            dst.convertTo(dst, CvType.CV_32FC1);

                            //将矩阵 1 和矩阵 2 点除并在控制台输出
                            Core.divide(mat1, mat2, dst);
                            System.out.println("mat1/mat2(CV_32FC1):");
                            System.out.println(dst.dump());
                        }

                }
```

程序的运行结果如图 4-4 所示。程序用同样的数字但不同的数据类型进行了点除，结果数据类型为 CV_8UC1 的返回的结果是整数，而数据类型为 CV_32FC1 的返回的则是小数。

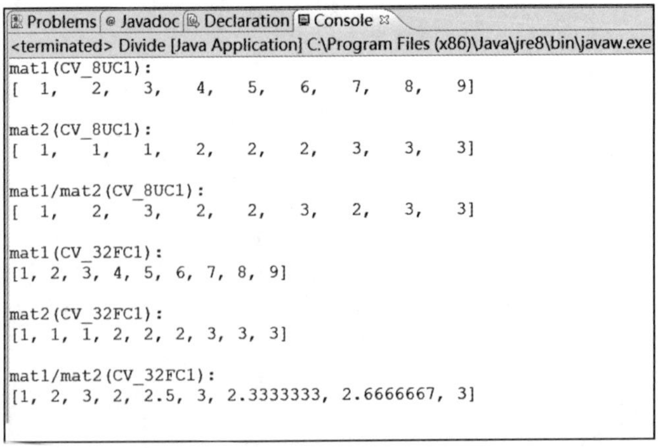

```
 Problems  Javadoc  Declaration  Console 
<terminated> Divide [Java Application] C:\Program Files (x86)\Java\jre8\bin\javaw.exe
mat1(CV_8UC1):
[  1,   2,   3,   4,   5,   6,   7,   8,   9]

mat2(CV_8UC1):
[  1,   1,   1,   2,   2,   2,   3,   3,   3]

mat1/mat2(CV_8UC1):
[  1,   2,   3,   2,   3,   2,   3,   3]

mat1(CV_32FC1):
[1, 2, 3, 4, 5, 6, 7, 8, 9]

mat2(CV_32FC1):
[1, 1, 1, 2, 2, 2, 3, 3, 3]

mat1/mat2(CV_32FC1):
[1, 2, 3, 2, 2.5, 3, 2.3333333, 2.6666667, 3]
```

图 4-4 Divide.java 程序的运行结果

4.2　图像的按位运算

图像之间不但能进行算术运算，还能进行逻辑运算，或者称为按位运算。在 OpenCV 中，按位运算有按位与（AND）、按位或（OR）、按位非（NOT）、按位异或（XOR）等，其中最简单的是按位非运算。

4.2.1　按位非运算

按位非运算，也叫作反相，是一种常用的像素操作。反相，就是将像素的颜色变成与原来相反的颜色，相当于照片的底片效果。反相与其他按位运算函数的区别是：反相只需一幅输入图像，而其他函数则需要两幅输入图像。

OpenCV 中用于反相操作的函数原型如下：

```
void Core.bitwise_not(Mat src, Mat dst)
函数用途：对图像进行反相（取反）操作。多通道图像中各通道的运算均独立进行。
```

【参数说明】
(1) src：输入图像。
(2) dst：输出图像，和 src 具有相同的尺寸和数据类型。

下面通过一个完整的程序说明图像反相操作的方法，代码如下：

```java
//第 4 章/Bitwise_not.java

import org.opencv.core.*;
import org.opencv.highgui.HighGui;
import org.opencv.imgcodecs.Imgcodecs;

public class Bitwise_not {

        public static void main(String[] args) {
                System.loadLibrary(Core.NATIVE_LIBRARY_NAME);

                //读取图像文件并在屏幕上显示
                Mat src=Imgcodecs.imread("fish.png");
                HighGui.imshow("src", src);
                HighGui.waitKey(0);

                //取反操作获得底片效果
                Mat dst=new Mat();
                Core.bitwise_not(src, dst);

                //在屏幕上显示底片效果
                HighGui.imshow("negative", dst);
                HighGui.waitKey(0);
```

```
                                System.exit(0);
                }
        }
```

程序的运行结果如图 4-5 所示。

(a) 输入图像   (b) 反相后的图像

图 4-5   Bitwise_not.java 程序的运行结果

4.2.2   按位与运算

OpenCV 中的按位与运算的函数原型如下：

```
void Core.bitwise_and(Mat src1, Mat src2, Mat dst)
函数用途：对图像进行按位与运算。多通道图像中各通道的运算均独立进行。

【参数说明】
(1) src1：输入图像 1。
(2) src2：输入图像 2。
(3) dst：输出图像，和输入图像具有相同的尺寸和数据类型。
```

由于黑色的像素值每位都是 0，而 0 无论与 0 还是 1 进行与运算后都是 0，因此图像的按位与运算可以产生类似窗口的效果。下面用一个完整的程序说明按位与运算的方法，代码如下：

```java
//第 4 章/Bitwise_and.java

import org.opencv.core.*;
import org.opencv.highgui.HighGui;
import org.opencv.imgcodecs.Imgcodecs;
import org.opencv.imgproc.Imgproc;

public class Bitwise_and {

        public static void main(String[] args) {
```

```
                    System.loadLibrary(Core.NATIVE_LIBRARY_NAME);

                    //读取图像文件并在屏幕上显示
                    Mat src=Imgcodecs.imread("fish.png", Imgcodecs.IMREAD_
GRAYSCALE);

                    HighGui.imshow("src", src);
                    HighGui.waitKey(0);

                    //创建一个窗口图像，背景为全黑，中央区域有一个白色的实心矩形
                    Scalar white = new Scalar(255,255,255);
                    Mat window=Mat.zeros(src.size(), CvType.CV_8UC1);
                    Imgproc.rectangle(window, new Point(400, 40), new
Point(660, 250), white, -1);

                    //在屏幕上显示窗口图像
                    HighGui.imshow("window", window);
                    HighGui.waitKey(0);

                    //进行按位与操作
                    Mat dst=new Mat();
                    Core.bitwise_and(src, window, dst);

                    //在屏幕上显示结果
                    HighGui.imshow("dst", dst);
                    HighGui.waitKey(0);
                    System.exit(0);
            }
    }
```

程序的运行结果如图 4-6 所示。

(a) 原图像　　　　　　　　　(b) 窗口图像　　　　　　　(c) 按位与运算后的图像

图 4-6　Bitwise_and.java 程序的运行结果

4.2.3　按位或运算

OpenCV 中的按位或运算的函数原型如下：

```
void Core.bitwise_or(Mat src1, Mat src2, Mat dst)
函数用途：对图像进行按位或运算。多通道图像中各通道的运算均独立进行。
```

【参数说明】
(1) src1：输入图像1。
(2) src2：输入图像2。
(3) dst：输出图像，和输入图像具有相同的尺寸和数据类型。

　　由于白色的像素值每位都是 1，而 1 无论与 0 还是 1 进行或运算后都是 1，因此图像的按位或运算也可以产生类似窗口的效果。下面用一个完整的程序说明按位或运算的方法，代码如下：

```java
//第4章/Bitwise_or.java

import org.opencv.core.*;
import org.opencv.highgui.HighGui;
import org.opencv.imgcodecs.Imgcodecs;
import org.opencv.imgproc.Imgproc;

public class Bitwise_or {

        public static void main(String[] args) {
                System.loadLibrary(Core.NATIVE_LIBRARY_NAME);

                //读取图像文件并在屏幕上显示
                Mat src=Imgcodecs.imread("fish.png", Imgcodecs.IMREAD_
GRAYSCALE);

                HighGui.imshow("src", src);
                HighGui.waitKey(0);

                //创建一个窗口图像，背景为全白，中央区域有一个黑色的实心矩形
                Scalar black = new Scalar(0,0,0);
                Mat window=new Mat (src.size(), CvType.CV_8UC1, new
Scalar(255));

                Imgproc.rectangle(window, new Point(160, 60), new
Point(350, 240), black, -1);

                //在屏幕上显示窗口图像
                HighGui.imshow("window", window);
                HighGui.waitKey(0);

                //进行按位或操作
                Mat dst=new Mat();
                Core.bitwise_or(src, window, dst);

                //在屏幕上显示结果
                HighGui.imshow("dst", dst);
                HighGui.waitKey(0);
                System.exit(0);
```

```
            }
    }
```

程序的运行结果如图 4-7 所示。这个程序的效果和按位与操作异曲同工，只不过此处窗口以外区域为白色，而按位与运算时窗口以外区域为黑色。

(a) 原图像

(b) 窗口图像

(c) 按位或运算后的图像

图 4-7　Bitwise_or.java 程序的运行结果

4.2.4　按位异或运算

OpenCV 中的按位异或运算的函数原型如下：

```
void Core.bitwise_xor(Mat src1, Mat src2, Mat dst)
函数用途：对图像进行按位异或操作。多通道图像中各通道的运算均独立进行。
```

【参数说明】
(1) src1：输入图像 1。
(2) src2：输入图像 2。
(3) dst：输出图像，和输入图像具有相同的尺寸和数据类型。

在进行异或运算时，如果同为 0 或 1，则结果为 0，否则结果为 1。异或操作有一个特殊之处，就是任意一个数经过两次异或后又会变回这个数本身。下面用两个二进制数字进行说明：

```
a = 0 1 1 0 1 1 1 0
b = 0 1 0 1 0 1 0 1

第 1 次异或：a^b = 0 0 1 1 1 0 1 1
第 2 次异或：a^b^b= 0 1 1 0 1 1 1 0 = a
```

这个性质可以被用来进行图像的加密和解密。将原图像与密钥图像进行一次按位异或操作后，图像被加密；将加密后的图像与密钥图像再次进行异或操作后，图像又恢复到加密前的样子，从而实现解密。

下面通过一个完整的程序说明按位异或运算的方法，代码如下：

```
//第 4 章/Bitwise_xor.java

import org.opencv.core.*;
import org.opencv.highgui.HighGui;
```

```java
import org.opencv.imgcodecs.Imgcodecs;

public class Bitwise_xor {

        public static void main(String[] args) {
                System.loadLibrary(Core.NATIVE_LIBRARY_NAME);

                //读取待加密图像并在屏幕上显示
                Mat src = Imgcodecs.imread("church.png");
                HighGui.imshow("src", src);
                HighGui.waitKey(0);

                //读取密钥图像并在屏幕上显示
                Mat key=Imgcodecs.imread("key.jpg");
                HighGui.imshow("key", key);
                HighGui.waitKey(0);

                //按位异或加密图像并在屏幕上显示
                Mat dst=new Mat();
                Core.bitwise_xor(src, key, dst);
                HighGui.imshow("encrypted", dst);
                HighGui.waitKey(0);

                //再次执行按位异或操作解密图像并在屏幕上显示
                Core.bitwise_xor(dst, key, dst);
                HighGui.imshow("decrypted", dst);
                HighGui.waitKey(0);
                System.exit(0);
        }
}
```

程序的运行结果如图 4-8 所示，其中图（a）是用于加密的图像，图（b）是密钥图像，

(a) 原图像   (b) 密钥图像   (c) 加密后的图像   (d) 解密后的图像

图 4-8   Bitwise_xor.java 程序的运行结果

图（c）是进行了一次异或操作（加密）后的图像，图（d）则是二次异或操作（解密）后的
图像。加密后的图像和密钥图像相当接近，根本看不出原图的形象，解密后的图像则和原图
像一模一样。

4.3　图像二值化

在对各种图形进行处理操作的过程中，常常需要对图像中的像素做出取舍，剔除一些低
于或者高于一定值的像素。例如，对扫描的书籍进行文字识别时，图像往往是灰度图甚至是
彩色图。彩色图可以先转换成灰度图，但即使是 8 位灰度图也有 256 个取值，据此来识别太
过复杂。此时就要先将灰度图转换为二值图，然后进行识别。

在 OpenCV 中可以用 threshold()函数进行二值化，该函数的原型如下：

```
double Imgproc.threshold(Mat src, Mat dst, double thresh, double maxval, int type)
函数用途：对图像二值化。
```

【参数说明】
(1) src：输入图像，要求是 CV_8U 或 CV_32F 类型。
(2) dst：输出图像，和 src 具有相同的尺寸、数据类型和通道数。
(3) thresh：阈值。
(4) maxval：二值化的最大值，只用于 Imgproc.THRESH_BINARY 和 Imgproc.THRESH_BINARY_INV 两种类型。
(5) type：二值化类型，可选参数如下。
◆ Imgproc.THRESH_BINARY：大于阈值时取 maxval，否则取 0。
◆ Imgproc.THRESH_BINARY_INV：大于阈值时取 0，否则取 maxval。
◆ Imgproc.THRESH_TRUNC：大于阈值时为阈值，否则不变。
◆ Imgproc.THRESH_TOZERO：大于阈值时不变，否则取 0。
◆ Imgproc.THRESH_TOZERO_INV：大于阈值时取 0，否则不变。
◆ Imgproc.THRESH_OTSU：大津法自动寻找全局阈值。
◆ Imgproc.THRESH_TRIANGLE：三角形法自动寻找全局阈值。
其中 Imgproc.THRESH_OTSU 和 Imgproc.THRESH_TRIANGLE 是获取阈值的方法，可以和另外 5
种联用，如 Imgproc.THRESH_BINARY | Imgproc.THRESH_OTSU。

如果把输入图像看作连续变化的信号，将二值化的方法看作滤波器，则通过滤波器后的
信号如图 4-9 所示。

下面用一个完整的程序说明图像二值化的方法，代码如下：

```
//第 4 章/Threshold.java

import org.opencv.core.*;
import org.opencv.highgui.HighGui;
import org.opencv.imgcodecs.Imgcodecs;
import org.opencv.imgproc.Imgproc;

public class Threshold {
```

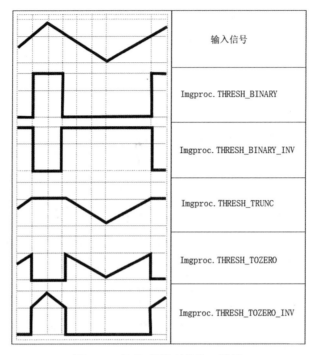

图 4-9   不同阈值类型的处理结果

```java
public static void main(String[] args) {
    System.loadLibrary(Core.NATIVE_LIBRARY_NAME);

    //读取图像并在屏幕上显示
    Mat src = Imgcodecs.imread("church.png",
Imgcodecs.IMREAD_GRAYSCALE);
    HighGui.imshow("src", src);
    HighGui.waitKey(0);
    Mat dst=new Mat();

    //二值化处理并在屏幕上显示，阈值=90
    Imgproc.threshold(src, dst, 90, 255,
Imgproc.THRESH_BINARY);
    HighGui.imshow("threshold=90", dst);
    HighGui.waitKey(0);

    //二值化处理并在屏幕上显示，阈值=120
    Imgproc.threshold(src, dst, 120, 255,
Imgproc.THRESH_BINARY);
    HighGui.imshow("threshold=120", dst);
    HighGui.waitKey(0);
```

```
                              //二值化处理并在屏幕上显示，阈值=180
                              Imgproc.threshold(src, dst, 180, 255,
Imgproc.THRESH_BINARY);

                         HighGui.imshow("threshold=180", dst);
                         HighGui.waitKey(0);
                         System.exit(0);


              }

      }
```

　　程序的运行结果如图 4-10 所示，当阈值分别等于 90、120 和 180 时二值化图像的细节有着明显的不同。由此可见，阈值的设置对结果会有很大的影响，如果是用于文字识别的扫描图片，阈值设置不当则可能使重要信息丢失而造成识别失败。

(a) 原图像　　　　　(b) 阈值为90时的二值图像

(c) 阈值为120时的二值图像　(d) 阈值为180时的二值图像

图 4-10　Threshold.java 程序的运行结果

　　在 threshold() 函数中使用的是全局阈值，即整幅图像采用同一个阈值。有时这种方法的效果并不好，尤其是一张图像上的不同部分的亮度差异较大时。类似情况可以用自适应阈值来解决，图像上的每个小区域都分别计算与其对应的阈值，因此在亮度显著不同的图像上效果较好。OpenCV 中的自适应阈值函数的原型如下：

```
void Imgproc.adaptiveThreshold(Mat src, Mat dst, double maxValue, int
adaptiveMethod, int thresholdType, int blockSize, double C)
函数用途：对图像进行自适应二值化处理。
```

【参数说明】
(1) src：输入图像，要求是 8 位单通道图像。
(2) dst：输出图像，尺寸和通道数与 src 相同。
(3) maxval：二值化的最大值。
(4) adaptiveMethod：自适应确定阈值的方法，可选参数如下。
◆ Imgproc.ADAPTIVE_THRESH_MEAN_C：阈值取自邻域的平均值。
◆ Imgproc.ADAPTIVE_THRESH_GAUSSIAN_C：阈值取自邻域的加权和，权重为一个高斯窗口。
(5) thresholdType：阈值类型，只能是以下两种(Threshold()函数的 5 种阈值类型中的前两种)：
◆ Imgproc.THRESH_BINARY。
◆ Imgproc.THRESH_BINARY_INV。
(6) blockSize：用来计算阈值的邻域大小。
(7) C：一个常数，阈值等于计算出来的平均值或者加权平均值减去这个常数。

下面用一个完整的程序说明自适应阈值处理的用法，代码如下：

```java
//第 4 章/AdaptiveThreshold.java

import org.opencv.core.*;
import org.opencv.highgui.HighGui;
import org.opencv.imgcodecs.Imgcodecs;
import org.opencv.imgproc.Imgproc;


public class AdaptiveThreshold {

        public static void main(String[] args) {
                System.loadLibrary(Core.NATIVE_LIBRARY_NAME);

                //读取图像 1 并在屏幕上显示
                Mat src = Imgcodecs.imread("church.png",
Imgcodecs.IMREAD_GRAYSCALE);
                HighGui.imshow("src", src);
                HighGui.waitKey(0);

                //二值化处理并在屏幕上显示
                 Mat dst=new Mat();
                Imgproc.threshold(src, dst, 127, 255,
Imgproc.THRESH_BINARY);
                HighGui.imshow("threshold", dst);
                HighGui.waitKey(0);
```

```
                    //自适应二值化并在屏幕上显示
                        Imgproc.adaptiveThreshold(src, dst, 255,
Imgproc.ADAPTIVE_THRESH_MEAN_C, Imgproc.THRESH_BINARY, 7, 8);
                        HighGui.imshow("adaptive", dst);
                        HighGui.waitKey(0);

                    //读取图像 2 并在屏幕上显示
                        Mat src2=Imgcodecs.imread("fish.png",
Imgcodecs.IMREAD_GRAYSCALE);
                        HighGui.imshow("fish", src2);
                        HighGui.waitKey(0);

                    //二值化处理并在屏幕上显示
                        Imgproc.threshold(src2, dst, 127, 255,
Imgproc.THRESH_BINARY);
                        HighGui.imshow("threshold", dst);
                        HighGui.waitKey(0);

                    //自适应二值化并在屏幕上显示
                        Imgproc.adaptiveThreshold(src2, dst, 255,
Imgproc.ADAPTIVE_THRESH_MEAN_C, Imgproc.THRESH_BINARY, 7, 8);
                        HighGui.imshow("adaptive", dst);
                        HighGui.waitKey(0);
                        System.exit(0);
        }

    }
```

程序对两幅图像分别进行了普通的二值化处理和自适应阈值处理，运行结果如图 4-11 和图 4-12 所示。不难看出，两者处理的效果差别相当大，自适应阈值处理后的图像提供了

(a) 原图像　　　　　　(b) 普通二值化处理后　　　　　(c) 自适应阈值处理后

图 4-11　AdaptiveThreshold.java 程序的运行结果（图像 1）

更多的细节。

(a) 原图像

(b) 普通二值化处理后   (c) 自适应阈值处理后

图 4-12   AdaptiveThreshold.java 程序的运行结果（图像 2）

4.4   查找表

对图像进行二值化的 threshold()函数只能设定一个阈值，但有时需要与多个阈值进行比较，此时就要用到查找表（Look-Up-Table，LUT）。LUT 其实就是一张对照表，将一像素值映射为另外一像素值，如图 4-13 所示。

原像素值	0	1	2	3	4	5	6	7	8	9	10	11	…	252	253	254	255
映射后值	0	0	0	0	1	1	1	1	2	2	2	2	…	63	63	63	63

图 4-13   查找表示意图

OpenCV 中查找表函数的原型如下：

```
void Core.LUT(Mat src, Mat lut, Mat dst)
函数用途：对矩阵进行查找表操作。
```

【参数说明】
(1) src：8 位输入矩阵。
(2) lut：有 256 个元素的查找表。如果输入矩阵是多通道，则查找表必须是单通道（查找表适用于所有通道）或与输入图像有相同的通道数。

(3) dst：输出矩阵，与 src 具有相同的尺寸和通道数，深度与 lut 相同。

下面用一个完整的程序说明查找表的用法，代码如下：

```java
//第 4 章/Lut.java

import org.opencv.core.*;

public class Lut{
        public static void main( String[] args ) {
                System.loadLibrary( Core.NATIVE_LIBRARY_NAME );

                //矩阵 mat 的初始值
                byte[] b1 = new byte[]
                                {1,2,3,4,5,
                                 2,2,3,4,5,
                                 3,2,3,4,5,
                                 4,2,3,4,5,
                                 5,2,3,4,5 };

                //创建 5x5 单通道矩阵
                Mat src = new Mat(5, 5, CvType.CV_8U);
                src.put(0, 0, b1);

                //创建查找表，初始值为 1
                Mat lut = new Mat(new Size(256,1), CvType.CV_8U, new
Scalar(1));

                //修改查找表前10个数字的值
                byte[] b2 = new byte[] {0,11,22,33,44,55,66,77,88,99};
                lut.put( 0, 0, b2);

                //用查找表里的值填充输出矩阵
                Mat dst = new Mat();
                Core.LUT(src, lut, dst);

                //在控制台输出原矩阵、查找表矩阵和输出矩阵
                System.out.println("src:");
                System.out.println(src.dump());
                System.out.println();
                System.out.println("lut:");
                System.out.println(lut.dump());
                System.out.println();
                System.out.println("dst:");
                System.out.println(dst.dump());
        }
}
```

```
}
```

程序的运行结果如图 4-14 所示，由于程序只用到查找表的前几个数字，所以矩阵 lut 只截取了前面一小部分。

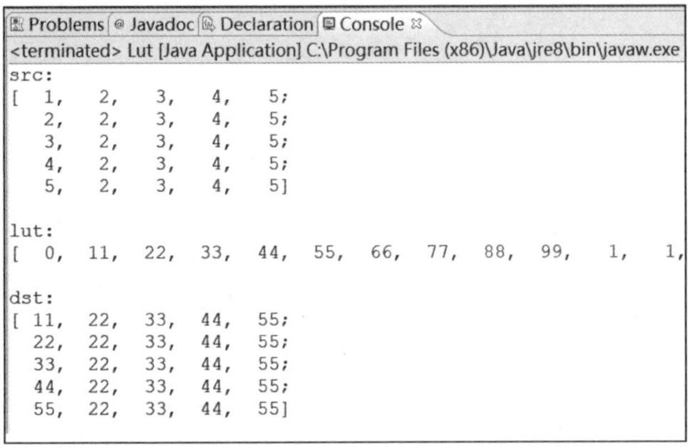

```
🔝 Problems  @ Javadoc  🔍 Declaration  📮 Console ✕
<terminated> Lut [Java Application] C:\Program Files (x86)\Java\jre8\bin\javaw.exe
src:
[   1,    2,    3,    4,    5;
    2,    2,    3,    4,    5;
    3,    2,    3,    4,    5;
    4,    2,    3,    4,    5;
    5,    2,    3,    4,    5]

lut:
[   0,   11,   22,   33,   44,   55,   66,   77,   88,   99,    1,    1,

dst:
[  11,   22,   33,   44,   55;
   22,   22,   33,   44,   55;
   33,   22,   33,   44,   55;
   44,   22,   33,   44,   55;
   55,   22,   33,   44,   55]
```

图 4-14 Lut.java 程序的运行结果

上述程序只是用来说明 LUT 的原理，LUT 自然也可以处理图像。下面用一个完整的程序说明如何用查找表来处理图像，代码如下：

```java
//第 4 章/Lut2.java

import org.opencv.core.*;
import org.opencv.highgui.HighGui;
import org.opencv.imgcodecs.Imgcodecs;
import org.opencv.imgproc.Imgproc;

public class Lut2{
        public static void main( String[] args ) {
                System.loadLibrary( Core.NATIVE_LIBRARY_NAME );

                //读取图像并转换为灰度图
                Mat src=Imgcodecs.imread("butterfly.png");
                Imgproc.cvtColor( src, src, Imgproc.COLOR_BGR2GRAY );

                //在屏幕上显示图像灰度图
                HighGui.imshow("src", src);
                HighGui.waitKey(0);

                //创建查找表
                Mat lut = new Mat(new Size(256,1), CvType.CV_8U);

                //设置查找表，将灰度值分成 8 个层级，总体亮度减半
                byte[] i = new byte[256];
```

```
                    for (int n=0; n<256; n++) {
                            Byte b = (Byte) (n/32);
                            i[n] = (Byte)(b*32);
                    }
                    lut.put( 0, 0, i);

                    //用查找表里的值填充输出矩阵
                    Mat dst = new Mat();
                    Core.LUT(src, lut, dst);

                    //在控制台输出替换后的图像
                    HighGui.imshow("After Lut", dst);
                    HighGui.waitKey(0);

                    //对替换后的图像进行自适应二值化处理并在屏幕上显示
                    int adaptiveMethod = Imgproc.ADAPTIVE_THRESH_MEAN_C;
                    int thresholdType = Imgproc.THRESH_BINARY;
                     Imgproc.adaptiveThreshold(dst, dst, 255,
adaptiveMethod, thresholdType, 7, 8);
                    HighGui.imshow("AfterLut Adaptive", dst);
                    HighGui.waitKey(0);

                    //对原图像进行自适应二值化处理并在屏幕上显示
                     Imgproc.adaptiveThreshold(src, dst, 255,
adaptiveMethod, thresholdType, 7, 8);
                    HighGui.imshow("Src Adaptive", dst);
                    HighGui.waitKey(0);

                    System.exit(0);
            }

    }
```

程序的运行结果如图 4-15 所示。该程序将灰度值分为 8 段，每 32 个值为一段，因而查

(a) 原图像　　　　　　　(b) 查找表操作后

图 4-15　Lut2.java 程序的运行结果

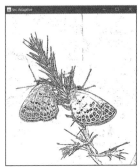

(c) 原图像自适应阈值处理后　　(d) 查找表操作后图像自
　　　　　　　　　　　　　　　　适应阈值处理后

图 4-15 （续）

找表操作后图案的连续性明显不如原图。为了更明显地比较两者的不同，还对应用查找表前后的图像进行了自适应二值化处理，对照图像可以发现二者有明显的差异，特别是背景部分。

4.5　图像的拼接

有时需要将两幅或多幅图像拼接成一张图像，这时需要用到 hconcat()和 vconcat()两个函数。这两个函数的区别是：前者用于水平拼接而后者用于垂直拼接。这两个函数的原型如下：

```
void Core.hconcat(List<Mat> src, Mat dst)
函数用途：对给定的矩阵进行水平拼接。
```

【参数说明】
(1) src: 输入矩阵或矩阵向量，所有的矩阵必须具有相同的行数和相同的深度。
(2) dst: 输出矩阵，和 src 具有相同的行数和深度，列数等于 src 列数之和。

```
void Core.vconcat(List<Mat> src, Mat dst)
函数用途：对给定的矩阵进行垂直拼接。
```

【参数说明】
(1) src: 输入矩阵或矩阵向量，所有的矩阵必须具有相同的列数和相同的深度。
(2) dst: 输出矩阵，和 src 具有相同的列数和深度，行数等于 src 行数之和。

下面用一个完整的程序说明图像拼接的用法，代码如下：

```
//第 4 章/Concat.java

import java.util.*;

import org.opencv.core.*;
import org.opencv.highgui.HighGui;
import org.opencv.imgcodecs.Imgcodecs;
```

```java
public class Concat {

    public static void main(String[] args) {
        System.loadLibrary(Core.NATIVE_LIBRARY_NAME);

        //读取图像文件并克隆
        Mat src1=Imgcodecs.imread("church.png");
        Mat src2=src1.clone();

        //hConcat 函数需要的参数类型准备
        List<Mat> mat1 = new ArrayList<Mat>();
        mat1.add(src1);
        mat1.add(src2);

        //将两幅图像进行水平拼接
        Mat dst = new Mat();
        Core.hconcat(mat1, dst);

        //在屏幕上显示水平拼接后的图像
        HighGui.imshow("hconcat", dst);
        HighGui.waitKey(0);

        //读取图像文件
        Mat src3=Imgcodecs.imread("leaf.png");
        Mat src4=src3.clone();

        //vConcat 函数需要的参数类型准备
        List<Mat> mat2 = new ArrayList<Mat>();
        mat2.add(src3);
        mat2.add(src4);

        //将两幅图像进行垂直拼接
        Mat dst2 = new Mat();
        Core.vconcat(mat2, dst2);

        //在屏幕上显示垂直拼接后的图像
        HighGui.imshow("vconcat", dst2);
        HighGui.waitKey(0);
        System.exit(0);
    }

}
```

程序运行后分别显示了水平拼接和垂直拼接的效果图，如图 4-16 和图 4-17 所示。这个程序使用了同一张图像的两个副本作为输入，当然使用不同的图像也是可以的，只要保证它们的行数和深度相同即可。另外，输入图像是以 Mat 类的列表形式传入的，输入图像可以是

2 幅，也可以是 3 幅或更多。

图 4-16　Concat.java 程序的水平拼接结果　　　图 4-17　Concat.java 程序的垂直拼接结果

4.6　子矩阵

有时原图像非常大，而我们只对图像的一个区域感兴趣，此时可以通过子矩阵来处理。子矩阵是指矩阵的一个子区域，可以像矩阵一样进行处理，但是对子矩阵的任何修改都会同时影响原来的矩阵。

OpenCV 中用于设置子矩阵的函数原型不止一个，常用的有以下 3 个：

```
Mat Mat.submat(int rowStart, int rowEnd, int colStart, int colEnd)
函数用途：设置子矩阵。

【参数说明】
(1) rowStart：子矩阵在原矩阵中的起始行。
(2) rowEnd：子矩阵在原矩阵中的终止行。
(3) colStart：子矩阵在原矩阵中的起始列。
(4) colEnd：子矩阵在原矩阵中的终止列。
```

```
Mat Mat.submat(Rect roi)
函数用途：设置子矩阵。

【参数说明】
roi：子矩阵的矩形区域。
```

```
Mat Mat.submat(Range rowRange, Range colRange)
函数用途：设置子矩阵。
```

【参数说明】
(1) rowRange：子矩阵行的范围。
(2) colRange：子矩阵列的范围。

下面用一个完整的程序说明设置子矩阵的方法，代码如下：

```java
//第 4 章/Submat.java

import org.opencv.core.*;
import org.opencv.highgui.HighGui;
import org.opencv.imgcodecs.Imgcodecs;

public class Submat {

        public static void main(String[] args) {
                System.loadLibrary(Core.NATIVE_LIBRARY_NAME);

                //读取图像 1 并在屏幕上显示
                Mat src1=Imgcodecs.imread("butterfly.png");
                HighGui.imshow("图像 1", src1);
                HighGui.waitKey(0);

                //创建子矩阵并设置为蓝色
                Mat sub1 = src1.submat(380,600,350,610);
                Scalar blue = new Scalar(255,0,0);
                sub1.setTo(blue);

                //在屏幕上显示设置子矩阵后的图像 1
                HighGui.imshow("设置子矩阵后的图像 1", src1);
                HighGui.waitKey(0);

                //读取图像 2 并在屏幕上显示
                Mat src2=Imgcodecs.imread("fish.png");
                HighGui.imshow("图像 2", src2);
                HighGui.waitKey(0);

                //设置子矩阵
                Rect roi = new Rect(400,40,260,210);
                Mat sub2 = src2.submat(roi);

                //将子矩阵中 RGB 颜色值改为原来的一半
                for (int i=0; i<sub2.rows(); i++) {
                        for (int j=0; j<sub2.cols(); j++) {
                                byte [] data= new byte[3];
                                sub2.get(i,j,data);
                                for (int n=0; n<3; n++) {
                                        data[n] = (Byte) (data[n]/2);
                                }
                                sub2.put(i,j, data);
                        }
```

```
            }

                    //在屏幕上显示子矩阵
                    HighGui.imshow("子矩阵2", sub2);
                    HighGui.waitKey(0);

                    //在屏幕上显示设置子矩阵后的图像2
                    HighGui.imshow("设置子矩阵后的图像2", src2);
                    HighGui.waitKey(0);

                    //读取图像3
                    Mat src3=Imgcodecs.imread("fish.png");

                    //创建子矩阵并设置为蓝色
                    Mat sub3 = src3.submat(new Range(400,600),new
Range(450,800));

                    sub3.setTo(blue);

                    //查看子矩阵信息并在屏幕上显示设置子矩阵后的图像3
                    HighGui.imshow("设置子矩阵后的图像3", src3);
                    HighGui.waitKey(0);

                    //查看3个子矩阵信息
                    System.out.println(sub1);
                    System.out.println(sub2);
                    System.out.println(sub3);
                    System.exit(0);
            }

    }
```

程序中用 3 种不同方法设置了子矩阵，运行结果如图 4-18、图 4-19 和图 4-20 所示。

(a) 原图像　　　　　　　　　(b) 设置子矩阵后的原图像

图 4-18　Submat.java 程序的运行结果（1）

(a) 原图像　　　　　　　　(b) 子矩阵　　　　(c) 设置子矩阵后的原图像

图 4-19　Submat.java 程序的运行结果（2）

图 4-20　Submat.java 程序的运行结果（3）

4.7　掩膜

掩膜是指用选定的图像、图形或物体对需要处理的图像进行遮挡来控制处理区域或处理过程。OpenCV 中有不少函数支持掩膜操作，这些函数都有 mask 这个参数。

下面用一个完整的程序说明掩膜的用法，代码如下：

```
//第 4 章/Mask.java

import org.opencv.core.*;
import org.opencv.highgui.HighGui;
import org.opencv.imgcodecs.Imgcodecs;


public class Mask {

        public static void main(String[] args) {
                System.loadLibrary(Core.NATIVE_LIBRARY_NAME);
```

```
//读取图像并在屏幕上显示
Mat src = Imgcodecs.imread("fish.png");
HighGui.imshow("src", src);
HighGui.waitKey(0);

//创建掩膜图像
Mat mask;
Scalar black = new Scalar(0, 0, 0);
Scalar white = new Scalar(255, 255, 255);
mask = new Mat(src.size(), src.type(), black);

//定义掩膜区域（矩形区域，白色）
Rect roi = new Rect(400,400,400,200);
Mat sub = mask.submat(roi);
sub.setTo(white);

//在屏幕上显示掩膜图像
HighGui.imshow("mask", mask);
HighGui.waitKey(0);

//生成带有掩膜的图像并在屏幕上显示
Mat dst = new Mat(src.size(), src.type(), black);
src.copyTo(dst, mask);
HighGui.imshow("dst", dst);
HighGui.waitKey(0);
System.exit(0);
    }

}
```

程序的运行结果如图 4-21 所示。

(a) 原图像

(b) 掩膜

(c) 带掩膜的图像

图 4-21   Mask.java 程序的运行结果

4.8 图像金字塔

4.8.1 图像金字塔概述

有些情况下需要处理源自同一张图像的不同分辨率的图像集合。例如,在人脸检测时机器并不知道人脸的尺寸是多少,这时就需要建立不同分辨率的图像集合供机器在不同尺度进行检测。这些不同分辨率的图像组成的集合称为图像金字塔。图像金字塔的底部是高分辨率图像,而顶部是低分辨率图像。层级越高,图像越小,分辨率越低,堆叠起来就像一个金字塔,如图4-22所示。

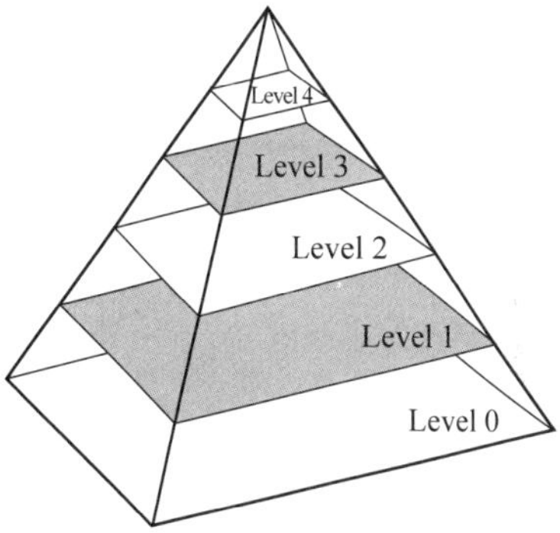

这个图像金字塔中各层的分辨率可能是这样的:

图4-22 图像金字塔示例

```
Level 0: 1600*1600;
Level 1: 800*800;
Level 2: 400*400;
Level 3: 200*200;
Level 4: 100*100;
……
```

常见的图像金字塔有高斯金字塔(Gaussian Pyramid)和拉普拉斯金字塔(Laplacian Pyramid)两种。高斯金字塔是指通过向下采样不断将图像尺寸缩小而构建起的多尺寸的图像集合。通常情况下,高斯金字塔的底层就是原始图像,每向下采样一次,图像的尺寸就缩减为原来的一半。拉普拉斯金字塔则是从金字塔底层图像出发用向上采样的方式来构建上层图像。

图像金字塔常用于图像分割。具体方法是先建立一个图像金字塔,然后在上下两层的像素之间建立"父子"关系,接着先在金字塔高层的低分辨率图像上进行分割,然后逐层分割加以优化。

4.8.2 向下采样与向上采样

构建高斯金字塔的过程就是不断向下采样的过程,而构建拉普拉斯金字塔的过程则是向上采样的过程。所谓向下采样和向上采样,是针对图像的尺寸而言的,向下采样时图像尺寸减半,向上采样时图像尺寸加倍,但是如果从金字塔的结构上讲,小尺寸的图像在上,大尺寸的图像在下,因此所谓的向下采样其实是从金字塔的底部往顶部变化的过程,而向上采样则是从金字塔的顶部向底部变换,如图4-23

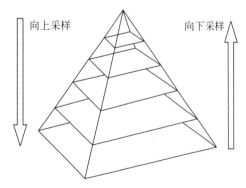

图4-23 向上采样和向下采样示意图

所示。

在 OpenCV 中，向下采样和向上采样分别通过 pyrDown()和 pyrUp()函数实现。这两个函数的原型如下：

```
void Imgproc.pyrDown(Mat src, Mat dst)
```
函数用途：对图像进行向下采样，输出图像的尺寸默认为输入图像的一半（行数、列数均减半）。

【参数说明】
(1) src：输入图像。
(2) dst：输出图像，数据类型和 src 相同。默认情况下，输出图像的尺寸是输入图像的一半。

```
void Imgproc.pyrUp(Mat src, Mat dst)
```
函数用途：对图像进行向上采样，输出图像的尺寸默认为输入图像的两倍（行数、列数均加倍）。

【参数说明】
(1) src：输入图像。
(2) dst：输出图像，数据类型和 src 相同。默认情况下，输出图像的尺寸是输入图像的两倍。

4.8.3　高斯金字塔

高斯金字塔是通过向下采样将图像尺寸缩小（通常为减半），如图 4-24 所示。向下采样时，先通过高斯滤波（高斯滤波相关内容详见 6.3.3 节）对图像进行平滑处理，然后将所有偶数行和列去除，这样尺寸就缩小了一半。

下面用一个完整的程序说明高斯金字塔向下采样的过程，代码如下：

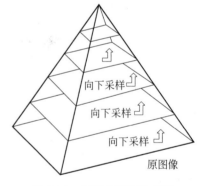

图 4-24　高斯金字塔示意图

```
//第 4 章/PyrDown.java

import org.opencv.core.*;
import org.opencv.highgui.HighGui;
import org.opencv.imgcodecs.Imgcodecs;
import org.opencv.imgproc.Imgproc;

public class PyrDown {
        public static void main(String[] args) {
                System.loadLibrary(Core.NATIVE_LIBRARY_NAME);

                //读取图像并在屏幕上显示
                Mat src=Imgcodecs.imread("wang.png");
                HighGui.imshow( "src", src);
                HighGui.waitKey(0);

                //对图像进行向下采样并在屏幕上显示
                Mat dst=new Mat();
```

```
        Imgproc.pyrDown(src, dst);
        HighGui.imshow( "Down-1", dst);
        HighGui.waitKey(0);

        //对图像进行二次向下采样并在屏幕上显示
        Imgproc.pyrDown(dst, dst);
        HighGui.imshow( "Down-2", dst);
        HighGui.waitKey(0);

        //将二次向下采样后的图像放大到原尺寸并在屏幕上显示
        Imgproc.resize(dst, dst, src.size());
        HighGui.imshow( "Resize", dst);
        HighGui.waitKey(0);
        System.exit(0);
    }

}
```

程序的运行结果如图 4-25 所示。程序中对输入图像进行了两次向下采样，然后把二次向下采样后的图像放大到原尺寸与原图像对比，可以发现采样后的图像模糊了许多。

| (a) 原图像 | (b) 一次向下采样后 | (c) 二次向下采样后 | (d) 二次采样后放大 |

图 4-25 PyrDown.java 程序的运行结果

4.8.4 拉普拉斯金字塔

与高斯金字塔不同，拉普拉斯金字塔通过向上采样来重建图像。由于向上采样后图像的行和列都会扩大到原来的两倍，因此新增的行与列的像素值需要先填充为 0，如图 4-26 所示。

为了让像素之间过渡自然，在向上采样的过程中同样要进行高斯平滑。由于扩充后图像的行和列都为原来的两倍，新图像的像素是原来的四倍之多。也就是说，新图像中有四分之三的像素值都是 0。为了保证计算出来的像素值在原有像素值的范围内，在进行高斯平滑时还需要将高斯核的系数乘以 4，计算后得到的图像即为向上采样后的图像。向上采样后的图像与原来的图像相比会比较朦胧，因为在放大的过程中丢失了一些信息。

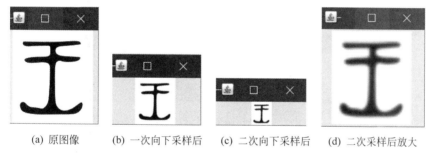

图 4-26 向上采样时填充像素值

需要注意的是，PryUp 和 PryDown 并非互逆操作。从上文可以看出，无论是向上采样还是向下采样，在计算过程中都丢失了一些数据。经过 PryUp 和 PryDown 两次运算后，图像的大小虽然没有变化，但是清晰度是无法与原图像相比拟的。

拉普拉斯金字塔通常与高斯金字塔联合起来用（需要先建立高斯金字塔），拉普拉斯金字塔的第 i 层的计算过程如下：

（1）通过向下采样将高斯金字塔第 i 层图像尺寸缩减一半。

（2）将向下采样后的图像进行向上采样使图像尺寸恢复原来大小。

（3）将经过两次采样后的图像与原图像进行相减获得差值图像，这就是拉普拉斯金字塔的第 i 层图像。

拉普拉斯金字塔的生成过程如图 4-27 所示。

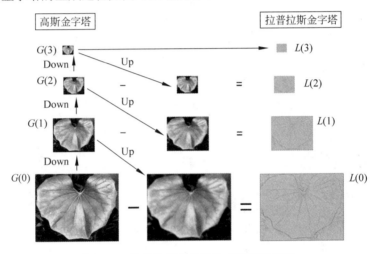

图 4-27　拉普拉斯金字塔生成过程示意图

拉普拉斯金字塔第 i 层的数学定义如下：

$$Li = Gi - \text{PyrUp}(\text{PyrDown}(Gi)) \tag{4-1}$$

其中，

Li：拉普拉斯金字塔的第 i 层。

Gi：高斯金字塔中的第 i 层。

下面用一个完整的程序说明拉普拉斯金字塔的生成过程，代码如下：

```
//第 4 章/Pyramids.java

import org.opencv.core.*;
import org.opencv.highgui.HighGui;
import org.opencv.imgcodecs.Imgcodecs;
import org.opencv.imgproc.Imgproc;

public class Pyramids {
        public static void main(String[] args) {
```

```
System.loadLibrary(Core.NATIVE_LIBRARY_NAME);

//读取图像并在屏幕上显示
Mat src=Imgcodecs.imread("leaf.png");
HighGui.imshow( "src", src);
HighGui.waitKey(0);

//对图像进行向下采样并在屏幕上显示
Mat dst=new Mat();
Imgproc.pyrDown(src, dst);
HighGui.imshow( "Down", dst);
HighGui.waitKey(0);

//对向下采样后的图像进行向上采样并在屏幕上显示
Imgproc.pyrUp(dst, dst);
HighGui.imshow( "Up", dst);
HighGui.waitKey(0);

//将两次采样后的图像与原图像相减
Mat mat=new Mat(src.size(),CvType.CV_64F);
Core.subtract(dst, src, mat);

//进行反相操作并在屏幕上显示
Core.bitwise_not(mat, mat);
HighGui.imshow( "Diff", mat);
HighGui.waitKey(0);
System.exit(0);
    }

}
```

　　程序的运行结果如图 4-28 所示。经过向下采样再向上采样后的图像，虽然尺寸和原图像一致，但明显比原图像要模糊一些。为了便于观看，程序中将差值图像进行了反相处理。

(a) 原图像　　　(b) 向下采样后　(c) 向下采样后再向上采样　(d) 差值图像

图 4-28　Pyramids.java 程序的运行结果

4.9 本章小结

本章继续介绍了图像的基本操作，包括图像的加减乘除等算术运算、图像的按位运算、图像的二值化、查找表、子矩阵和掩膜。本章的最后介绍了图像金字塔的相关内容。

本章介绍的主要函数见表 4-1。

表 4-1 第 4 章主要函数清单

编号	函 数 名	函 数 用 途	所在章节
1	Core.add()	将两幅图像简单相加	4.1.1 节
2	Core.addWeighted()	将两幅图像按权重相加	4.1.1 节
3	Core.subtract()	将两幅图像（矩阵）相减	4.1.2 节
4	Core.multiply()	对矩阵进行点乘	4.1.3 节
5	Core.divide()	对矩阵进行点除	4.1.4 节
6	Core.bitwise_not()	对图像进行反相操作	4.2.1 节
7	Core.bitwise_and()	对图像进行按位与运算	4.2.2 节
8	Core.bitwise_or()	对图像进行按位或运算	4.2.3 节
9	Core.bitwise_xor()	对图像进行按位异或运算	4.2.4 节
10	Imgproc.threshold()	对图像进行二值化	4.3 节
11	Imgproc.adaptiveThreshold()	对图像进行自适应二值化处理	4.3 节
12	Core.LUT()	对矩阵进行查找表操作	4.4 节
13	Core.hconcat()	对矩阵进行水平拼接	4.5 节
14	Core.vconcat()	对矩阵进行垂直拼接	4.5 节
15	Mat.submat()	设置子矩阵	4.6 节
16	Imgproc.pyrDown()	对图像进行向下采样	4.8.2 节
17	Imgproc.pyrUp()	对图像进行向上采样	4.8.2 节

本章中的示例程序清单见表 4-2。

表 4-2 第 4 章示例程序清单

编号	程 序 名	程 序 说 明	所在章节
1	Add.java	图像的两种加法操作	4.1.1 节
2	Subtract.java	图像的减法操作	4.1.2 节
3	Multiply.java	用矩阵的点乘生成九九乘法表	4.1.3 节
4	Divide.java	矩阵的点除	4.1.4 节
5	Bitwise_not.java	反相操作获得底片效果	4.2.1 节
6	Bitwise_and.java	按位与运算产生窗口效果	4.2.2 节
7	Bitwise_or.java	按位或运算产生窗口效果	4.2.3 节

续表

编号	程 序 名	程 序 说 明	所在章节
8	Bitwise_xor.java	按位异或运算实现图像的加密和解密	4.2.4 节
9	Threshold.java	对图像进行二值化	4.3 节
10	AdaptiveThreshold.java	对图像进行自适应二值化处理	4.3 节
11	Lut.java	查找表原理	4.4 节
12	Lut2.java	用查找表对图像颜色进行处理	4.4 节
13	Concat.java	对矩阵进行水平和垂直拼接	4.5 节
14	Submat.java	用不同方法设置子矩阵	4.6 节
15	Mask.java	对图像进行掩膜操作	4.7 节
16	PyrDown.java	高斯金字塔的向下采样	4.8.3 节
17	Pyramids.java	拉普拉斯金字塔	4.8.4 节

第 5 章

图像的几何变换

图像的几何变换是指将一幅图像中的坐标位置映射到另一张图像中的新坐标位置，几何变换包括平移、旋转、缩放、翻转、仿射变换、透视变换等。平移、旋转、缩放似乎是最为简单的几何变换，但是 OpenCV 中并没有专门用于平移和旋转的函数，而要通过仿射变换实现，因此，介绍图像的几何变换需要从仿射变换开始。

5.1　仿射变换

仿射变换是将一个二维坐标转换到另一个二维坐标的过程。仿射变换是一种线性变换，变换前是直线的，变换后依然是直线；变换前是平行线的，变换后依然是平行线。

仿射变换的概念如图 5-1 所示。变换前图像中的点 1、点 2、点 3（不在同一条直线上）与变换后图像中的点 1、点 2、点 3 ——对应。由于 3 点可以决定一个平面，所以利用这 3 个点的对应关系就可以对整个图像平面进行仿射变换。

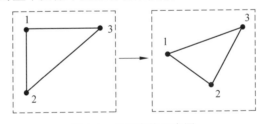

图 5-1　仿射变换示意图

在 OpenCV 中实现仿射变换需要两步，第 1 步通过 getAffineTransform()函数来计算仿射变换矩阵（矩阵大小为 2×3），第 2 步通过 warpAffine()函数实现仿射变换。

OpenCV 中用于计算仿射变换矩阵的函数原型如下：

```
Mat Imgproc.getAffineTransform(MatOfPoint2f src, MatOfPoint2f dst)
```
函数用途：计算仿射变换矩阵。

【参数说明】
(1) src：原图像中的 3 个点的坐标。
(2) dst：原图像中 3 个点在目标图像中对应的坐标。

OpenCV 中用于实现仿射变换的函数原型如下：

```
void Imgproc.warpAffine(Mat src, Mat dst, Mat M, Size dsize, int flags);
函数用途：对图像进行仿射变换。
```

【参数说明】
(1) src：输入图像。
(2) dst：输出图像，尺寸和 dsize 一致，数据类型与 src 相同。
(3) dsize：输出图像的尺寸。
(4) flags：差值方法，常用参数如下。
◆ Imgproc.INTER_NEAREST：最近邻插值。
◆ Imgproc.INTER_LINEAR：线性插值。
◆ Imgproc.INTER_AREA：区域插值。
◆ Imgproc.INTER_CUBIC：三次样条插值。
◆ Imgproc.INTER_LANCZOS4：Lanczos 差值。
◆ Imgproc.INTER_LINEAR_EXACT：位精确双线性插值。
◆ Imgproc.INTER_NEAREST_EXACT：位精确最近邻插值。
◆ Imgproc.INTER_MAX：用掩码进行插值。
◆ Imgproc.WARP_FILL_OUTLIERS：填充所有输出图像像素，如有像素落在输入图像边界外，则将它们设为 0。
◆ Imgproc.WARP_INVERSE_MAP：反变换。

仿射变换的范围很广，平移、旋转、缩放、翻转实际上都属于仿射变换。

下面用一个完整的程序说明仿射变换的过程，代码如下：

```java
//第 5 章/WarpAffine.java

import org.opencv.core.*;
import org.opencv.highgui.HighGui;
import org.opencv.imgcodecs.Imgcodecs;
import org.opencv.imgproc.Imgproc;

public class WarpAffine {

        public static void main(String[] args) {
                System.loadLibrary(Core.NATIVE_LIBRARY_NAME);

                //读取图像
                Mat src=Imgcodecs.imread("leaf.png");

                //定义原图像中 3 个点的坐标
                Point[] pt1 = new Point[3];
                pt1[0] = new Point(136, 56);
                pt1[1] = new Point(45, 160);
                pt1[2] = new Point(215, 150);

                //定义目标图像中 3 个点的坐标
```

```
                            Point[] pt2 = new Point[3];        //输出图像点集
                            pt2[0] = new Point(50, 80);
                            pt2[1] = new Point(50, 180);
                            pt2[2] = new Point(200, 100);

                            //getAffineTransform()函数用到的数据类型
                            MatOfPoint2f mop1 = new MatOfPoint2f(pt1);
                            MatOfPoint2f mop2 = new MatOfPoint2f(pt2);

                            //计算仿射变换矩阵并进行仿射变换
                            Mat dst=new Mat();
                            Mat mat=Imgproc.getAffineTransform(mop1, mop2);
                            Imgproc.warpAffine(src, dst, mat, src.size());

                            //在原图像中标记3个点的坐标
                            Scalar color=new Scalar(255,255,255);
                            for (int n=0; n<3; n++) {
                                    Imgproc.circle(src, pt1[n], 2, color, 2);
                                    Imgproc.putText(src, n + 1 + "", pt1[n], 0, 1,
color,3);

                            }

                            //在目标图像中标记3个点的坐标
                            for (int n=0; n<3; n++) {
                                    Imgproc.circle(dst, pt2[n], 2, color, 2);
                                    Imgproc.putText(dst, n + 1 + "", pt2[n] , 0 ,
1, color,3);

                            }

                            //在屏幕上显示变换前后的图像
                            HighGui.imshow("src", src);
                            HighGui.waitKey(0);
                            HighGui.imshow("warped", dst);
                            HighGui.waitKey(0);

                            //在控制台输出仿射变换矩阵
                            System.out.println(mat.dump());
                            System.exit(0);

                    }
            }
```

程序的运行结果如图 5-2 所示,图中用白色字体标出了变换前后 3 个定位点的位置。此外,程序最后还在控制台输出了仿射转换矩阵供参考,如图 5-3 所示。这个矩阵看上去再简单不过了,但就是这样简单的矩阵却能够轻松地实现各种功能。在后续章节中还会有更多的矩阵能够实现各种眼花缭乱的功能。

 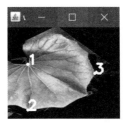

(a) 原图像　　　　　　(b) 仿射变换后

图 5-2　WarpAffine.java 程序的运行结果

```
🄴 Problems @ Javadoc 🄓 Declaration 🄴 Console ⊠
<terminated> WarpAffine [Java Application] C:\Program Files (x86)\Java\jre8\bin\javaw.exe
[0.9302325581395348, 0.813953488372093, -122.0930232558139;
 -0.4364937388193202, 0.5796064400715565, 106.9051878354204]
```

图 5-3　WarpAffine.java 程序中的仿射变换矩阵

5.2　透视变换

仿射变换又称三点变换，因为它只用到 3 个点，而透视变换则用到了 4 个点，因此也被称为四点变换。透视变换是利用投影成像的原理将物体重新投射到另一个成像平面，如图 5-4所示。透视变换的转换矩阵也与仿射变换的矩阵不同，是一个 3×3 的矩阵。

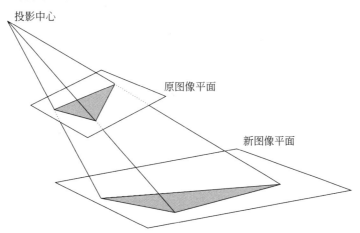

图 5-4　透视变换示意图

在 OpenCV 中实现透视变换也分两步，第 1 步通过 getPerspectiveTransform()函数来计算透视变换矩阵（3×3），第 2 步通过 warpPerspective()函数实现透视变换。

OpenCV 中用于计算透视变换矩阵的函数原型如下：

```
Mat Imgproc.getPerspectiveTransform(Mat src, Mat dst)
函数用途：根据 4 对对应的点计算透视变换的矩阵。
```

【参数说明】
(1) src：原图像中的 4 个点的坐标。
(2) dst：原图像中 4 个点在目标图像中对应的坐标。

OpenCV 中用于实现透视变换的函数原型如下：

```
void Imgproc.warpPerspective(Mat src, Mat dst, Mat M, Size dsize)
函数用途：对图像进行透视变换。
```

【参数说明】
(1) src：输入图像。
(2) dst：输出图像，尺寸和 dsize 一致，数据类型与 src 相同。
(3) M：3*3 的变换矩阵。
(4) dsize：输出图像的尺寸。

下面用一个完整的程序说明如何实现透视变换，代码如下：

```java
//第 5 章/PerspectiveTransform.java

import org.opencv.core.*;
import org.opencv.highgui.HighGui;
import org.opencv.imgcodecs.Imgcodecs;
import org.opencv.imgproc.Imgproc;

public class PerspectiveTransform  {

        public static void main(String[] args) {
                System.loadLibrary(Core.NATIVE_LIBRARY_NAME);

                //读取图像
                Mat src=Imgcodecs.imread("book.png");

                //定义原图像中 4 个点的坐标
                Point[] pt1 = new Point[4];
                pt1[0] = new Point(95, 129);
                pt1[1] = new Point(260, 157);
                pt1[2] = new Point(57, 469);
                pt1[3] = new Point(248, 454);

                //定义目标图像中 4 个点的坐标
                Point[] pt2 = new Point[4];
                pt2[0] = new Point(0, 0);
                pt2[1] = new Point(300, 0);
                pt2[2] = new Point(0,600);
                pt2[3] = new Point(300,600);

                //getPerspectiveTransform()函数用到的数据类型
                MatOfPoint2f mop1 = new MatOfPoint2f(pt1);
```

```
                    MatOfPoint2f mop2 = new MatOfPoint2f(pt2);

                    //计算透视变换矩阵并进行仿射变换
                    Mat dst=new Mat();
                    Mat matrix=Imgproc.getPerspectiveTransform(mop1, mop2);
                    //获取转换矩阵
                    Imgproc.warpPerspective(src, dst, matrix, new
Size(300,600));

                    //在屏幕上显示变换前后的图像
                    HighGui.imshow("src", src);
                    HighGui.waitKey(0);
                    HighGui.imshow("dst", dst);
                    HighGui.waitKey(0);
                    System.exit(0);
            }

    }
```

　　程序的运行结果如图 5-5 所示。程序的输入图像是书中的一页，其 4 个定位点明显不在一个平面上，经过透视变换以后还原成一张完整的图像。

　　(a) 原图像　　　　　　(b) 透视变换后

图 5-5　PerspectiveTransform.java 程序的运行结果

5.3　平移

　　图像平移是将一张图像中所有的点都按照指定的平移量在水平和垂直方向上进行移动，平移后的图像与原图像相同。平移后图像上的每个点都可以在原图像中找到对应的点。假设原图像的点的坐标为(x_0, y_0)，平移量为$(\Delta x, \Delta y)$，平移后坐标为(x_1, y_1)，平移前后的坐标关系可以用数学公式表示如下：

$$x_1 = x_0 + \Delta x \qquad\qquad (5\text{-}1)$$
$$y_1 = y_0 + \Delta y$$

平移的实现有多种方法，最容易想到的方法就是利用循环语句对像素赋值。这种方法其实并不需要 OpenCV 就可以实现，代码从略。那么 OpenCV 中有没有函数可以实现平移呢？答案是有的，利用仿射变换的 warpAffine() 函数同样可以实现图像平移。

实际上，运用 5.1 节的知识已经可以写出这个程序。仿射变换的关键是找到三组对应点，有了这些点就能计算出仿射变换的矩阵。现在定义 3 个点，例如(0,0)、(0,10)和(10,0)。假设 x 方向平移 30 像素，y 方向平移 50 像素。简单计算可知平移后这 3 个点的坐标为(30,50)、(30,60)和(40,50)，然后将 WarpAffine.java 程序中的坐标用这些点的坐标替换即可求出相应的转换矩阵并进行平移操作。

但是这个过程还是有点烦琐。实际上，平移这种简单操作的转换矩阵也很简单。让图像在 x 方向平移 Δx，在 y 方向平移 Δy 的矩阵如下：

$$\begin{bmatrix} 1 & 0 & \Delta x \\ 0 & 1 & \Delta y \end{bmatrix}$$

知道了这一点，用仿射变换函数实现平移也就简单多了。下面用一个完整的程序说明如何用仿射变换函数实现平移操作，代码如下：

```java
//第5章/Translate.java

import org.opencv.core.*;
import org.opencv.highgui.HighGui;
import org.opencv.imgcodecs.Imgcodecs;
import org.opencv.imgproc.Imgproc;

public class Translate {

        public static void main(String[] args) {
                System.loadLibrary( Core.NATIVE_LIBRARY_NAME );

                //构建用于平移的矩阵
                Mat mat = new Mat(2, 3, CvType.CV_64F);
                double [] Data=new double[] {1,0,30,0,1,50};
                mat.put(0, 0, Data);

                //读取图像并在屏幕上显示
                Mat src=Imgcodecs.imread("pond.png");
                HighGui.imshow("src", src);
                HighGui.waitKey(0);

                //进行平移并在屏幕上显示平移后的图像
                Mat dst=new Mat();
```

```
                    Imgproc.warpAffine(src, dst, mat, src.size());
                    HighGui.imshow("translate", dst);
                    HighGui.waitKey(0);
                    System.exit(0);

            }

    }
```

程序的运行结果如图 5-6 所示。程序中利用 Mat 类的 put() 函数构建了平移矩阵，然后用
warpAffine() 函数实现了平移操作。需要注意平移矩阵的数据类型。

(a) 原图像   (b) 平移后

图 5-6　Translate.java 程序的运行结果

5.4　旋转

在 OpenCV 中也没有专门用于旋转的函数，实现图像的旋转同样是通过仿射变换实现的。
在 OpenCV 中实现图像的旋转分为两步，第 1 步通过 getRotationMatrix2D() 函数来计算旋转
矩阵，第 2 步通过 warpAffine() 函数实现旋转。

计算旋转矩阵的函数原型如下：

```
Mat Imgproc.getRotationMatrix2D(Point center, double angle, double scale)
函数用途：计算二维旋转的仿射矩阵。
```

【参数说明】
(1) center：原图像中的旋转中心。
(2) angle：以度为单位的旋转角度，正值表示逆时针旋转（假设坐标原点为左上角）。
(3) scale：缩放比例因子。旋转中可以实现缩放，如果不缩放，则用 1 表示。

下面用一个完整的程序说明如何实现图像的旋转，代码如下：

```
//第 5 章/Rotate.java
```

```java
import org.opencv.core.*;
import org.opencv.highgui.HighGui;
import org.opencv.imgcodecs.Imgcodecs;
import org.opencv.imgproc.Imgproc;

public class Rotate {

    public static void main(String[] args) {
        System.loadLibrary(Core.NATIVE_LIBRARY_NAME);

        //读入图像并在屏幕上显示
        Mat src=Imgcodecs.imread("fish.png");
        HighGui.imshow("src", src);
        HighGui.waitKey(0);

        //计算旋转用的仿射矩阵
        Mat dst=new Mat();
        Point center =new Point(src.width()/2.0, src.height()/2.0);
        Mat matrix =Imgproc.getRotationMatrix2D(center, 33.0, 1.0);

        //旋转图像并在屏幕上显示
        Imgproc.warpAffine(src, dst, matrix, src.size(),
Imgproc.INTER_LINEAR);

        HighGui.imshow("Rotated", dst);
        HighGui.waitKey(0);
        System.exit(0);

    }
}
```

程序的运行结果如图 5-7 所示。本例中将旋转中心设为图像的中心位置，旋转角度为
33°，正数表示逆时针旋转，所以图像逆时针旋转了 33°。

 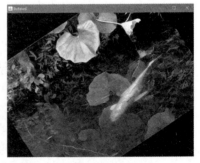

(a) 原图像   (b) 旋转后

图 5-7 Rotate.java 程序的运行结果

5.5 缩放

图像的缩放就是改变图像的尺寸。OpenCV 中用于改变图像尺寸的函数原型如下：

void Imgproc.resize(Mat src, Mat dst, Size dsize, double fx, double fy)
函数用途：改变图像的大小。

【参数说明】
(1) src：输入图像。
(2) dst：输出图像，其数据类型与 src 相同。
(3) dsize：输出图像的大小。如 dsize 的大小为 0，则 dsize=Size(round(fx*src.cols), round(fy*src.rows))。
(4) fx：水平方向缩放比例。如 fx 为 0，则 fx=(double)dsize.width/src.cols。
(5) fy：垂直方向缩放比例。如 fy 为 0，则 fy=(double)dsize.height/src.rows。

此函数实际上有两套参数，可以通过 dsize 设置输出图像大小或者通过 fx 和 fy 设置缩放比例。两套参数使用哪一套应根据参数值确定，详见参数说明。

下面用一个完整的程序说明图像缩放的方法，代码如下：

```
//第 5 章/Scale.java

import org.opencv.core.*;
import org.opencv.highgui.HighGui;
import org.opencv.imgcodecs.Imgcodecs;
import org.opencv.imgproc.Imgproc;

public class Scale {

    public static void main(String[] args) {
                    System.loadLibrary(Core.NATIVE_LIBRARY_NAME);

                    //读入图像并在屏幕上显示
                    Mat src=Imgcodecs.imread("church.png");
                    HighGui.imshow("src", src);
                    HighGui.waitKey(0);

                    //获取原图像尺寸
                    float width=src.width();
                    float height=src.height();

                    //将原图像放大至 1.2 倍
                    Mat dst1=new Mat();
                    float scale1=1.2f;   //缩放比例 1
                    Imgproc.resize(src, dst1, new Size(width*scale1,
height*scale1));
```

```
                        //将原图像缩小至 0.8 倍
                        Mat dst2=new Mat();
                        float scale2=0.8f;   //缩放比例 2
                        Imgproc.resize(src, dst2, new Size(width*scale2,
height*scale2));

                        //在屏幕上显示放大和缩小后的图像
                        HighGui.imshow("Bigger", dst1);
                        HighGui.waitKey(0);
                        HighGui.imshow("Smaller", dst2);
                        HighGui.waitKey(0);

                        System.exit(0);
                }
        }
```

程序运行效果如图 5-8 所示。

(a) 原图像   (b) 放大后   (c) 缩小后

图 5-8　Scale.java 程序的运行结果

5.6　图像的翻转

有时需要对图像进行翻转操作。OpenCV 中用于图像翻转的函数原型如下：

```
void Core.flip(Mat src, Mat dst, int flipCode)
函数用途：对给定的 2D 矩阵沿 x 轴、y 轴或两个轴进行翻转。
```

【参数说明】
(1) src：输入图像。
(2) dst：输出图像，和 src 具有相同的尺寸和数据类型。
(3) flipCode：指定翻转方向的标志，该标志的用法如下。
◆ 等于 0：绕 x 轴翻转。

◆ 大于 0：绕 y 轴翻转。

◆ 小于 0：绕 x 和 y 两个轴翻转。

下面用一个完整的程序说明图像翻转的方法，代码如下：

```java
//第 5 章/Flip.java

import java.util.*;

import org.opencv.core.*;
import org.opencv.highgui.HighGui;
import org.opencv.imgcodecs.Imgcodecs;

public class Flip {

        public static void main(String[] args) {
                System.loadLibrary(Core.NATIVE_LIBRARY_NAME);

                //读取图像文件并在屏幕上显示
                Mat src=Imgcodecs.imread("leaf.png");
                HighGui.imshow("src", src);
                HighGui.waitKey(0);

                //绕 y 轴翻转
                Mat f1=new Mat();
                Core.flip(src, f1, 1);

                //将两幅图像进行水平拼接
                List<Mat> mats = new ArrayList<Mat>();
                mats.add(src);
                mats.add(f1);
                Mat d1 = new Mat();
                Core.hconcat(mats, d1);   //水平拼接

                //绕 x 轴翻转
                Mat f2=new Mat();
                Core.flip(src, f2, 0);

                //绕 x 和 y 两个轴翻转
                Mat f3=new Mat();
                Core.flip(src, f3, -1);

                //移除 mats 中的元素
                mats.remove(1);
                mats.remove(0);

                //将 x 轴翻转图像和两个轴翻转图像进行水平拼接
```

```
                                   mats.add(f2);
                                   mats.add(f3);
                                   Mat d2 = new Mat();
                                   Core.hconcat(mats, d2);

                                   //将两幅拼接后的图像垂直再拼接
                                   mats.remove(1);
                                   mats.remove(0);
                                   mats.add(d1);
                                   mats.add(d2);
                                   Mat d3 = new Mat();
                                   Core.vconcat(mats, d3);

                                   //在屏幕上显示最后结果
                                   HighGui.imshow("All", d3);
                                   HighGui.waitKey(0);

                                   System.exit(0);
                           }
                   }
```

 程序的运行结果如图 5-9 所示。程序先对原图像绕 y 轴翻转，然后将两幅图像水平拼接；接着又对原图像绕 x 轴和两个轴翻转并水平拼接；最后将两幅水平拼接的图像进行垂直拼接形成一幅镜像图像。

(a) 原图像   (b) 最终图像

图 5-9 Flip.java 程序的运行结果

5.7 本章小结

 本章介绍了图像的各种几何变换，包括平移、旋转、缩放、翻转、仿射变换和透视变换。本章介绍的主要函数见表 5-1。

表 5-1　第 5 章主要函数清单

编号	函 数 名	函 数 用 途	所在章节
1	Imgproc.getAffineTransform()	计算仿射变换矩阵	5.1 节
2	Imgproc.warpAffine()	对图像进行仿射变换	5.1 节
3	Imgproc.getPerspectiveTransform()	计算透视变换的矩阵	5.2 节
4	Imgproc.warpPerspective()	对图像进行透视变换	5.2 节
5	Imgproc.getRotationMatrix2D()	计算二维旋转的仿射矩阵	5.4 节
6	Imgproc.resize()	改变图像的大小	5.5 节
7	Core.flip()	对图像进行翻转	5.6 节

本章中的示例程序清单见表 5-2。

表 5-2　第 5 章示例程序清单

编号	程 序 名	程 序 说 明	所在章节
1	WarpAffine.java	对图像进行仿射变换	5.1 节
2	PerspectiveTransform.java	对图像进行透视变换	5.2 节
3	Translate.java	用仿射变换函数实现平移	5.3 节
4	Rotate.java	对图像进行旋转	5.4 节
5	Scale.java	对图像进行缩放	5.5 节
6	Flip.java	对图像进行翻转	5.6 节

第6章

图 像 平 滑

图像在采集和传输过程中容易受到各种因素的影响而产生噪声，而噪声会对图像的正确解读和处理产生干扰，因此去除图像中的噪声十分重要。去除图像中噪声的过程称为图像平滑，或图像去噪、图像模糊。

噪声信号主要集中在高频段，图像平滑从信号处理的角度看就是去除高频信号，保留低频信号，因而属于低通滤波。与低通滤波相对应的是高通滤波，边缘检测、锐化等操作就属于高通滤波。

图像滤波是指在尽可能保留图像细节特征的前提下去除噪声或者提取需要的信息。图像滤波又可分为线性滤波和非线性滤波。滤波器的种类很多，在 OpenCV 中，用于图像平滑处理的滤波器主要有 5 种，这 5 种滤波器及相应的函数如下。

（1）均值滤波：blur()函数。

（2）方框滤波：boxFilter()函数。

（3）高斯滤波：GaussianBlur()函数。

（4）中值滤波：medianBlur()函数。

（5）双边滤波：bilateralFilter()函数。

这 5 种滤波器中，均值滤波、方框滤波和高斯滤波属于线性滤波，中值滤波和双边滤波则属于非线性滤波。

6.1 图像的噪声

图像的噪声有多种来源，不同的噪声特性也大不相同，因此，了解噪声的产生及特点对图像平滑大有帮助。

噪声在图像上常表现为随机的、离散的、孤立的像素或像素块，而且往往比较显眼。噪声通常是不必要或多余的信息，不但无用还会干扰人们对有用信息的接收。

噪声的产生主要有以下两个来源。

1. 图像获取过程

图像传感器在采集图像过程中，受传感器材料属性、工作环境等因素的影响，会引入各种噪声。

2. 图像传输过程

由于传输介质和存储设备等方面的原因，数字图像在传输过程中受到各种噪声的污染。另外，在图像处理的某些环节也可能产生噪声。

噪声通常可分为高斯噪声、椒盐噪声、泊松噪声和乘性噪声，本书主要讨论椒盐噪声和高斯噪声。

（1）椒盐噪声：椒盐噪声也称作脉冲噪声，是一种随机生成的亮点或暗点，因为形似椒盐而得名。椒盐噪声的成因可能是传感器等硬件问题，也可能是环境中强烈的电磁干扰。

（2）高斯噪声：高斯噪声是指概率密度函数符合高斯分布的一类噪声。高斯分布也称正态分布，如图 6-1 所示。高斯分布有均值 μ 和标准差 σ 两个参数，其中 μ 是正态分布的位置参数，用于描述正态分布的集中趋势位置，σ 则用于描述正态分布的离散程度。高斯噪声产生的主要原因如下：

① 拍摄时照明不够且亮度不均匀。

② 元器件自身的噪声及相互影响。

③ 相机等设备长时间工作导致温度过高。

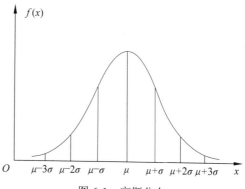

图 6-1　高斯分布

OpenCV 中没有专门产生椒盐噪声和高斯噪声的函数，不过都可以通过随机函数来模拟。下面用一个完整的程序说明如何产生椒盐噪声，代码如下：

```
//第 6 章/Peppersalt.java

import java.util.*;
import org.opencv.core.*;
import org.opencv.highgui.HighGui;
import org.opencv.imgcodecs.Imgcodecs;

public class Peppersalt {

        public static void main(String[] args) {

                System.loadLibrary( Core.NATIVE_LIBRARY_NAME );

                //读取图像文件并在屏幕上显示
                Mat img = Imgcodecs.imread("shaomai.png");
                HighGui.imshow("src", img);
                HighGui.waitKey(0);


                int row = img.rows();
                int col = img.cols();
```

```
//定义黑白两种颜色
double [] black=new double[] {0, 0, 0};
double [] white=new double[] {255, 255, 255};

//用于获取随机数的 Random 类
Random r = new Random();

for(int n = 0 ; n < 20000 ; n++) {
        //随机获得行号、列号及噪点颜色
        int i = r.nextInt(row);
        int j = r.nextInt(col);
        boolean IsBlack = r.nextBoolean();

        //在相应的像素上加上黑白噪点
        if (IsBlack)
            img.put(i,j, black);
        else
            img.put(i,j, white);
}

//在屏幕上显示加了椒盐噪声的图像
HighGui.imshow("Peppersalt", img);
HighGui.waitKey(0);
System.exit(0);

    }

}
```

程序的运行结果如图 6-2 所示。

(a) 原图像　　　　　　　　　　　(b) 添加椒盐噪声后

图 6-2　Peppersalt.java 程序的运行结果

6.2　滤波器

为了去除图像中的噪声，需要对图像进行平滑处理，而滤波器可以实现这个功能。滤波器和像素运算的区别在于，像素运算只作用于一像素，而滤波器则通常会用到原图像中的多像素进行计算。滤波器的功能如图 6-3 所示。

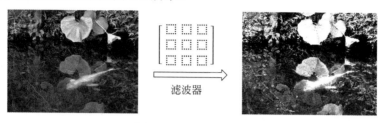

图 6-3　滤波器的功能

一些常见的滤波器如下：

- 均值滤波：$\dfrac{1}{9}\begin{bmatrix} 1 & 1 & 1 \\ 1 & 1 & 1 \\ 1 & 1 & 1 \end{bmatrix}$

- 边缘检测：$\begin{bmatrix} 0 & 1 & 0 \\ 1 & -4 & 1 \\ 0 & 1 & 0 \end{bmatrix}$

- 高斯滤波：$\dfrac{1}{16}\begin{bmatrix} 1 & 2 & 1 \\ 2 & 4 & 2 \\ 1 & 2 & 1 \end{bmatrix}$

- 锐化：$\begin{bmatrix} 0 & -1 & 0 \\ -1 & 5 & -1 \\ 0 & -1 & 0 \end{bmatrix}$

滤波器在某些情况下也被称为卷积核。下面介绍 OpenCV 中一个基础的卷积函数，通过这个函数可以加深对卷积核的理解。

```
void Imgproc.filter2D(Mat src, Mat dst, int ddepth, Mat Kernel)
函数用途：将图像与卷积核进行卷积运算。
```

【参数说明】
(1) src：输入图像。
(2) dst：输出图像，与 src 具有相同的尺寸和通道数。
(3) ddepth：输出图像的深度，详见表 2-1。如设为-1，则表示自动选择。
(4) Kernel：卷积核，要求是单通道浮点类型矩阵；如果不同的通道需要应用不同的卷积核，则应将图像拆分后单独处理。卷积核的锚点应该位于卷积核中。默认状态下，锚点位于卷积核的中心。

下面用一个完整的程序说明进行卷积操作的方法，代码如下：

```
//第 6 章/Filter2D.java

import org.opencv.core.*;
```

```java
import org.opencv.highgui.HighGui;
import org.opencv.imgcodecs.Imgcodecs;
import org.opencv.imgproc.Imgproc;

public class Filter2D {

        public static void main(String[] args) {
                System.loadLibrary(Core.NATIVE_LIBRARY_NAME);

                //读取图像并在屏幕上显示
                Mat src=Imgcodecs.imread("fish.png");
                HighGui.imshow("src", src);
                HighGui.waitKey(0);

                //用于均值滤波的卷积核
                Mat k1 = new Mat(3, 3, CvType.CV_64F);
                double[] Data3=new double[] {0.111, 0.111, 0.111, 0.111,
0.111, 0.111, 0.111, 0.111, 0.111};
                k1.put(0, 0, Data3);

                //均值滤波并在屏幕上显示
                Mat dst=new Mat();
                Imgproc.filter2D(src, dst, -1, k1);
                HighGui.imshow("blur", dst);
                HighGui.waitKey(0);

                //用于锐化的卷积核
                Mat k2 = new Mat(3, 3, CvType.CV_64F);
                double[] Data=new double[] {0, -1, 0, -1, 5, -1};
                k2.put(0, 0, Data);

                //锐化操作并在屏幕上显示
                Imgproc.filter2D(src, dst, -1, k2);
                HighGui.imshow("Sharpen1", dst);
                HighGui.waitKey(0);

                //调整过的锐化卷积核
                Mat k3 = new Mat(3, 3, CvType.CV_64F);
                double[] Data2=new double[] {0, -0.5, 0, -0.5, 2.5, -0.5};
                k3.put(0, 0, Data2);

                //用调整过的锐化卷积核进行锐化并在屏幕上显示
                Imgproc.filter2D(src, dst, -1, k3);
                HighGui.imshow("Sharpen2", dst);
                HighGui.waitKey(0);
                System.exit(0);
        }
}
```

}

程序的运行结果如图 6-4 所示。程序中定义了 3 个卷积核，其中第 1 个用于均值滤波，第 2 个用于锐化，由于这个卷积核相加并不等于 1，卷积操作后的图像偏亮，第 3 个卷积核对第 2 个卷积核进行了调整。

(a) 原图像　　　　　　　　　(b) 与第1个卷积核进行卷积操作后

(c) 与第2个卷积核进行卷积操作后　　　(d) 与第3个卷积核进行卷积操作后

图 6-4　Filter2D.java 程序的运行结果

由此可见，卷积核设置不当会使输出图像异常，通常情况下需要通过处理使卷积核中所有数字相加等于 1。

在介绍具体的滤波函数之前，有必要了解一下图像边界的处理。

边界处理的必要性可以用卷积计算过程来说明，如图 6-5 所示。这是均值滤波时卷积计算的过程，输入矩阵尺寸为 3×3，其中中央像素的值为 5。经过卷积计算以后，该像素的值变为 20，在计算过程中用到了该像素周边 3×3 区域的所有像素值。在计算其余像素的值时，由于外围已经没有像素，取值会出现问题。假如规定在卷积计算时必须取到 9 个数，那么其余像素就会因为无法计算而使输出矩阵的尺寸缩小。这样 3×3 的矩阵经过卷积运算后尺寸

$$
\begin{array}{|c|c|c|}
\hline
1 & 15 & 27 \\
\hline
25 & 5 & 3 \\
\hline
11 & 3 & 90 \\
\hline
\end{array}
\times
\frac{1}{9}
\begin{bmatrix}
1 & 1 & 1 \\
1 & 1 & 1 \\
1 & 1 & 1
\end{bmatrix}
=
\begin{array}{|c|c|c|}
\hline
 & & \\
\hline
 & 20 & \\
\hline
 & & \\
\hline
\end{array}
$$

图 6-5　卷积的计算过程

会缩小为 1×1。如果每次滤波矩阵尺寸都要缩小，则经过多次处理后的矩阵会小得不成样子，而这通常是不可接受的，因此，在大多数滤波器的实现过程中，需要对图像的边界做特殊处理。

在处理边界区域问题时常有以下几种方法：

（1）将未处理的边界像素赋值为常数，例如黑色。这种方法非常简单，但滤波后图像的有效尺寸（黑色以外部分）还是缩小了。

（2）将未处理的边界像素赋值为原图像相同位置的像素值。这种方法也不理想，因为滤波前后的像素值往往存在明显的差异。

（3）在边界外填充额外的像素对图像进行扩充，然后对边界区域进行滤波。这种方法又可细分成以下几种：

① 将图像边界外的像素设为常数，例如黑色或灰色。这种方式虽然简单，但滤波后的图像边界处仍会有明显的差异，特别是滤波器尺寸较大时。

② 将图像的边界像素填充至边界外。相对来讲，这种方法的差异不算明显，也比较容易实现，因而常被选用。

③ 其他填充法。

上述方法没有哪一种是完美的，具体情况还要具体分析、灵活选用。

6.3 线性滤波

线性滤波又分为均值滤波、方框滤波和高斯滤波，其中均值滤波是最为简单的一种。

6.3.1 均值滤波

均值滤波用邻域内所有像素值的平均值来取代原来的像素值。卷积核内的每个数值代表对应像素在计算时的权重，而均值滤波的卷积核内所有数值都是相同的，这意味着邻域内所有像素的权重相同。均值滤波后某像素的值等于邻域内所有像素的算术平均值，计算过程如图 6-6 所示。

均值计算：（1+15+27+25+5+3+11+3+90）/9=20

图 6-6　均值滤波计算过程

均值滤波时邻域的大小会直接影响平滑的效果。邻域越大平滑的效果越好，但图像也会变得越模糊。邻域过大还会使图像的边缘信息损失严重，因此合理选择邻域的大小非常重要。

均值滤波可以消除像素值急剧变化引起的噪声，从而使图像趋于平滑，但均值滤波也会使图像失去某些细节而变得模糊。OpenCV 中用于均值滤波的函数原型如下：

```
void Imgproc.blur(Mat src, Mat dst, Size ksize, Point anchor, int borderType)
```
函数用途：用归一化的方框滤波器对图像进行平滑处理。

【参数说明】
(1) src：输入图像，通道数不限，但图像深度必须是 CV_8U、CV_16U、CV_16S、CV_32F 或 CV_64F。
(2) dst：输出图像，和 src 具有相同的尺寸和数据类型。
(3) ksize：卷积核尺寸。
(4) anchor：锚点。
(5) borderType：像素外推法的边界类型，可选参数如下。
◆ Core.BORDER_CONSTANT：用特定值填充，如 iiiiiii|abcdefgh|iiiiiii 中用 i 填充。
◆ Core.BORDER_REPLICATE：两端复制填充，如 aaaaaa|abcdefgh|hhhhhhh。
◆ Core.BORDER_REFLECT：倒序填充，如 fedcba|abcdefgh|hgfedcb。
◆ Core.BORDER_WRAP：正序填充，如 cdefgh|abcdefgh|abcdefg。
◆ Core.BORDER_REFLECT_101：不含边界值的倒序填充，如 gfedcb|abcdefgh|gfedcba。
◆ Core.BORDER_TRANSPARENT：随机填充，如 uvwxyz|abcdefgh|ijklmno
◆ Core.BORDER_REFLECT101：同 Core.BORDER_REFLECT_101。
◆ Core.BORDER_DEFAULT：同 Core.BORDER_REFLECT_101。
◆ Core.BORDER_ISOLATED：忽略感兴趣区域（ROI）以外部分。

下面用一个完整的程序说明均值滤波的方法，代码如下：

```java
//第6章/Blur.java

import org.opencv.core.*;
import org.opencv.highgui.HighGui;
import org.opencv.imgcodecs.Imgcodecs;
import org.opencv.imgproc.Imgproc;

public class Blur {

        public static void main(String[] args) {
                System.loadLibrary(Core.NATIVE_LIBRARY_NAME);

                //读取图像并在屏幕上显示
                Mat src=Imgcodecs.imread("pond.png");
                HighGui.imshow("src", src);
                HighGui.waitKey(0);

                //对图像进行均值滤波（5*5）并在屏幕上显示
                Mat dst=new Mat();
                Point anchor = new Point(-1,-1);
                int borderType = Core.BORDER_REPLICATE;
                Imgproc.blur(src, dst, new Size(5,5), anchor, borderType);
                HighGui.imshow("blur 5*5", dst);
                HighGui.waitKey(0);

                //对图像进行均值滤波（7*7）并在屏幕上显示
```

```
                              Imgproc.blur(src, dst, new Size(7,7));
                              HighGui.imshow("blur 7*7", dst);
                              HighGui.waitKey(0);

                              //对图像进行均值滤波（11*11）并在屏幕上显示
                              Imgproc.blur(src, dst, new Size(11,11));
                              HighGui.imshow("blur 11*11", dst);
                              HighGui.waitKey(0);
                              System.exit(0);

                       }
                }
```

程序的运行结果如图 6-7 所示。经过均值滤波后的图像都有一定程度的模糊，而且滤波器尺寸越大，图像越模糊。

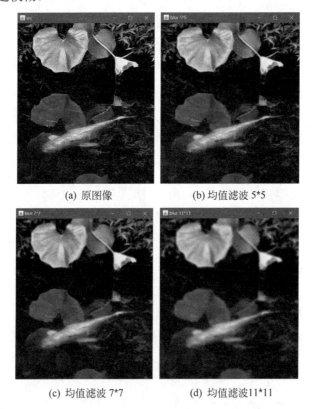

(a) 原图像　　　　　　　(b) 均值滤波 5*5

(c) 均值滤波 7*7　　　　　(d) 均值滤波11*11

图 6-7　Blur.java 程序的运行结果

6.3.2　方框滤波

实际上，均值滤波是方框滤波的一种特殊形式。均值滤波对窗口内的像素计算算术平均值，是归一化以后的结果，而方框滤波则可以选择不进行归一化。

OpenCV 中方框滤波函数的原型如下：

```
void Imgproc.boxFilter(Mat src, Mat dst, int ddepth, Size ksize , Point anchor,
boolean normalize)
```
函数用途：用方框滤波器对图像进行平滑处理。

【参数说明】
(1) src：输入图像。
(2) dst：输出图像，和 src 具有相同的尺寸和数据类型。
(3) ddepth：输出图像的深度。-1 表示使用输入图像的深度。
(4) ksize：卷积核的尺寸。
(5) anchor：卷积核的锚点，默认值(-1,-1)表示锚点位于卷积核的中心。
(6) normalize：是否进行归一化。

下面用一个完整的程序说明方框滤波的方法，代码如下：

```
//第 6 章/BoxFilter.java

import org.opencv.core.*;
import org.opencv.highgui.HighGui;
import org.opencv.imgcodecs.Imgcodecs;
import org.opencv.imgproc.Imgproc;


public class BoxFilter {

        public static void main(String[] args) {
                System.loadLibrary(Core.NATIVE_LIBRARY_NAME);

                //读取图像并在屏幕上显示
                Mat src=Imgcodecs.imread("pond.png");
                HighGui.imshow("src", src);
                HighGui.waitKey(0);

                //对图像进行方框滤波（不归一化）并在屏幕上显示
                Mat dst = new Mat();
                Imgproc.boxFilter(src, dst, -1, new Size(3,3), new
Point(-1,-1), false);

                HighGui.imshow("Unnormalized", dst);
                HighGui.waitKey(0);

                //对图像进行方框滤波（归一化）并在屏幕上显示
                Imgproc.boxFilter(src, dst, -1, new Size(3,3), new
Point(-1,-1), true);

                HighGui.imshow("Normlized", dst);
                HighGui.waitKey(0);
                System.exit(0);
        }
}
```

程序的运行结果如图 6-8 所示，其中未归一化的图像白化严重。未归一化的方框滤波将像素值相加却不平均，如果相加后超过 255 就变成白色，于是图像中出现了大片白色。

(a) 原图像　　　　　　(b) 方框滤波（未归一化）　　　　　(c) 方框滤波（归一化）

图 6-8　BoxFilter.java 程序的运行结果

6.3.3　高斯滤波

高斯滤波也是一种线性滤波。高斯滤波实际上是对邻域内的像素值进行加权平均，但高斯滤波器考虑了像素离滤波器中心的距离因素，距离越近权重越大，距离越远权重越小。高斯滤波的计算过程如图 6-9 所示。

$$\begin{bmatrix} 1 & 15 & 27 \\ 25 & 5 & 3 \\ 11 & 3 & 90 \end{bmatrix} \times \frac{1}{16}\begin{bmatrix} 1 & 2 & 1 \\ 2 & 4 & 2 \\ 1 & 2 & 1 \end{bmatrix} = \boxed{15}$$

加权平均：$(1\times1+15\times2+27\times1+25\times2+5\times4+3\times2+11\times1+3\times2+90\times1)/16=15$

图 6-9　高斯滤波的计算过程

由于高斯滤波是根据高斯分布来选择权重的，因此对于高斯噪声非常有效。高斯滤波也用于某些算法（如 Canny 边缘检测算法、Harris 角点检测算法等）的预处理阶段，以增强图像在不同尺度空间的图像效果。

OpenCV 中高斯滤波函数的原型如下：

```
void Imgproc.GaussianBlur(Mat src, Mat dst, Size ksize, double sigmaX, double
sigmaY)
函数用途：用高斯滤波器对图像进行平滑处理。
```

【参数说明】
(1) src：输入图像。图像的通道数不限，但深度必须是 CV_8U、CV_16U、CV_16S、CV_32F 或 CV_64F。
(2) dst：输出图像，和 src 具有相同的尺寸和数据类型。
(3) ksize：高斯滤波器尺寸，该尺寸必须是正奇数。如尺寸为 0，则根据 sigma 计算尺寸。
(4) sigmaX：高斯滤波器在 X 方向的标准差。

(5)sigmaY:高斯滤波器在 Y 方向的标准差。如果 sigmaY 为 0,则认为其等于 sigmaX。如果 sigmaX 和 sigmaY 均为 0,则根据 ksize 计算。

下面用一个完整的程序说明高斯滤波的方法,代码如下:

```java
//第6章/GaussianBlur.java

import org.opencv.core.*;
import org.opencv.highgui.HighGui;
import org.opencv.imgcodecs.Imgcodecs;
import org.opencv.imgproc.Imgproc;

public class GaussianBlur {

    public static void main(String[] args) {
        System.loadLibrary(Core.NATIVE_LIBRARY_NAME);

        //读取图像并在屏幕上显示
        Mat src=Imgcodecs.imread("pond.png");
        HighGui.imshow("src", src);
        HighGui.waitKey(0);

        //对图像进行高斯滤波(5*5)并在屏幕上显示
        Mat dst=new Mat();
        Imgproc.GaussianBlur(src, dst, new Size(5,5), 10, 10);
        HighGui.imshow("Gaussian 5*5", dst);
        HighGui.waitKey(0);

        //对图像进行高斯滤波(7*7)并在屏幕上显示
        Imgproc.GaussianBlur(src, dst, new Size(7,7), 10, 10);
        HighGui.imshow("Gaussian 7*7", dst);
        HighGui.waitKey(0);

        //对图像进行高斯滤波(11*11)并在屏幕上显示
        Imgproc.GaussianBlur(src, dst, new Size(11,11), 10, 10);
        HighGui.imshow("Gaussian 11*11", dst);
        HighGui.waitKey(0);
        System.exit(0);

    }
}
```

程序的运行结果如图 6-10 所示。

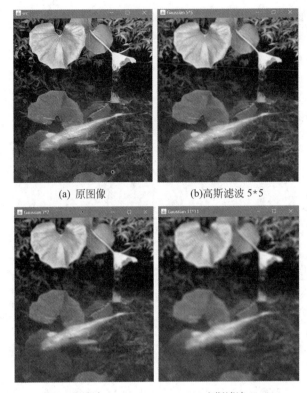

(a) 原图像   (b)高斯滤波 5*5

(c) 高斯滤波 7*7   (d) 高斯滤波 11*11

图 6-10　GaussianBlur.java 程序的运行结果

6.4　非线性滤波

与线性滤波不同，非线性滤波时的像素值不是通过线性运算得来的，而是通过排序或逻辑运算等方式得来的。非线性滤波主要有中值滤波和双边滤波两种。

6.4.1　中值滤波

中值滤波是一种典型的非线性滤波技术，具体方法是用邻域内像素值的中值来取代原有像素值。中值也叫中位数，是指把多个数值按升序或降序进行排序，位于序列中央位置的数字就是中位数。中值滤波的计算过程如图 6-11 所示。

中值：1, 3, 3, 5, ⑪, 15, 25, 27, 90

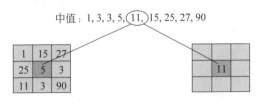

图 6-11　中值滤波计算过程

中值滤波用某像素邻域内的中值代替该像素，利于消除孤立的噪声点从而使周围的像素更接近真实值，因而对于椒盐噪声和斑点噪声非常有效。中值是一个排序后的值，可以认为其结果是由邻域像素中的"大多数"决定的。邻域中出现的个别特别高或特别低的像素值并不会对结果产生太大影响，只是使排序结果向前或向后移动了一位，因此，相对于均值而言，中值对邻域中的像素值更具有代表性。在均值滤波或高斯滤波中，由于噪声成分也被加入计算之中，所以输出或多或少会受到噪声的影响，而在中值滤波器中，噪声在排序中很难被选上，所以对输出几乎没有影响，因此，中值滤波的去噪效果比线性滤波更好一些，但是，中值滤波也有其缺陷。由于需要对邻域内所有像素值进行排序，中值滤波花费的时间可能达到均值滤波的 5 倍以上。

OpenCV 中中值滤波函数的原型如下：

```
void Imgproc.medianBlur(Mat src, Mat dst, int ksize)
```
函数用途：用中值滤波器对图像进行平滑处理。

【参数说明】

(1) src：输入图像，通道数可以是 1、3 或 4。如果滤波器尺寸是 3 或 5，则图像深度应为 CV_8U、CV_16U 或 CV_32F；如尺寸更大，则必须是 CV_8U。

(2) dst：输出图像，和 src 具有相同的尺寸和数据类型。

(3) ksize：滤波器尺寸，必须是大于 1 的奇数，如 3、5、7 等。

下面用一个完整的程序说明中值滤波的方法，代码如下：

```java
//第6章/MedianBlur.java

import org.opencv.core.*;
import org.opencv.highgui.HighGui;
import org.opencv.imgcodecs.Imgcodecs;
import org.opencv.imgproc.Imgproc;

public class MedianBlur {

        public static void main(String[] args) {
                System.loadLibrary(Core.NATIVE_LIBRARY_NAME);

                //读取图像并在屏幕上显示
                Mat src=Imgcodecs.imread("peppersalt.png");
                HighGui.imshow("Peppersalt", src);
                HighGui.waitKey(0);

                //对图像进行中值滤波并在屏幕上显示
                Mat dst=new Mat();
                Imgproc.medianBlur(src, dst, 5);
                HighGui.imshow("MedianBlur", dst);
                HighGui.waitKey(0);
```

```
//对图像进行均值滤波并在屏幕上显示
Imgproc.blur(src, dst, new Size(5,5));
HighGui.imshow("Blur", dst);
HighGui.waitKey(0);
//对图像进行高斯滤波并在屏幕上显示
Imgproc.GaussianBlur(src, dst, new Size(5,5),10,10);
HighGui.imshow("Gaussian Blur", dst);
HighGui.waitKey(0);
System.exit(0);
        }
}
```

程序的运行结果如图 6-12 所示。输入图像是一幅带有椒盐噪声的图像，为了对比各种滤波方法去除椒盐噪声的效果，除了中值滤波外还进行了均值滤波和高斯滤波。各种滤波器对椒盐噪声的效果高低立判，经中值滤波后的图像中椒盐噪声处理得非常干净，而均值滤波和高斯滤波后的图像中椒盐噪声虽然淡了不少，但是仍能看到许多斑点，而且图像也模糊了不少。由此可见，中值滤波在处理椒盐噪声时效果是最好的。

(a) 原图像   (b) 中值滤波后

(c) 均值滤波后   (d) 高斯滤波后

图 6-12   MedianBlur.java 程序的运行结果

6.4.2   双边滤波

双边滤波（Bilateral Filter）也是一种非线性的滤波方法，是一种常用的能够保留边缘信息的滤波方法。双边滤波实际上是空间域（Spatial Domain）和值域(Range Domain）两个滤波器综合作用的结果。在图像的平坦区域，像素值变化很小，空间域权重起主导作用，此时的双边滤波相当于高斯滤波；在图像的边缘区域，像素值变化很大，值域权重变大，边缘信息得以保留。

OpenCV 中双边滤波函数的原型如下：

```
void Imgproc.bilateralFilter(Mat src, Mat dst, int d, double sigmaColor,
double sigmaSpace)
函数用途：用双边滤波器对图像进行处理。
```

【参数说明】
(1) src：输入图像，必须是单通道或三通道，图像深度应为 CV_8U、CV_32F 或 CV_64F。
(2) dst：输出图像，和 src 具有相同的尺寸和数据类型。
(3) d：滤波时每像素邻域的直径。如为非正数，则由 sigmaSpace 计算而来。
(4) sigmaColor：颜色空间的 sigma 参数。此参数越大意味着像素邻域中有越多颜色被混合在一起，半相等色的面积也越大。
(5) sigmaSpace：坐标空间的 sigma 参数。此参数越大意味着只要像素的颜色足够接近，更远的像素会彼此影响。当 d>0 时，邻域尺寸不考虑 sigamaSpace，否则 d 与 sigamaSpace 成正比。

双边滤波器能在消减噪声的同时保持边缘的清晰，但双边滤波器比大多数滤波器要慢很多。在设置双边滤波的参数时应注意以下两点：

（1）为了简单起见可以将两个 sigma 值设为同一个值。当 sigma 值小于 10 时效果并不明显，但当数值较大（>150）时效果会非常显著，图像还会带有卡通风格。

（2）滤波器的直径较大（>5）时速度非常慢，因此实时处理时推荐值为 5，在离线处理含有大量噪声的图像时可设为 9。

下面用一个完整的程序说明双边滤波的方法，代码如下：

```
//第6章/BilateralFilter.java

import org.opencv.core.*;
import org.opencv.highgui.HighGui;
import org.opencv.imgcodecs.Imgcodecs;
import org.opencv.imgproc.Imgproc;

public class BilateralFilter {

        public static void main(String[] args) {
                System.loadLibrary(Core.NATIVE_LIBRARY_NAME);

                //读取图像并在屏幕上显示
                Mat src=Imgcodecs.imread("butterfly.png");
                HighGui.imshow("butterfly", src);
                HighGui.waitKey(0);

                //对图像进行双边滤波并在屏幕上显示
```

```
Mat dst=new Mat();
Imgproc.bilateralFilter(src, dst, 9, 20, 20);
HighGui.imshow("Bilateral", dst);
HighGui.waitKey(0);

//对图像进行均值滤波并在屏幕上显示
Imgproc.blur(src, dst, new Size(5,5));
HighGui.imshow("Blur", dst);
HighGui.waitKey(0);

//对图像进行高斯滤波并在屏幕上显示
Imgproc.GaussianBlur(src, dst, new Size(5,5), 10, 10);
HighGui.imshow("Gaussian", dst);
HighGui.waitKey(0);
System.exit(0);
        }
}
```

程序的运行结果如图 6-13 所示。

(a) 原图像   (b) 双边滤波后

(c) 均值滤波后   (d) 高斯滤波后

图 6-13   BilateralFilter.java 程序的运行结果

6.5 本章小结

本章首先介绍了两种主要的噪声，然后介绍了滤波器这一概念，接着介绍了线性滤波和非线性滤波，线性滤波主要包括均值滤波、方框滤波和高斯滤波，非线性滤波主要包括中值滤波和双边滤波。

本章介绍的主要函数见表 6-1。

表 6-1　第 6 章主要函数清单

编号	函 数 名	函 数 用 途	所在章节
1	Imgproc.filter2D()	将图像与卷积核进行卷积运算	6.2 节
2	Imgproc.blur()	用归一化的方框滤波器对图像进行平滑处理	6.3.1 节
3	Imgproc.boxFilter()	用方框滤波器对图像进行平滑处理	6.3.2 节
4	Imgproc.GaussianBlur()	用高斯滤波器对图像进行平滑处理	6.3.3 节
5	Imgproc.medianBlur()	用中值滤波器对图像进行平滑处理	6.4.1 节
6	Imgproc.bilateralFilter()	用双边滤波器对图像进行处理	6.4.2 节

本章中的示例程序清单见表 6-2。

表 6-2　第 6 章示例程序清单

编号	程 序 名	程 序 说 明	所在章节
1	Peppersalt.java	模拟产生椒盐噪声	6.1 节
2	Filter2D.java	卷积操作	6.2 节
3	Blur.java	均值滤波	6.3.1 节
4	BoxFilter.java	方框滤波	6.3.2 节
5	GaussianBlur.java	高斯滤波	6.3.3 节
6	MedianBlur.java	中值滤波	6.4.1 节
7	BilateralFilter.java	双边滤波	6.4.2 节

第 7 章

图像形态学

图像形态学是指以数学形态学为工具从图像中提取对于表达和描绘区域形状有用的图像分量，如边界、骨架、凸包等。本章将介绍形态学中一些重要的概念及常见的图像形态学操作，如腐蚀、膨胀、开运算、闭运算、顶帽、黑帽、形态学梯度等。

7.1 像素的距离

图像中两像素之间的距离有多种度量方式，其中常用的有欧氏距离、棋盘距离和街区距离。

1. 欧氏距离

欧氏距离（Euclidean Distance）是指连接两个点的直线距离。欧氏距离用数学公式可以表达如下：

$$d = \sqrt{(x_1 - x_2)^2 + (y_1 - y_2)^2} \tag{7-1}$$

2. 棋盘距离

棋盘距离（Chessboard Distance）也叫切比雪夫距离（Chebyshev Distance），棋盘距离可以用国际象棋中王的走法来说明。

国际象棋中的王有 8 种走法：上、下、左、右、左上、左下、右上、右下，如图 7-1 所示。棋盘距离可以简单解释为王从一个位置走到另一个位置最少需要多少步。

下面用一个例子来说明，如图 7-2 所示，王从 b3 走到 g6 最少需要多少步？

稍加计算就可以知道，王可以走：b3→c4→d5→e6→f6→g6，共 5 步，也可以走：b3→c3→d3→e4→f5→g6，同样是 5 步，走法有很多种，但是最短路线都是 5 步。不难发现，王的起始位置和终止位置在棋盘上的距离是：横向 5 格、纵向 3 格，棋盘距离实际上是横向距离与纵向距离之间的较大者，用数学公式可以表达如下：

$$d = \max (|x_1 - x_2| , |y_1 - y_2|) \tag{7-2}$$

如果用文字来描述，则棋盘距离定义为两个向量在任意坐标维度上的最大差值。

3. 街区距离

街区距离（City Block Distance），也称曼哈顿距离（Manhattan Distance）。与棋盘距离不同，在街区距离中只允许横向或纵向移动，不允许斜向移动。

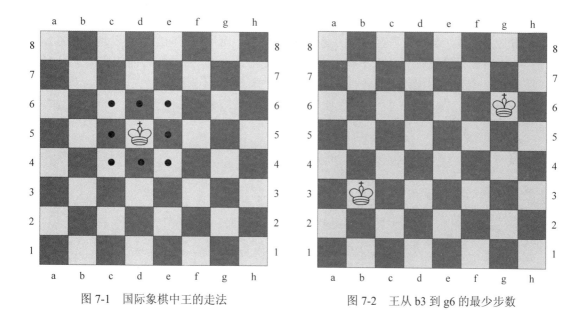

图 7-1 国际象棋中王的走法　　　　　图 7-2 王从 b3 到 g6 的最少步数

　　那么，上例中王的两个位置之间的街区距离又是多少呢？因为不允许斜向移动，所以走法可以是：b3→g3→g6，共计 8 步，或者 b3→b6→g6，也是 8 步，所以只需知道横向和纵向需要移动的距离，然后把两个距离相加就是街区距离，用数学公式可以表达如下：

$$d = |x_1-x_2| + |y_1-y_2| \tag{7-3}$$

OpenCV 中用于计算像素间各种距离的函数原型如下：

```
void Imgproc.distanceTransform(Mat src, Mat dst, int distanceType, int
maskSize)
```
函数用途：计算一张图像中非零像素到最近的零像素的距离，即到零像素的最短距离。

【参数说明】
(1) src：输入图像，必须为 8 位单通道。
(2) dst：含计算距离的输出图像，图像深度为 CV_8U 或 CV_32F 的单通道图像，尺寸与输入图像相同。
(3) distanceType：距离类型，可选参数如下。
◆ Imgproc.DIST_USER：用户自定义距离。
◆ Imgproc.DIST_L1：街区距离，d = |x1-x2| + |y1-y2|。
◆ Imgproc.DIST_L2：欧氏距离。
◆ Imgproc.DIST_C：棋盘距离，d = max(|x1-x2|,|y1-y2|)。
◆ Imgproc.DIST_L12：d = 2(sqrt(1+x*x/2) - 1)。
◆ Imgproc.DIST_FAIR：d = c^2(|x|/c-log(1+|x|/c))，其中 c =1.3998。
◆ Imgproc.DIST_WELSCH：d = c^2/2(1-exp(-(x/c)^2))，其中 c = 2.9846。
◆ Imgproc.DIST_HUBER：d = |x|<c ? x^2/2 : c(|x|-c/2)，其中 c=1.345。
(4) maskSize：距离变化掩码矩阵尺寸，可选参数如下。
◆ Imgproc.DIST_MASK_3（数字值=3）。
◆ Imgproc.DIST_MASK_5（数字值=5）。
◆ Imgproc.DIST_MASK_PRECISE。

　　为了使用加速算法，掩码矩阵必须是对称的。在计算欧氏距离时，掩码矩阵为 3 时只是粗略计算像素距离（水平和垂直方向的变化量为 0.955，对角线方向的变化量为 1.3693），掩码矩阵为 5 时则是精确计算（水平和垂直方向的变化量为 1，对角线方向的变化量为 1.4）。

　　下面用一个完整的程序说明各种像素距离的计算方法，代码如下：

```java
//第 7 章/DistanceTransform.java

import org.opencv.core.*;
import org.opencv.imgproc.Imgproc;

public class DistanceTransform{
        public static void main( String[] args ) {
                System.loadLibrary( Core.NATIVE_LIBRARY_NAME );

                //构建一个 5*5 的小矩阵并导入数据
                Mat src = new Mat(5, 5, CvType.CV_8UC1);
                byte[] Data = new byte[] //矩阵数据
                                {1,1,1,1,1,
                                 1,1,1,1,1,
                                 1,1,0,1,1,
                                 1,1,1,1,1,
                                 1,1,1,1,1 };
                src.put(0, 0, Data);

                //在控制台输出矩阵进行数据确认
                System.out.println("输入矩阵");
                System.out.println(src.dump());
                System.out.println();

                //计算棋盘距离并在控制台输出
                Mat dst = new Mat();
                Imgproc.distanceTransform(src, dst, Imgproc.DIST_C, 3);
                System.out.println("棋盘距离");
                System.out.println(dst.dump());
                System.out.println();

                //计算街区距离并在控制台输出
                Imgproc.distanceTransform(src, dst, Imgproc.DIST_L1, 3);
                System.out.println("街区距离");
                System.out.println(dst.dump());
                System.out.println();

                //计算欧氏距离并在控制台输出
                Imgproc.distanceTransform(src, dst, Imgproc.DIST_L2, 3);
                System.out.println("欧氏距离");
                System.out.println(dst.dump());
```

```
                System.out.println();
        }

}
```

程序运行后控制台的输出如图 7-3 所示。需要注意的是，其中的欧氏距离是粗略计算的。

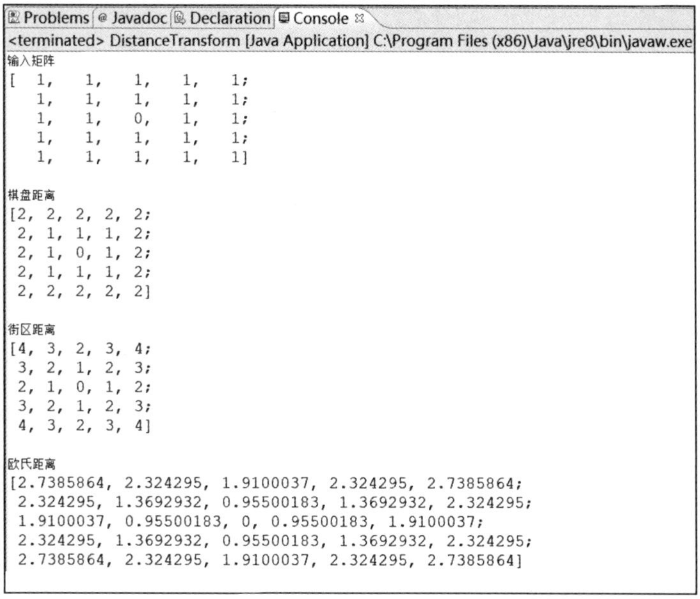

```
Problems  Javadoc  Declaration  Console
<terminated> DistanceTransform [Java Application] C:\Program Files (x86)\Java\jre8\bin\javaw.exe
输入矩阵
[  1,   1,   1,   1,   1;
   1,   1,   1,   1,   1;
   1,   1,   0,   1,   1;
   1,   1,   1,   1,   1;
   1,   1,   1,   1,   1]

棋盘距离
[2, 2, 2, 2, 2;
 2, 1, 1, 1, 2;
 2, 1, 0, 1, 2;
 2, 1, 1, 1, 2;
 2, 2, 2, 2, 2]

街区距离
[4, 3, 2, 3, 4;
 3, 2, 1, 2, 3;
 2, 1, 0, 1, 2;
 3, 2, 1, 2, 3;
 4, 3, 2, 3, 4]

欧氏距离
[2.7385864, 2.324295, 1.9100037, 2.324295, 2.7385864;
 2.324295, 1.3692932, 0.95500183, 1.3692932, 2.324295;
 1.9100037, 0.95500183, 0, 0.95500183, 1.9100037;
 2.324295, 1.3692932, 0.95500183, 1.3692932, 2.324295;
 2.7385864, 2.324295, 1.9100037, 2.324295, 2.7385864]
```

图 7-3　DistanceTransform.java 程序的运行结果

上述程序仅用于说明像素距离计算的方法。利用计算出的距离可以实现很多功能，下面用一个完整的例子说明如何用像素距离实现轮廓的细化，代码如下：

```
//第 7 章/Thinning.java

import org.opencv.core.*;
import org.opencv.highgui.HighGui;
import org.opencv.imgcodecs.Imgcodecs;
import org.opencv.imgproc.Imgproc;

public class Thinning {

        public static void main(String args[]) {
                System.loadLibrary( Core.NATIVE_LIBRARY_NAME);

                //读取图像并转换为灰度图
                Mat image=Imgcodecs.imread("wang.png");
                Mat gray = new Mat();
                Imgproc.cvtColor(image, gray, Imgproc.COLOR_BGR2GRAY);
```

```java
            //将灰度图反相并在屏幕上显示
            Core.bitwise_not(gray, gray);
            HighGui.imshow("gray", gray);
            HighGui.waitKey(0);

            //进行高斯滤波和二值化处理
            Imgproc.GaussianBlur(gray, gray, new Size(5,5), 2);
            Imgproc.threshold(gray, gray, 20, 255, Imgproc.THRESH_
BINARY);

            HighGui.imshow("Binary", gray);
            HighGui.waitKey(0);

            //计算街区距离
            Mat thin= new Mat(gray.size(),CvType.CV_32FC1);
            Imgproc.distanceTransform(gray, thin, Imgproc.DIST_L1, 3);

            //获取最大的街区距离
            float max =0;
            for (int i=0; i<thin.rows(); i++) {
                    for (int j=0; j<thin.cols(); j++) {
                            float[] f= new float[3];
                            thin.get(i,j,f); //获取像素值
                            if (f[0]>max) {
                                    max=f[0];
                            }
                    }
            }

            //定义用于显示结果的矩阵，背景为全黑
            Mat show = Mat.zeros(gray.size(),CvType.CV_8UC1);

            //将距离符合一定条件的像素设定为白色
            for (int i=0; i<thin.rows(); i++) {
                    for (int j=0; j<thin.cols(); j++) {
                            float[] f= new float[3];
                            thin.get(i,j,f);
                            if (f[0]>max/3) {
                                    show.put(i,j,255);
                            }
                    }
            }

            //在屏幕上显示最后结果
            HighGui.imshow("thin", show);
            HighGui.waitKey(0);
            System.exit(0);
        }
    }
```

程序的运行结果如图 7-4 所示。

(a) 灰度图像　　　　(b) 二值图像　　　　(c) 细化后图像

图 7-4　Thinning.java 程序的运行结果

7.2　像素的邻域

像素的邻域是指与某一像素相邻的像素集合。邻域通常分为 4 邻域、8 邻域和 D 邻域，如图 7-5 所示。

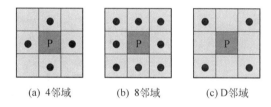

(a) 4 邻域　　　(b) 8 邻域　　　(c) D 邻域

图 7-5　4 邻域、8 邻域和 D 邻域

4 邻域、8 邻域和 D 邻域的定义如下。

（1）4 邻域：以当前像素为中心，其上、下、左、右的 4 像素就是该像素的 4 邻域。

（2）8 邻域：以当前像素为中心，其上、下、左、右、左上、右上、左下、右下的 8 像素就是该像素的 8 邻域。

（3）D 邻域：以当前像素为中心，其左上、右上、左下、右下的 4 个对角上的像素就是该像素的 D 邻域。

由此可见，8 邻域 ＝4 邻域 ＋D 邻域。

有了邻域的概念后，就可以据此来划分图像中的连通域。OpenCV 中有一个函数可用来标记图像中的连通域，其原型如下：

```
int Imgproc.connectedComponents(Mat image, Mat labels, int connectivity, int ltype)
函数用途：标记图像中的连通域。

【参数说明】
(1) image：需要标记的 8 位单通道图像。
(2) labels：标记不同连通域后的输出图像。
```

(3) connectivity：标记连通域时的邻域种类，8 代表 8 邻域，4 代表 4 邻域。

(4) ltype：输出图像的标签类型，目前支持 CV_32S 和 CV_16U 两种。

下面用一个完整的程序说明标记图像连通域的方法，代码如下：

```java
//第 7 章/ConnectedComponents.java

import java.util.Random;
import org.opencv.core.*;
import org.opencv.highgui.HighGui;
import org.opencv.imgcodecs.Imgcodecs;
import org.opencv.imgproc.Imgproc;

public class ConnectedComponents {

        public static void main(String args[]) {
                System.loadLibrary( Core.NATIVE_LIBRARY_NAME);

                //读取图像并在屏幕上显示
                Mat src=Imgcodecs.imread("seed.png");
                HighGui.imshow("src", src);
                HighGui.waitKey(0);

                //将图像转换为灰度图并二值化
                Mat gray = new Mat();
                Imgproc.cvtColor(src, gray, Imgproc.COLOR_BGR2GRAY);
                Core.bitwise_not(gray, gray); //反相操作
                Mat binary = new Mat();
                Imgproc.threshold(gray, binary, 0, 255, Imgproc.THRESH_
BINARY | Imgproc.THRESH_OTSU);

                //在屏幕上显示二值图
                HighGui.imshow("Binary", binary);
                HighGui.waitKey(0);

                //标记连通域
                Mat labels = new Mat(src.size(), CvType.CV_32S);
                int num = Imgproc.connectedComponents(binary, labels, 8,
CvType.CV_32S);

                //定义颜色数组，用于不同的连通域
                Scalar[] colors = new Scalar[num];

                //随机生成颜色
                Random rd = new Random();
                for (int i = 0 ; i < num; i++) {
                                int r = rd.nextInt(256);
                                int g = rd.nextInt(256);
                                int b = rd.nextInt(256);
```

```
                colors[i] = new Scalar(r, g, b);
        }

        //标记各连通域，dst 为用于标记的图像
        Mat dst = new Mat(src.size(), src.type(),new Scalar(255, 255, 255));
        int width = src.cols();
        int height = src.rows();
        for (int i=0; i < height; i++) {
                for (int j= 0; j< width; j++) {
                        //获取标签号
                        int label = (int) labels.get(i, j)[0];

                        //黑色背景色不变
                        if (label == 0) {
                                continue;
                        }

                        //根据标签号设置颜色
                        double[] val = new double [3];
                        val[0] = colors[label].val[0];
                        val[1] = colors[label].val[1];
                        val[2] = colors[label].val[2];
                        dst.put(i, j, val);
                }
        }

        //在屏幕上显示最后结果
        HighGui.imshow("labelled", dst);
        HighGui.waitKey(0);
        System.exit(0);
    }

}
```

程序的运行结果如图 7-6 所示。

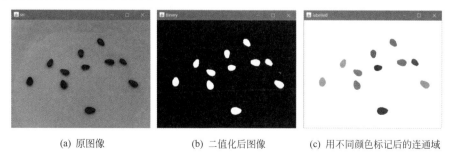

      (a) 原图像   (b) 二值化后图像   (c) 用不同颜色标记后的连通域

图 7-6 ConnectedComponents.java 程序的运行结果

虽然 connectedComponents()函数能够对不同的连通域进行标记，但提供的信息太少，而

connectedComponentsWithStats()函数则能提供有关连通域的多种信息。该函数的原型如下：

```
int Imgproc.connectedComponentsWithStats(Mat image, Mat labels, Mat stats,
Mat centroids)
函数用途：标记图像中的连通域，并输出统计信息。
```

【参数说明】

(1) image：需要标记的 8 位单通道图像。

(2) labels：标记不同连通域后的输出图像。

(3) stats：每个标签的统计信息输出，含背景标签，数据类型为 CV_32S。

(4) centroids：每个连通域的质心坐标，数据类型为 CV_64F。

下面用一个完整的程序说明如何输出连通域的统计信息，代码如下：

```
//第 7 章/ConnectedComponentsWithStats.java

import java.util.Random;
import org.opencv.core.*;
import org.opencv.highgui.HighGui;
import org.opencv.imgcodecs.Imgcodecs;
import org.opencv.imgproc.Imgproc;

public class ConnectedComponentsWithStats {

        public static void main(String args[]) {
                System.loadLibrary( Core.NATIVE_LIBRARY_NAME);

                //读取图像并在屏幕上显示
                Mat src=Imgcodecs.imread("seed.png");
                HighGui.imshow("src", src);
                HighGui.waitKey(0);

                //将图像转换为灰度图并二值化
                Mat gray = new Mat();
                Imgproc.cvtColor(src, gray, Imgproc.COLOR_BGR2GRAY);
                Core.bitwise_not(gray, gray); //反相操作
                Mat binary = new Mat();
                Imgproc.threshold(gray, binary, 0, 255, Imgproc.THRESH_
BINARY | Imgproc.THRESH_OTSU);

                //在屏幕上显示二值图
                HighGui.imshow("Binary", binary);
                HighGui.waitKey(0);

                //标记连通域
                Mat labels = new Mat(src.size(), CvType.CV_32S);
                Mat stats = new Mat();
```

```
                Mat centroids = new Mat();
                int num = Imgproc.connectedComponentsWithStats(binary,
labels, stats, centroids);

                //定义颜色数组，用于不同的连通域
                Scalar[] colors = new Scalar[num];

                //随机生成颜色
                Random rd = new Random();
                for (int i = 0 ; i < num; i++) {
                        int r = rd.nextInt(256);
                        int g = rd.nextInt(256);
                        int b = rd.nextInt(256);
                        colors[i] = new Scalar(r, g, b);
                }

                //创建用于标记及绘图的图像 dst
                Scalar white = new Scalar(255, 255, 255);
                Mat dst = new Mat(src.size(), src.type(), white);

                int width = src.cols();
                int height = src.rows();
                for (int i=0; i < height; i++) {
                        for (int j= 0; j< width; j++) {
                                //获取标签号
                                int label = (int) labels.get(i, j)[0];

                                //将背景以外的连通域设为黑色
                                if (label != 0) {
                                        double[] val = new double[] {0,0,0};
                                        dst.put(i, j, val);
                                }
                        }
                }

                //绘制各连通域的质心和外接矩形
                for (int i = 1; i < num; i++) {
                        //获取连通域中心位置
                        double cx = centroids.get(i, 0)[0];
                        double cy = centroids.get(i, 1)[0];

                        int left = (int) stats.get(i, Imgproc.CC_STAT_
LEFT)[0];

                        int top = (int) stats.get(i, Imgproc.CC_STAT_
TOP)[0];

                        width = (int) stats.get(i, Imgproc.CC_STAT_
WIDTH)[0];
```

```
                              height = (int) stats.get(i, Imgproc.CC_STAT_
HEIGHT)[0];

                        //绘制连通域质心
                        Imgproc.circle(dst, new Point(cx, cy), 2, new
Scalar(0, 0, 255), 2, 8, 0);

                        //绘制连通域外接矩形
                        Imgproc.rectangle(dst, new Point(left, top), new
Point(left + width, top + height), colors[i], 2, 8, 0);
                    }

                    //在屏幕上显示最后结果
                    HighGui.imshow("labelled", dst);
                    HighGui.waitKey(0);
                    System.exit(0);
                }

        }
```

程序的运行结果如图 7-7 所示。这个程序不但标记了各连通域，还绘制了它们的质心和外接矩形。

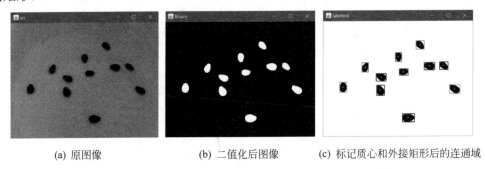

(a) 原图像　　　　　　　(b) 二值化后图像　　　　(c) 标记质心和外接矩形后的连通域

图 7-7　ConnectedComponentsWithStats.java 程序的运行结果

7.3　膨胀与腐蚀

在了解了像素距离和邻域等基本概念之后，就可以学习形态学操作的内容了。

腐蚀和膨胀是形态学中最基本的操作，其他的形态学操作，如开运算、闭运算、顶帽、黑帽等，本质上都是腐蚀和膨胀的组合运算。形态学操作一般需要两个输入参数，一个是用于操作的图像，另一个是类似卷积核的元素，称为结构元素，如图 7-8 所示。结构元素中还有一个用于定位的参考点，称为锚点。

OpenCV 中有一个生成结构元素的函数，其原型如下：

结构元素

输入图像   输出图像

图 7-8　结构元素

Mat Imgproc.getStructuringElement(int shape, Size ksize, Point anchor)
函数用途：根据指定的尺寸和形状生成形态学操作的结构元素。

【参数说明】
(1) shape：结构元素的形状，有下列选项。
◆ Imgproc.MORPH_RECT：矩形结构元素。
◆ Imgproc.MORPH_CROSS：十字形结构元素。
◆ Imgproc.MORPH_ELLIPSE：椭圆结构元素，矩形的内接椭圆。
(2) ksize：结构元素的尺寸。
(3) anchor：结构元素内的锚点，默认值为(-1, -1)，表示锚点位于结构元素中心。只有十字形的结构元素的形状取决于锚点的位置。其他情况下，锚点仅仅用于调节形态学操作结果的平移量。

下面用一个完整的程序说明生成结构元素的方法，代码如下：

```java
//第7章/StructureElement.java

import org.opencv.core.*;
import org.opencv.imgproc.Imgproc;

public class StructureElement {

        public static void main(String[] args) {
                System.loadLibrary( Core.NATIVE_LIBRARY_NAME );

                //矩形结构元素
                Mat k0 = Imgproc.getStructuringElement(0, new Size(3,3));
                System.out.println(k0.dump());
                System.out.println();

                //十字形结构元素
                Mat k1 = Imgproc.getStructuringElement(1, new Size(3,3));
                System.out.println(k1.dump());
                System.out.println();

                //椭圆结构元素
                Mat k2 = Imgproc.getStructuringElement(2, new Size(7,7));
                System.out.println(k2.dump());
```

```
            System.out.println();
        }

    }
```

程序运行后，控制台的输出如图 7-9 所示。

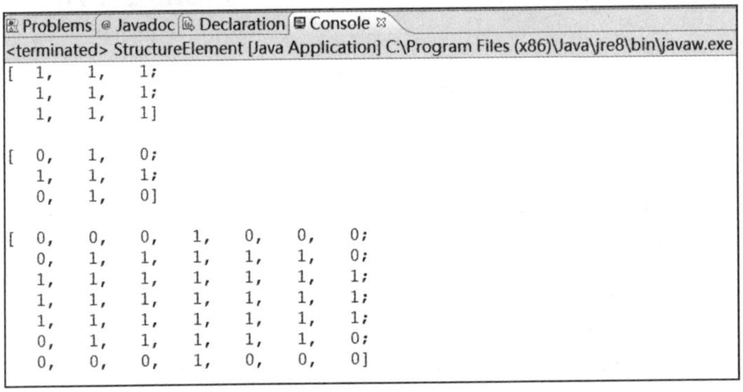

```
Problems  @ Javadoc  Declaration  Console
<terminated> StructureElement [Java Application] C:\Program Files (x86)\Java\jre8\bin\javaw.exe
[  1,   1,   1;
   1,   1,   1;
   1,   1,   1]

[  0,   1,   0;
   1,   1,   1;
   0,   1,   0]

[  0,   0,   0,   1,   0,   0,   0;
   0,   1,   1,   1,   1,   1,   0;
   1,   1,   1,   1,   1,   1,   1;
   1,   1,   1,   1,   1,   1,   1;
   1,   1,   1,   1,   1,   1,   1;
   0,   1,   1,   1,   1,   1,   0;
   0,   0,   0,   1,   0,   0,   0]
```

图 7-9　StructureElement.java 程序的运行结果

把它们用图像显示的结果如图 7-10 所示。

  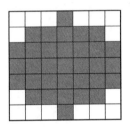

(a) 矩形结构元素　　(b) 十字形结构元素　　(c) 椭圆结构元素

图 7-10　3 种结构元素

7.3.1　腐蚀

腐蚀是求局部最小值的操作。经过腐蚀操作后，图像中的高亮区域会缩小，就像被腐蚀了一样，如图 7-11 所示。

(a) 原图像　　　　　　(b) 腐蚀后

图 7-11　腐蚀效果图

腐蚀运算的原理如图 7-12 所示。原图像中标有 1 的像素为高亮区域，结构元素中心的像素（浅色背景）为锚点。腐蚀操作时用结构元素扫描原图像，用结构元素与覆盖区域的像素进行与运算，如果所有像素的运算结果都是 1，则该像素值为 1，否则为 0。

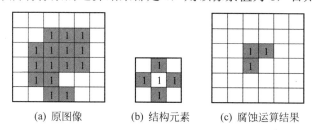

(a) 原图像   (b) 结构元素   (c) 腐蚀运算结果

图 7-12 腐蚀运算原理图

可以发现，原图像中高亮区域有 15 像素，经过腐蚀操作后只有 3 像素了，所以腐蚀的结果相当于给高亮区域"瘦身"，瘦身的效果取决于结构元素，而结构元素可以根据需求自行定义。需要注意的是，腐蚀操作及膨胀操作等形态学操作都是针对高亮区域的。如果原图像是黑白二值图像，则被腐蚀的是白色区域，如果希望黑色区域被腐蚀，则可以在操作前先进行反相操作。

OpenCV 中用于腐蚀操作的函数原型如下：

```
void Imgproc.erode(Mat src, Mat dst, Mat Kernel, Point anchor, int iterations)
函数用途：用特定的结构元素对图像进行腐蚀操作。
```

【参数说明】
(1) src：输入图像，通道数任意，但深度应为 CV_8U、CV_16U、CV_16S、CV_32F 或 CV_64F。
(2) dst：输出图像，和 src 具有相同的尺寸和数据类型。
(3) Kernel：用于腐蚀操作的结构元素，可以用 getStructuringElement() 函数生成。
(4) anchor：结构元素内锚点的位置，默认值为 (-1, -1)，表示锚点位于结构元素中心。
(5) iterations：腐蚀的次数。

此原型可以设置迭代次数，即一次完成多次腐蚀操作。如果只需腐蚀一次，则可将后两个参数省略。

下面用一个完整的程序说明腐蚀操作的方法，代码如下：

```java
//第 7 章/Erode.java

import org.opencv.core.*;
import org.opencv.highgui.HighGui;
import org.opencv.imgcodecs.Imgcodecs;
import org.opencv.imgproc.Imgproc;


public class Erode {

        public static void main(String[] args) {
                System.loadLibrary(Core.NATIVE_LIBRARY_NAME);
```

```
                    //读取图像并在屏幕上显示
                    Mat src=Imgcodecs.imread("wang.png");
                    HighGui.imshow("src", src);
                    HighGui.waitKey(0);
                    Mat dst = new Mat();

                    //将图像反相变成黑底白字并在屏幕上显示
                    Core.bitwise_not(src, src);
                    HighGui.imshow("negative", src);
                    HighGui.waitKey(0);

                    //生成十字形结构元素
                    Mat Kernel = Imgproc.getStructuringElement( 1, new
Size(3,3));

                    Point anchor = new Point(-1,-1);

                    //腐蚀操作1次并在屏幕上显示
                    Imgproc.erode(src, dst, new Mat());
                    HighGui.imshow("erode=1", dst);
                    HighGui.waitKey(0);

                    //腐蚀操作3次并在屏幕上显示
                    Imgproc.erode(src, dst, Kernel, anchor, 3);
                    HighGui.imshow("erode=3", dst);
                    HighGui.waitKey(0);
                    System.exit(0);
            }
    }
```

程序的运行结果如图 7-13 所示。

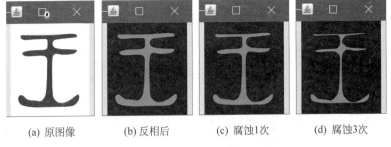

| (a) 原图像 | (b) 反相后 | (c) 腐蚀1次 | (d) 腐蚀3次 |

图 7-13　Erode.java 程序的运行结果

这个程序只能看到腐蚀后的效果，无法对腐蚀的细节进行研究。下面用一个完整的程序说明如何对腐蚀的细节进行观察，代码如下：

```
//第 7 章/Erode2.java
```

```java
import org.opencv.core.*;
import org.opencv.imgproc.Imgproc;

public class Erode2{
    public static void main( String[] args ) {
        System.loadLibrary( Core.NATIVE_LIBRARY_NAME );

        //构建一个 6*6 的小矩阵并导入数据
        Mat src = new Mat(6, 6, CvType.CV_8UC1);
        byte[] Data = new byte[]   //矩阵数据
                            {0,0,0,0,0,0,
                             0,0,1,1,1,0,
                             0,1,1,1,1,0,
                             0,1,1,1,1,0,
                             0,1,1,0,0,0,
                             0,0,1,1,0,0 };
        src.put( 0, 0, Data);

        //在控制台输出矩阵, 以便进行数据确认
        System.out.println(src.dump());
        System.out.println();

        //构建十字形结构元素
        Mat Kernel = Imgproc.getStructuringElement(1, new Size(3,3));
        Mat dst = new Mat(6, 6, CvType.CV_8UC1);

        //进行腐蚀操作并输出腐蚀后的矩阵
        Imgproc.erode(src, dst, Kernel);
        System.out.println(dst.dump());

    }
}
```

程序运行后,控制台的输出如图 7-14 所示。把矩阵数据用图像显示出来的结果如图 7-12 所示。

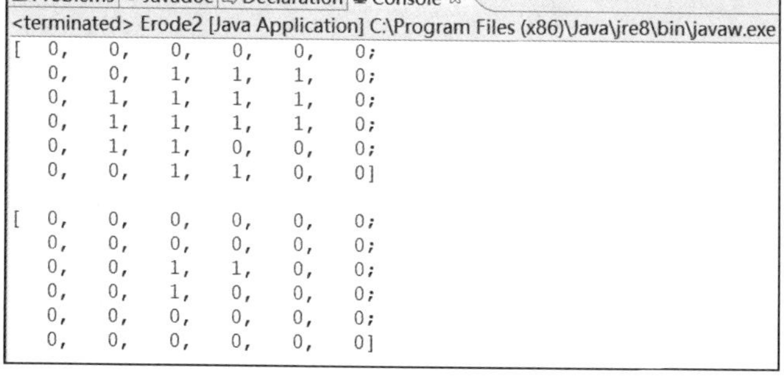

图 7-14 Erode2.java 程序的运行结果

7.3.2　膨胀

与腐蚀相反，膨胀则是求局部最大值的操作。经过膨胀操作后，图像中的高亮区域会扩大，就像受热膨胀一样，如图 7-15 所示。

(a) 原图像　　　　　　　(b) 膨胀后

图 7-15　膨胀效果图

膨胀运算的原理如图 7-16 所示，原图像中标有 1 的像素为高亮区域，结构元素中心的像素（浅色背景）为锚点。进行膨胀操作时用结构元素扫描原图像，用结构元素与覆盖区域的像素进行与运算，如果所有像素的运算结果都是 0，则该像素值为 0，否则为 1。膨胀运算前高亮区域有 15 像素，经过膨胀操作后扩充为 29 像素，所以膨胀的结果让高亮区域"长胖"了。

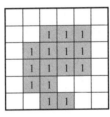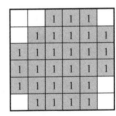

(a) 原图像　　　　　　(b) 结构元素　　　　　(c) 膨胀运算结果

图 7-16　膨胀运算原理图

OpenCV 中用于膨胀操作的函数原型如下：

void Imgproc.dilate(Mat src, Mat dst, Mat Kernel, Point anchor, int iterations)
函数用途：用特定的结构元素对图像进行膨胀操作。

【参数说明】
(1) src：输入图像，通道数任意，但深度应为 CV_8U、CV_16U、CV_16S、CV_32F 或 CV_64F。
(2) dst：输出图像，和 src 具有相同的尺寸和数据类型。
(3) Kernel：用于膨胀操作的结构元素，可以用 getStructuringElement() 函数生成。
(4) anchor：结构元素内锚点的位置，默认值为 (-1, -1)，表示锚点位于结构元素中心。
(5) iterations：膨胀的次数。

下面用一个完整的程序说明膨胀操作的方法，代码如下：

```
//第7章/Dilate.java

import org.opencv.core.*;
import org.opencv.highgui.HighGui;
import org.opencv.imgcodecs.Imgcodecs;
import org.opencv.imgproc.Imgproc;

public class Dilate {

        public static void main(String[] args) {
                System.loadLibrary(Core.NATIVE_LIBRARY_NAME);

                //读取图像并在屏幕上显示
                Mat src=Imgcodecs.imread("wang.png");
                HighGui.imshow("src", src);
                HighGui.waitKey(0);
                Mat dst = new Mat();

                //将图像反相变成黑底白字并在屏幕上显示
                Core.bitwise_not(src, src);
                HighGui.imshow("negative", src);
                HighGui.waitKey(0);

                //生成十字形结构元素
                Mat Kernel = Imgproc.getStructuringElement( 1, new Size(3,3));
                Point anchor = new Point(-1,-1);

                //膨胀操作1次并在屏幕上显示
                Imgproc.erode(src, dst, new Mat());
                HighGui.imshow("dilate=1", dst);
                HighGui.waitKey(0);

                //膨胀操作3次并在屏幕上显示
                Imgproc.erode(src, dst, Kernel, anchor, 3);
                HighGui.imshow("dilate=3", dst);
                HighGui.waitKey(0);
                System.exit(0);
        }

}
```

程序的运行结果如图 7-17 所示。

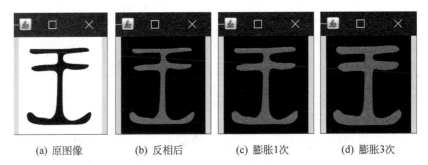

(a) 原图像　　　(b) 反相后　　　(c) 膨胀1次　　　(d) 膨胀3次

图 7-17　Dilate.java 程序的运行结果

7.4　形态学操作

腐蚀和膨胀操作是图像形态学的基础。通过对腐蚀和膨胀操作进行不同的组合可以实现图像的开运算、闭运算、形态学梯度、顶帽运算、黑帽运算和击中击不中等操作。

这些操作在 OpenCV 中都使用 morphologyEx()函数实现,只是其中的参数不同。该函数的原型如下:

```
void Imgproc.morphologyEx(Mat src, Mat dst, int op, Mat Kernel, Point anchor,
int iterations)
函数用途:对图像进行基于腐蚀和膨胀的高级形态学操作。


【参数说明】
(1)src:输入图像,通道数任意,但深度应为 CV_8U、 CV_16U、 CV_16S、CV_32F 或 CV_64F。
(2)dst:输出图像,和 src 具有相同的尺寸和数据类型。
(3)op:形态学操作的类型,具体有以下几种:
◆ Imgproc.MORPH_ERODE:腐蚀操作。
◆ Imgproc.MORPH_DILATE:膨胀操作。
◆ Imgproc.MORPH_OPEN:开运算。
◆ Imgproc.MORPH_CLOSE:闭运算。
◆ Imgproc.MORPH_GRADIENT:形态学梯度。
◆ Imgproc.MORPH_TOPHAT:顶帽运算。
◆ Imgproc.MORPH_BLACKHAT:黑帽运算。
◆ Imgproc.MORPH_HITMISS:击中击不中。只支持 CV_8UC1 类型的二值图像。
(4)Kernel:结构元素,可以用 getStructuringElement 函数生成。
(5)anchor:结构元素内锚点的位置,负数表示锚点位于结构元素中心。
(6)iterations:腐蚀和膨胀的次数。
```

7.4.1　开运算和闭运算

开运算是对图像先腐蚀后膨胀的过程,它可以用来去除噪声、去除细小的形状(如毛刺)或在轻微连接处分离物体等。腐蚀操作同样能去掉毛刺,但是腐蚀操作后高亮区域整个瘦了一圈,形态发生了明显变化,而开运算能在去掉毛刺的同时又保持原来的大小。

与开运算相反的操作是闭运算。闭运算是对图像先膨胀后腐蚀的过程。闭运算可以去除小型空洞，还能将狭窄的缺口连接起来。

下面用一个完整的程序说明开运算和闭运算的方法，代码如下：

```java
//第 7 章/MorphologyEx1.java

import org.opencv.core.*;
import org.opencv.highgui.HighGui;
import org.opencv.imgcodecs.Imgcodecs;
import org.opencv.imgproc.Imgproc;

public class MorphologyEx1 {

        public static void main(String[] args) {
                System.loadLibrary(Core.NATIVE_LIBRARY_NAME);

                //读取图像并在屏幕上显示
                Mat src=Imgcodecs.imread("butterfly2.png");
                HighGui.imshow("src", src);
                HighGui.waitKey(0);
                Mat dst = new Mat();

                //闭运算 1 次并在屏幕上显示
                Point anchor = new Point(-1,-1);
                Imgproc.morphologyEx(src, dst, Imgproc.MORPH_CLOSE, new
Mat(), anchor, 1);

                HighGui.imshow("Close-1", dst);
                HighGui.waitKey(0);

                //闭运算 3 次并在屏幕上显示
                Imgproc.morphologyEx(src, dst, Imgproc.MORPH_CLOSE, new
Mat(), anchor, 3);

                HighGui.imshow("Close-3", dst);
                HighGui.waitKey(0);

                //在 3 次闭运算的基础上进行开运算并在屏幕上显示
                Imgproc.morphologyEx(dst, dst, Imgproc.MORPH_OPEN, new
Mat(), anchor, 1);

                HighGui.imshow("Open", dst);
                HighGui.waitKey(0);
                System.exit(0);
        }

}
```

程序的运行结果如图 7-18 所示。输入图像是一只蝴蝶的轮廓图，经过 1 次闭运算后部分空洞消失，3 次闭运算后大量空洞消失，在此基础上进行 1 次开运算使很多轮廓线消失。

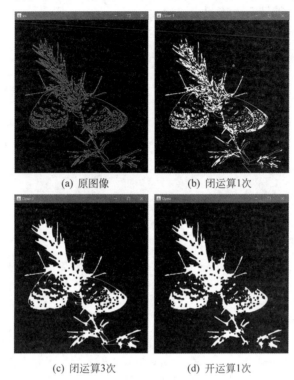

(a) 原图像　　　　　　　(b) 闭运算1次

(c) 闭运算3次　　　　　　(d) 开运算1次

图 7-18　MorphologyEx1.java 程序的运行结果

7.4.2　顶帽和黑帽

顶帽运算也称为礼帽运算，是计算原图像与开运算结果之差的操作。由于开运算后放大了裂缝或者局部低亮度的区域，从原图中减去开运算后的图像后就突出了比原图像轮廓周边区域更明亮的区域。

黑帽运算则是计算闭运算结果与原图像之差的操作。黑帽运算后突出了比原图像轮廓周边区域更暗的区域。

下面用一个完整的程序说明顶帽和黑帽运算的方法，代码如下：

```
//第 7 章/MorphologyEx2.java

import org.opencv.core.*;
import org.opencv.highgui.HighGui;
import org.opencv.imgcodecs.Imgcodecs;
import org.opencv.imgproc.Imgproc;

public class MorphologyEx2 {
```

```java
        public static void main(String[] args) {
                System.loadLibrary(Core.NATIVE_LIBRARY_NAME);

                //读取图像并在屏幕上显示
                Mat src = Imgcodecs.imread("shaomai.png",
Imgcodecs.IMREAD_GRAYSCALE);
                HighGui.imshow("src", src);
                HighGui.waitKey(0);
                Mat dst = new Mat();

                //转换为二值图并在屏幕上显示
                 Imgproc.threshold(src, src, 120, 255, Imgproc.THRESH_
BINARY);

                HighGui.imshow("Binary", src);
                HighGui.waitKey(0);

                //顶帽运算 3 次并在屏幕上显示
                Point anchor = new Point(-1,-1);
                Imgproc.morphologyEx(src, dst, Imgproc.MORPH_TOPHAT, new
Mat(), anchor, 3);

                HighGui.imshow("Tophat", dst);
                HighGui.waitKey(0);

                //黑帽运算 3 次并在屏幕上显示
                Imgproc.morphologyEx(src, dst, Imgproc.MORPH_BLACKHAT, new
Mat(), anchor, 3);

                HighGui.imshow("Blackhat", dst);
                HighGui.waitKey(0);
                System.exit(0);
        }

    }
```

程序的运行结果如图 7-19 所示。

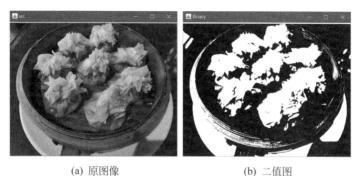

(a) 原图像   (b) 二值图

图 7-19　MorphologyEx2.java 程序的运行结果

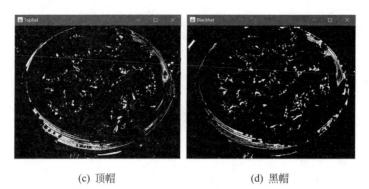

(c) 顶帽   (d) 黑帽

图 7-19 （续）

7.4.3 形态学梯度

形态学梯度是计算膨胀结果与腐蚀结果之差的操作，其结果看上去就像图像的轮廓。下面用一个完整的程序说明形态学梯度操作的方法，代码如下：

```java
//第 7 章/MorphologyEx3.java

import org.opencv.core.*;
import org.opencv.highgui.HighGui;
import org.opencv.imgcodecs.Imgcodecs;
import org.opencv.imgproc.Imgproc;

public class MorphologyEx3 {

        public static void main(String[] args) {
                System.loadLibrary(Core.NATIVE_LIBRARY_NAME);

                //读取图像 1 并在屏幕上显示
                Mat src = Imgcodecs.imread("shaomai.png",
Imgcodecs.IMREAD_GRAYSCALE);
                HighGui.imshow("src1", src);
                HighGui.waitKey(0);

                //形态学梯度并在屏幕上显示
                Point anchor = new Point(-1,-1);
                Mat dst = new Mat();
                Imgproc.morphologyEx(src, dst, Imgproc.MORPH_GRADIENT, new
Mat(), anchor, 1);

                HighGui.imshow("Gradient1", dst);
                HighGui.waitKey(0);

                //读取图像 2 并在屏幕上显示
                src = Imgcodecs.imread("wang.png", Imgcodecs.IMREAD_
GRAYSCALE);
```

```
                  HighGui.imshow("src2", src);
                  HighGui.waitKey(0);

                  //形态学梯度并在屏幕上显示
                  Imgproc.morphologyEx(src, dst, Imgproc.MORPH_GRADIENT, new
Mat(), anchor, 1);
                  HighGui.imshow("Gradient2", dst);
                  HighGui.waitKey(0);
                  System.exit(0);
            }

    }
```

程序的运行结果如图 7-20 和图 7-21 所示。图像 1 是一张照片，输出是图像的轮廓，图像 2 是一个向量文字，输出的轮廓更为清晰。

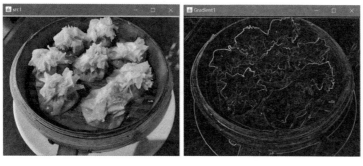

(a) 原图像　　　　　　　　　　　(b) 形态学梯度操作后

图 7-20　MorphologyEx3.java 程序的运行结果（图像 1）

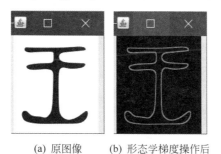

(a) 原图像　　　(b) 形态学梯度操作后

图 7-21　MorphologyEx3.java 程序的运行结果（图像 2）

7.4.4　击中击不中

击中击不中运算常用于二值图像，它的要求比腐蚀操作还要严格。只有当结构元素与其覆盖的区域完全相同时，该像素值才为 1，否则为 0，如图 7-22 所示。

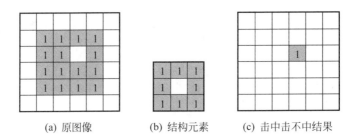

(a) 原图像   (b) 结构元素   (c) 击中击不中结果

图 7-22　击中击不中原理图

下面用一个完整的程序说明击中击不中操作的方法，代码如下：

```java
//第 7 章/HitMiss.java

import org.opencv.core.*;
import org.opencv.highgui.HighGui;
import org.opencv.imgproc.Imgproc;

public class HitMiss{
        public static void main( String[] args ) {
                System.loadLibrary( Core.NATIVE_LIBRARY_NAME );

                //构建一个 6*6 的小矩阵并手工导入数据
                Mat src = new Mat(6, 6, CvType.CV_8UC1);
                byte[] Data = new byte[]    //矩阵数据
                                            {0,0,0,0,0,0,
                                             0,0,1,1,1,0,
                                             0,1,1,1,1,0,
                                             0,1,1,1,1,0,
                                             0,1,1,0,0,0,
                                             0,0,1,1,0,0 };
                src.put( 0, 0, Data);

                //在控制台输出矩阵，以便进行数据确认
                System.out.println(src.dump());
                System.out.println();

                //构建矩形结构元素并在控制台输出
                Mat Kernel = Imgproc.getStructuringElement(0, new Size(3,3));
                System.out.println(Kernel.dump());
                System.out.println();

                //击中击不中测试并在控制台输出
                Point anchor = new Point(-1,-1);
                Mat dst = new Mat(6, 6, CvType.CV_8UC1);
                Imgproc.morphologyEx(src, dst, Imgproc.MORPH_HITMISS,
Kernel, anchor, 1);
```

```
                    System.out.println(dst.dump());

                }
}
```

程序运行后，控制台的输出如图 7-23 所示。

```
 Problems  @ Javadoc  Declaration  Console ⊠
<terminated> HitMiss [Java Application] C:\Program Files (x86)\Java\jre8\bin\javaw.exe
[  0,   0,   0,   0,   0,   0;
   0,   0,   1,   1,   1,   0;
   0,   1,   1,   1,   1,   0;
   0,   1,   1,   1,   1,   0;
   0,   1,   1,   0,   0,   0;
   0,   0,   1,   1,   0,   0]

[  1,   1,   1;
   1,   1,   1;
   1,   1,   1]

[  0,   0,   0,   0,   0,   0;
   0,   0,   0,   0,   0,   0;
   0,   0,   0,   1,   0,   0;
   0,   0,   0,   0,   0,   0;
   0,   0,   0,   0,   0,   0;
   0,   0,   0,   0,   0,   0]
```

图 7-23　HitMiss.java 程序的运行结果

7.5　本章小结

本章首先介绍了像素距离及邻域的概念，然后介绍了形态学操作中最基础的腐蚀和膨胀操作，接着在腐蚀和膨胀操作的基础上介绍了开运算、闭运算、形态学梯度、顶帽运算、黑帽运算和击中击不中等形态学操作。

本章介绍的主要函数见表 7-1。

表 7-1　第 7 章主要函数清单

编号	函　数　名	函　数　用　途	所在章节
1	Imgproc.distanceTransform()	计算像素之间的距离	7.1 节
2	Imgproc.connectedComponents()	标记图像中的连通域	7.2 节
3	Imgproc.connectedComponentsWithStats()	标记图像中的连通域，并输出统计信息	7.2 节
4	Imgproc.getStructuringElement()	生成形态学操作的结构元素	7.3 节
5	Imgproc.erode()	用特定的结构元素对图像进行腐蚀操作	7.3.1 节
6	Imgproc.dilate()	用特定的结构元素对图像进行膨胀操作	7.3.2 节
7	Imgproc.morphologyEx()	对图像进行基于腐蚀和膨胀的高级形态学操作	7.4 节

本章中的示例程序清单见表 7-2。

表 7-2　第 7 章示例程序清单

编号	程 序 名	程 序 说 明	所在章节
1	DistanceTransform.java	各种像素距离的计算方法	7.1 节
2	Thinning.java	用像素距离实现轮廓的细化	7.1 节
3	ConnectedComponents.java	标记图像中的连通域	7.2 节
4	ConnectedComponentsWithStats.java	标记图像中的连通域，并输出统计信息	7.2 节
5	StructureElement.java	生成形态学操作的结构元素	7.3 节
6	Erode.java	腐蚀操作	7.3.1 节
7	Erode2.java	观察腐蚀操作的细节	7.3.1 节
8	Dilate.java	膨胀操作	7.3.2 节
9	MorphologyEx1.java	开运算和闭运算操作	7.4.1 节
10	MorphologyEx2.java	顶帽和黑帽运算	7.4.2 节
11	MorphologyEx3.java	形态学梯度操作	7.4.3 节
12	HitMiss.java	击中击不中操作	7.4.4 节

第 8 章

直方图与匹配

　　直方图是一种较为简单的统计图，但是通过直方图能够迅速了解图像的对比度及亮度的分布情况。直方图计算代价小，并且具有平移旋转缩放不变性，因而广泛运用于图像处理的各个领域。本章将介绍直方图的概念、直方图的绘制、直方图比较、直方图均衡化及直方图的反向投影等内容。直方图的反向投影能够用来寻找与给定图像最匹配的区域，但是由于直方图的局限性，反向投影找到的匹配结果只能作为参考。如果需要精确匹配，则需要用到模板匹配，本章最后一节将介绍模板匹配的相关内容。

8.1　直方图简介

　　图像直方图（Histogram）是一种频率分布图，它描述了不同强度值在图像中出现的频率。图像直方图可以统计任何图像特征，如灰度、饱和度、梯度等。如图 8-1 所示是一张图像及其直方图。

　　彩色图像的亮度直方图就是其灰度图的直方图。亮度直方图考虑了所有颜色通道，但有时也需要对单种颜色通道进行观察分析。计算单种颜色通道直方图时，每种颜色通道都作为一个独立的灰度图像，分别计算其直方图。各种颜色通道的直方图有时是近似的，有时则相差甚远，特别是当图像偏于某一色系时。

图 8-1　图像及其直方图

　　在讨论直方图时经常涉及以下 3 个概念。

　　（1）Dims（维数）：需要统计的特征的维数。一般情况下，图像直方图统计的特征只有一种，即灰度，此时的维数等于 1。

　　（2）Bins（组距）：每个特征空间子区段的数目。

　　（3）Range（范围）：需要统计的特征的取值范围。通常情况下，图像直方图的灰度范围为[0，255]。

下面用一个具体的例子说明直方图的画法。假设有一幅 8×8 的图像，其灰度数据如图 8-2（a）所示。为了简化起见，将灰度区段数（Bins）设为 16，编号为 b0~b15，具体如下：

```
[0, 255] = [0, 15] ∪ [16, 31] ∪…∪ [240, 255];
其中 b0=[0, 15], b1=[16, 31], …, b15=[240, 255]。
注：灰度值的取值范围为[0, 255]
```

绘制直方图的步骤如下：

（1）将灰度值转换为 Bin 的编号，方法是将灰度值除以 16，然后舍弃小数部分（整数除法），如 38 除以 16 等于 2，130 除以 16 等于 8 等，转换后的数据如图 8-2（b）所示。

38	130	167	191	215	180	33	18
154	165	39	10	66	2	185	24
243	252	62	213	94	54	68	3
139	2	204	111	1	189	204	83
119	188	60	241	154	196	244	169
44	30	228	101	35	195	178	196
163	100	17	204	28	185	166	196
226	4	220	55	87	28	166	146

(a) 灰度值数据

2	8	10	11	13	11	2	1
9	10	2	0	4	0	11	1
15	15	3	13	5	3	4	0
8	0	12	6	0	11	12	5
7	11	3	15	9	12	15	10
2	1	14	6	2	12	11	12
10	6	1	12	1	11	10	12
14	0	13	3	5	1	10	9

(b) 转换为Bin的编号后

图 8-2　8×8 图像数据

（2）统计 16 个灰度范围（Bin 的编号）的个数，结果见表 8-1。

表 8-1　各个 Bin 的个数统计结果

Bin	0	1	2	3	4	5	6	7	8	9	10	11	12	13	14	15	合计
个数	6	6	5	4	2	3	3	1	2	3	6	7	7	3	2	4	64

（3）根据表 8-1 画出直方图，如图 8-3 所示，其中 x 轴的每个值代表一个灰度范围，如 0 代表[0，15]，1 代表[16，31]等。

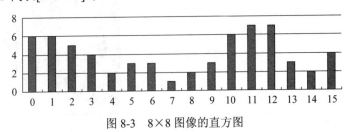

图 8-3　8×8 图像的直方图

由于直方图只统计数量而不考虑像素在图像中的位置，因而具有平移、旋转和缩放不变性。也正是因为这个原因，两幅截然不同的图像的直方图可能是一样的，如图 8-4 所示，三幅图形虽然形态各异，但是它们有一个共同点：黑白像素各占一半，因而它们的直方图是一样的。

图 8-4　直方图相同的三幅图像

通过对直方图的分析，可以发现有关亮度（曝光）和对比度的问题，并可以了解一张图像是否有效利用了整个强度范围。直方图的均值和中值可用来描述图像的亮度，其中中值比均值更具稳健性；直方图的标准差（或方差）则可用来描述图像的对比度。

如图 8-5 所示，在这幅海边的照片中大海和天空大面积都是亮色。由于直方图中数字越大亮度也越大，因此直方图中的柱形明显集中于中间和右侧，左侧靠近 0（黑色）的位置则非常稀疏，这说明这张图像整体偏亮。

图 8-5　海边的照片及其直方图

曝光不足或曝光过度的照片很容易在直方图中发现端倪。直方图的峰值都集中在左侧的图像往往曝光不足，如图 8-6（a）所示，而峰值集中在右侧的图像则往往曝光过度，如图 8-6（b）所示。

对比度的高低在直方图上也是一目了然的。如果图像的大部分像素集中在直方图的某个范围，则说明其对比度较低，如图 8-7（a）所示；如果像素扩展至直方图整个范围，则对比度较高，如图 8-7（b）所示。

(a) 曝光不足照片的直方图　　　　　(b) 曝光过度照片的直方图

图 8-6　曝光不足及曝光过度照片的直方图

(a) 对比度低照片的直方图　　　　　(b) 对比度高照片的直方图

图 8-7　对比度不同的照片的直方图

8.2　直方图统计

下面介绍如何在 OpenCV 中绘制直方图。在 OpenCV 中绘制直方图需要先进行直方图统计，然后用绘图函数把直方图绘制出来。

OpenCV 中用于直方图统计的函数原型如下：

```
void Imgproc.calcHist(List<Mat> images, MatOfInt channels, Mat mask, Mat hist,
MatOfInt histSize, MatOfFloat ranges)
```
函数用途：图像直方图的数据统计。

【参数说明】
(1) images：输入图像。
(2) channels：需要统计直方图的第几通道；如输入图像是灰度图，则它的值是 0；如是彩色图像，则用 [0][1][2] 代表 B、G、R 三个通道。
(3) mask：掩膜，如是整幅图像的直方图，则无须定义。
(4) hist：直方图计算结果。
(5) histSize：直方图被分成多少个区间，即 bin 的个数。
(6) ranges：像素值范围，通常为 0~256。

上述函数只负责统计数据，如果想要看到直方图，则还需要用绘图函数把直方图画出来，但是这里有一个小问题。直方图统计出来的是灰度值范围的个数，有的值可能很大，有的则可能很小，要在一张图像中把它们画出来需要先统计出这些值的最大值，然后根据比例画出来。这样做相当烦琐，而用 OpenCV 中的 normalize() 函数进行归一化就可以解决这个问题。

OpenCV 中用于归一化的函数原型如下：

```
void Core.normalize(Mat src, Mat dst, double alpha, double beta, int norm_type)
```
函数用途：对矩阵进行归一化。

【参数说明】
(1) src：输入矩阵。
(2) dst：输出矩阵，与 src 具有同样的尺寸。
(3) alpha：归一化后的下限值。
(4) beta：归一化后的上限值。
(5) norm_type：归一化类型，常用参数如下。
◆ Core.NORM_INF：无穷范数，向量最大值。
◆ Core.NORM_L1：L1 范数，绝对值之和。
◆ Core.NORM_L2：L2 范数，平方和之根。
◆ Core.NORM_L2SQR：L2 范数，平方和。
◆ Core.NORM_MINMAX：偏移归一化。

下面用一个完整的程序说明直方图统计和绘制的过程，代码如下：

```
//第8章/CalcHist.java

import java.util.*;
```

```java
import org.opencv.core.*;
import org.opencv.highgui.HighGui;
import org.opencv.imgcodecs.Imgcodecs;
import org.opencv.imgproc.Imgproc;

public class CalcHist {

        public static void main(String[] args) {
                System.loadLibrary(Core.NATIVE_LIBRARY_NAME );

                //读取图像灰度图并在屏幕上显示
                Mat src = Imgcodecs.imread("key.jpg", Imgcodecs.IMREAD_
GRAYSCALE);

                HighGui.imshow( "src", src );
                HighGui.waitKey(0);

                //参数准备
                List<Mat> mat = new ArrayList<Mat>();
                mat.add(src);
                float[] range = {0, 256};    //直方图统计值范围
                Mat Hist = new Mat();
                MatOfFloat histRange = new MatOfFloat(range);

                //直方图数据统计并归一化
                Imgproc.calcHist(mat, new MatOfInt(0), new Mat(), Hist,
new MatOfInt(256), histRange);
                int Width = 512, Height = 400;  //直方图图像尺寸
                Core.normalize(Hist, Hist, 0, Height, Core.NORM_MINMAX);

                //将直方图数据转存到数组中以便后续使用
                float[] HistData = new float[(int) (Hist.total() *
Hist.channels())];
                Hist.get(0, 0, HistData);

                //绘制直方图
                Scalar black = new Scalar(0,0,0);
                Scalar white = new Scalar(255,255,255);
                Mat histImage = new Mat(Height, Width, CvType.CV_8UC3,
black);

                int binWid = (int) Math.round( (double)Width / 256);
                //bin 的宽度
                for( int i = 0; i < 256; i++ ) {
                        Imgproc.line( histImage, new Point( i*binWid,
Height),
                        new Point( i*binWid, Height -
Math.round(HistData[i])), white, binWid);
                }
```

```
                    //在屏幕上显示绘制的直方图
                    HighGui.imshow("calcHist", histImage);
                    HighGui.waitKey(0);
                    System.exit(0);
            }

    }
```

程序的运行结果如图 8-8 所示。用于绘制直方图的图像是 4.2.4 节中用于加密的图像，其直方图呈现完美的钟形曲线。

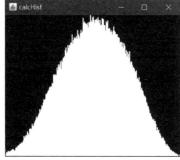

(a) 输入图像　　　　　　(b) 输入图像的直方图

图 8-8　CalcHist.java 程序的运行结果

8.3　直方图比较

由于直方图反映了图像的灰度值的分布特性，因而通过直方图的比较可以在一定程度上了解两幅图像的相似程度。当然，由于两幅截然不同的图像的直方图可能是完全一样的，这种比较只能作为参考。

OpenCV 中用于直方图比较的函数原型如下：

```
double Imgproc.compareHist(Mat H1, Mat H2, int method)
```
函数用途：比较两幅直方图。此函数适用于一维、二维、三维密集直方图，但可能不适用于高维稀疏直方图。

【参数说明】
(1) H1：第一幅直方图。
(2) H2：第二幅直方图，尺寸与 H1 相同。
(3) method：比较方法，可选参数见表 8-2。

表8-2　method 可选参数表

比较方法	名称	完全一致时值	计算公式
Imgproc.HISTCMP_CORREL	相关性比较	1	$d(H_1,H_2)=\dfrac{\sum_I\left(H_1(I)-\bar{H}_1\right)\left(H_2(I)-\bar{H}_2\right)}{\sqrt{\sum_I\left(H_1(I)-\bar{H}_1\right)^2\sum_I\left(H_2(I)-\bar{H}_2\right)^2}}$ 其中： $\bar{H}_k=\dfrac{1}{N}\sum_J H_K(J)$ N 是直方图的 bins
Imgproc.HISTCMP_CHISQR	卡方比较	0	$d(H_1,H_2)=\sum_I\dfrac{(H_1(I)-H_2(I))^2}{H_1(I)}$
Imgproc.HISTCMP_INTERSECT	十字交叉	数字越大越相似	$d(H_1,H_2)=\sum_I\min\left(H_1(I),H_2(I)\right)$
Imgproc.HISTCMP_BHATTACHARYYA	巴氏距离	0	$d(H_1,H_2)=\sqrt{1-\dfrac{1}{\sqrt{\bar{H}_1\bar{H}_2N^2}}\sum_I\sqrt{H_1(I)\cdot H_2(I)}}$
Imgproc.HISTCMP_HELLINGER	同巴氏距离	0	同 Imgproc.HISTCMP_BHATTACHARYYA
Imgproc.HISTCMP_CHISQR_ALT	替代卡方比较，常用于纹理比较	0	$d(H_1,H_2)=2\sum_I\dfrac{(H_1(I)-H_2(I))^2}{H_1(I)+H_2(I)}$
Imgproc.HISTCMP_KL_DIV	相对熵法	0	$d(H_1,H_2)=\sum_I H_1(I)\log\left(\dfrac{H_1(I)}{H_2(I)}\right)$

下面用一个完整的程序说明直方图比较的方法，代码如下：

```
//第 8 章/CompareHist.java

import java.util.*;
import org.opencv.core.*;
import org.opencv.highgui.HighGui;
import org.opencv.imgcodecs.Imgcodecs;
import org.opencv.imgproc.Imgproc;

public class CompareHist {

        public static void main(String[] args) {

                System.loadLibrary(Core.NATIVE_LIBRARY_NAME );

                //读取图像并在屏幕上显示
```

```
                     Mat src = Imgcodecs.imread("pond.png", Imgcodecs.IMREAD_
GRAYSCALE);

                     HighGui.imshow("src", src);
                     HighGui.waitKey(0);

                     //对图像进行中值滤波并在屏幕上显示
                     Mat src2=new Mat();
                     Imgproc.medianBlur(src, src2, 5);
                     HighGui.imshow("Median Blur", src2);
                     HighGui.waitKey(0);

                     //直方图的参数设置
                     float[] range = {0, 256};
                     MatOfFloat histRange = new MatOfFloat(range);

                     //图像 1 的直方图数据统计并归一化
                     Mat Hist = new Mat();
                     List<Mat> matList = new LinkedList<Mat>();
                     matList.add(src);
                     Imgproc.calcHist(matList, new MatOfInt(0), new Mat(),
Hist, new MatOfInt(256), histRange);
                     Core.normalize(Hist, Hist, 0, 400, Core.NORM_MINMAX);

                     //图像 2 的直方图数据统计并归一化
                     Mat Hist2 = new Mat();
                     List<Mat> matList2 = new LinkedList<Mat>();
                     matList2.add(src2);
                     Imgproc.calcHist(matList2, new MatOfInt(0), new Mat(),
Hist2, new MatOfInt(256), histRange);
                     Core.normalize(Hist2, Hist2, 0, 400, Core.NORM_MINMAX);

                     double s = Imgproc.compareHist(Hist,Hist2, Imgproc.HISTCMP_
CORREL);

                     System.out.println("相似度=" + s);
                     System.exit(0);
             }

    }
```

　　程序中用于比较的两幅图像中一幅是未处理的原图像；另一幅是经过中值滤波后的图像，如图 8-9 所示。经比较两者相似度约为 0.9987，如图 8-10 所示。由于比较方法用的是相关性比较，完全一致时的相似度为 1，此结果显示两者相似度非常高。

　　当然，如前所述，直方图只统计数量而不考虑像素在图像中的位置，因而两幅截然不同的图像的直方图可能是一样的。直方图的比较结果完全匹配也并不能说明两幅图像是一样的，但如果两幅图像完全一样，则它们的直方图必然是完全匹配的。

(a) 用于比较的图像1　　　　　　(b) 用于比较的图像2

图 8-9　CompareHist.java 程序中用于比较的两幅图像

```
Problems  @ Javadoc  Declaration  Console ☒
<terminated> CompareHist [Java Application] C:\Program Files (x86)\Java\jre8\bin\javaw.exe
相似度=0.9987133134938458
```

图 8-10　CompareHist.java 程序的运行结果

8.4　直方图均衡化

在曝光不足或曝光过度时，直方图往往集中在一个区域，而解决问题的方法就是直方图均衡化（Histogram Equalization）。所谓直方图均衡化，就是尽可能地让一张图像的像素占据全部可能的灰度级并且分布均匀，从而具有较高的对比度。直方图均衡化的原理图如图 8-11 所示。

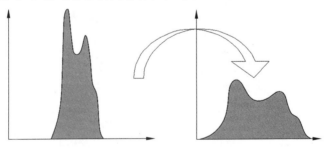

图 8-11　直方图均衡化原理图

OpenCV 中用于直方图均衡化的函数原型如下：

```
void Imgproc.equalizeHist(Mat src, Mat dst);
函数用途：对图像进行直方图均衡化。
```

【参数说明】
(1) src：输入图像，必须是 8 位单通道图像。
(2) dst：输出图像，和 src 具有相同的尺寸和数据类型。

下面用一个完整的程序来说明直方图均衡化的过程，代码如下：

```java
//第8章/EqualizeHist.java

import org.opencv.core.*;
import org.opencv.highgui.HighGui;
import org.opencv.imgcodecs.Imgcodecs;
import org.opencv.imgproc.Imgproc;

public class EqualizeHist {

        public static void main(String[] args) {
                System.loadLibrary(Core.NATIVE_LIBRARY_NAME );

                //读取图像灰度图，并在屏幕上显示
                Mat src = Imgcodecs.imread("grotto.jpg", Imgcodecs.IMREAD_GRAYSCALE);

                HighGui.imshow( "src", src );
                HighGui.waitKey(0);

                //直方图均衡化并在屏幕上显示结果
                Mat dst = new Mat();
                Imgproc.equalizeHist( src, dst );
                HighGui.imshow( "dst", dst );
                HighGui.waitKey(0);
                System.exit(0);

        }
}
```

程序的运行结果如图 8-12 所示。原图像曝光过度，经直方图均衡化后曝光总体上正常了，但画质有一定程度的降低。

(a) 原图像

(b) 直方图均衡化后

图 8-12 EqualizeHist.java 程序的运行结果

8.5　自适应的直方图均衡化

直方图均衡化对于背景和前景都太亮或太暗的图像很有效，但是在很多情况下其效果并不理想。直方图均衡化（以下简称 HE 算法）主要存在以下两个问题：

（1）某些区域由于对比度增强过大而成为噪点。

（2）某些区域调整后变得更暗或更亮，从而丢失细节。

针对上述两个问题，先后有人提出了对比度限制直方图均衡算法（简称 CLHE 算法）和自适应直方图均衡算法（简称 AHE 算法）。

CLHE 算法在 HE 算法的基础上加入了对比度限制。算法中设置了一个直方图分布的阈值，将超过该阈值的部分"均匀"地分散至其他 Bins 中，其原理如图 8-13 所示。

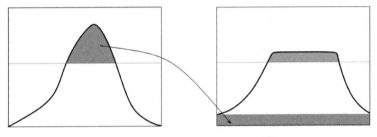

图 8-13　CLHE 算法原理图

AHE 算法则将图像分成很多小块，对每个小块进行直方图均衡化，然后将这些小块拼接起来，但是这样又产生了新的问题，由于对每个小块进行均衡化时的参数不同，小块之间会产生一些"边界"。

限制对比度自适应直方图均衡化（Contrast Limited Adaptive Histogram Equalization，CLAHE）算法综合了这两个算法的优点，并通过双线性差值的方法对小块进行缝合以消除"边界"问题。严格地说，自适应的直方图均衡化算法是指 AHE 算法，而不是 CLAHE 算法。不过，为了简化起见，目前在提起"自适应的直方图均衡化算法"时所指的基本是 CLAHE 算法。

为了实现这个算法，OpenCV 中专门设置了 CLAHE 类。CLAHE 算法的实现一般需要如下两步。

（1）创建一个 CLAHE 类，代码如下：

```
CLAHE clahe = Imgproc.createCLAHE();
```

（2）调用 CLAHE.apply()函数进行自适应的直方图均衡化，代码如下：

```
clahe.apply(src, dst);
```

下面用一个完整的程序说明 CLAHE 算法的实现过程，代码如下：

```
//第 8 章/Clahe.java

import org.opencv.core.*;
```

```
import org.opencv.highgui.HighGui;
import org.opencv.imgcodecs.Imgcodecs;
import org.opencv.imgproc.CLAHE;
import org.opencv.imgproc.Imgproc;

public class Clahe{
        public static void main( String[] args ) {
                System.loadLibrary( Core.NATIVE_LIBRARY_NAME );

                Mat src = Imgcodecs.imread("grotto.jpg", Imgcodecs.IMREAD_
GRAYSCALE);

                HighGui.imshow( "src", src );
                HighGui.waitKey(0);

                //直方图均衡化并在屏幕上显示结果
                Mat dst = new Mat();
                Imgproc.equalizeHist( src, dst );
                HighGui.imshow( "dst", dst );
                HighGui.waitKey(0);

                //自适应直方图均衡化并在屏幕上显示结果
                CLAHE clahe = Imgproc.createCLAHE();
                clahe.apply(src, dst);
                HighGui.imshow("CLAHE", dst);
                HighGui.waitKey(0);
                System.exit(0);
        }

}
```

程序的运行结果如图 8-14 所示。总体来看，直方图均衡化后的图像黑白对比仍然强烈，

(a) 直方图均衡化后　　　　(b) 自适应的直方图均衡化后

图 8-14　Clahe.java 程序的运行结果

佛像背后有一块黑色阴影，细节根本看不到，另外佛像下方底座部分仍然曝光过度，如图 8-14（a）所示；自适应的直方图均衡化后的图像总体对比度降低，因而细节展现得更多，如图 8-14（b）所示。得益于分块均衡化的算法，图 8-14（b）佛像背后的阴影部分没有图 8-14（a）那么黑了，因而可以看到一些细节；另外佛像下方曝光过度问题也大有改善，但是左上角出现了明显的块状，这是原图像中没有的，这应该是 CLAHE 算法在分块均衡化后缝合效果不理想的表现，也可以说是这个算法的一个副作用。

8.6　直方图反向投影

直方图反向投影是指先计算某一特征的直方图模型，然后使用该模型去寻找图像中是否存在该特征。反向投影可用于检测输入图像在给定图像中最匹配的区域，因而常与用于目标追踪的 MeanShift 算法配合使用。

OpenCV 中用于直方图反向投影的函数原型如下：

```
void Imgproc.calcBackProject(List<Mat> images, MatOfInt channels, Mat hist,
Mat dst, MatOfFloat ranges, double scale)
函数用途：对图像直方图进行反向投影。

【参数说明】
(1) images：输入的图像集，所有图像应具有相同的尺寸和数据类型，但通道数可以不同，图像深度应为 CV_8U、CV_16U 或 CV_32F。
(2) channels：需要统计的通道索引。
(3) hist：输入的直方图。
(4) dst：输出的反向投影图像。
(5) ranges：直方图中 bin 的取值范围。
(6) scale：输出的反向投影的缩放因子。
```

下面用一个完整的程序说明直方图反向投影函数的用法，代码如下：

```java
//第 8 章/BackProject.java

import java.util.*;
import org.opencv.core.*;
import org.opencv.highgui.HighGui;
import org.opencv.imgcodecs.Imgcodecs;
import org.opencv.imgproc.Imgproc;

public class BackProject {

        public static void main(String[] args) {
                System.loadLibrary(Core.NATIVE_LIBRARY_NAME );

                //读取图像后转换为 HSV 颜色空间并在屏幕上显示
                Mat src = Imgcodecs.imread("leaf.png");
                Mat hsv = new Mat();
```

```
                    Imgproc.cvtColor(src, hsv, Imgproc.COLOR_BGR2HSV);
                    HighGui.imshow( "leaf", hsv);
                    HighGui.waitKey(0);

                    //将图像的hue（色调）通道提取至hueList中
                    Mat hue = new Mat(hsv.size(), hsv.depth());
                    List<Mat> hsvList = new LinkedList<Mat>();
                    List<Mat> hueList = new LinkedList<Mat>();
                    hsvList.add(hsv);
                    hueList.add(hue);
                    Core.mixChannels(hsvList, hueList, new MatOfInt(0, 0));

                    //直方图参数设置
                    int bins = 25;
                    int histSize = Math.max(bins, 2);
                    float[] hueRange = {0, 180};

                    //直方图数据统计并归一化
                    Mat hist = new Mat();
                    Imgproc.calcHist(hueList, new MatOfInt(0), new Mat(),
hist, new MatOfInt(histSize), new MatOfFloat(hueRange));
                    Core.normalize(hist, hist, 0, 255, Core.NORM_MINMAX);

                    //计算反向投影并在屏幕上显示
                    Mat backproj = new Mat();
                    Imgproc.calcBackProject(hueList, new MatOfInt(0), hist,
backproj, new MatOfFloat(hueRange), 1);
                    HighGui.imshow( "calcHist", backproj );
                    HighGui.waitKey(0);
                    System.exit(0);
            }

    }
```

程序的运行结果如图 8-15 所示。

 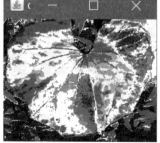

(a) 原图像   (b) 反向投影的结果

图 8-15 BackProject.java 程序的运行结果

8.7 模板匹配

直方图反向投影可用于检测输入图像在给定图像中最匹配的区域,但是由于直方图的局限性,直方图反向投影得到的匹配结果只能作为参考,如果需要精确匹配,则还需要用到模板匹配。

模板匹配是指在一张图像中寻找与另一幅模板图像最匹配(相似)区域。所谓模板,就是用来比对的图像,如图 8-16 所示,图中左侧为待匹配的图像,中间的小图为模板图像,右侧为匹配结果。

模板匹配的具体方法是:在待匹配图像中选择与模板相同尺寸的滑动窗口,然后不断地移动滑动窗口,计算其与图像中相应区域的匹配度,最终匹配度最高的区域即为匹配结果。

图 8-16 模板匹配示意图

OpenCV 中模板匹配的函数原型如下:

```
void Imgproc.matchTemplate(Mat image, Mat templ, Mat result, int method)
函数用途:在图像中寻找与模板匹配的区域。
```

【参数说明】
(1)image:待匹配图像,要求是 8 位或 32 位浮点图像。
(2)templ:模板图像,其数据类型与待匹配图像相同,并且尺寸不能大于待匹配图像。
(3)result:输出的匹配图,必须是 32 位浮点图像。如果待匹配图像的尺寸为 W×H,模板图像尺寸为 w×h,则输出图像尺寸为(W-w+1)×(H-h+1)。
(4)method:匹配方法,可选参数如下,相应的计算公式见表 8-3。
◆ Imgproc.TM_SQDIFF:平方差匹配法。完全匹配时计算值为 0,匹配度越低数值越大。
◆ Imgproc.TM_SQDIFF_NORMED:归一化平方差匹配法。将平方差匹配法归一化到 0~1。
◆ Imgproc.TM_CCORR:相关匹配法。0 为最差匹配,数值越大匹配效果越好。
◆ Imgproc.TM_CCORR_NORMED:归一化相关匹配法。将相关匹配法归一化到 0~1。
◆ Imgproc.TM_CCOEFF:系数匹配法。数值越大匹配度越高,数值越小匹配度越低。
◆ Imgproc.TM_CCOEFF_NORMED:归一化系数匹配法。将系数匹配法归一化到-1~1,1 表示完全匹配,-1 表示完全不匹配。

由于 matchTemplate()函数只是计算各个区域的匹配度,要得到最佳匹配还需要用minMaxLoc()函数来定位。该函数的原型如下:

```
MinMaxLocResult Core.minMaxLoc(Mat src)
函数用途:寻找矩阵中的最大值和最小值及在矩阵中的位置。
```

【参数说明】

src：输入矩阵，必须是单通道。

表 8-3 模板匹配方法的计算公式

匹 配 方 法	计 算 公 式
Imgproc.TM_SQDIFF	$R(x,y) = \sum_{x',y'} (T(x',y') - I(x+x',y+y'))^2$
Imgproc.TM_SQDIFF_NORMED	$R(x,y) = \dfrac{\sum_{x',y'} (T(x',y') - I(x+x',y+y'))^2}{\sqrt{\sum_{x',y'} T(x',y')^2 \cdot \sum_{x',y'} I(x+x',y+y')^2}}$
Imgproc.TM_CCORR	$R(x,y) = \sum_{x',y'} (T(x',y') \cdot I(x+x',y+y'))$
Imgproc.TM_CCORR_NORMED	$R(x,y) = \dfrac{\sum_{x',y'} (T(x',y') \cdot I(x+x',y+y'))}{\sqrt{\sum_{x',y'} T(x',y')^2 \cdot \sum_{x',y'} I(x+x',y+y')^2}}$
Imgproc.TM_CCOEFF	$R(x,y) = \sum_{x',y'} (T'(x',y') \cdot I(x+x',y+y'))$ $T'(x',y') = T(x',y') - 1/(w \cdot h) \cdot \sum_{x'',y''} T(x'',y'')$ $I'(x+x',y+y') = I(x+x',y+y') - 1/(w \cdot h) \cdot \sum_{x'',y''} I(x+x'',y+y'')$
Imgproc.TM_CCOEFF_NORMED	$R(x,y) = \dfrac{\sum_{x',y'} (T'(x',y') \cdot I(x+x',y+y'))}{\sqrt{\sum_{x',y'} T'(x',y')^2 \cdot \sum_{x',y'} I'(x+x',y+y')^2}}$

下面用一个完整的程序说明模板匹配的方法，代码如下：

```java
//第8章/MatchTemplate.java

import org.opencv.core.*;
import org.opencv.highgui.HighGui;
import org.opencv.imgcodecs.Imgcodecs;
import org.opencv.imgproc.Imgproc;

public class MatchTemplate {
        public static void main(String[] args) {
                System. loadLibrary(Core.NATIVE_LIBRARY_NAME );

                //读取待匹配图像并在屏幕上显示
                Mat src=Imgcodecs.imread("fish.png");
```

```
                        HighGui.imshow("fish", src);
                        HighGui.waitKey(0);

                        //读取模板图像并在屏幕上显示
                        Mat template=Imgcodecs.imread("leaf.png");
                        HighGui.imshow("template", template);
                        HighGui.waitKey(0);

                        //进行模板匹配，结果在result中
                        Mat result=new Mat( );
                        Imgproc.matchTemplate(src, template, result, Imgproc.TM_
CCOEFF);

                        //取出最大值的位置（TM_CCOEFF模式用最大值）
                        Core.MinMaxLocResult mmr = Core.minMaxLoc(result);
                        Point pt=mmr.maxLoc;

                        //用矩形画出匹配位置并在屏幕上显示
                        Scalar red = new Scalar(0,0,255);
                        Imgproc.rectangle(src, pt, new Point(pt.x +
template.cols(), pt.y + template.rows()), red, 3);
                        HighGui.imshow("match", src);
                        HighGui.waitKey(0);
                        System.exit(0);
                }

        }
```

程序的运行结果如图 8-17 所示。

(a) 待匹配图像　　　　　　　　(b) 模板　　　　　　　　(c) 匹配结果

图 8-17　MatchTemplate.java 程序的运行结果

上述程序只能找到最佳匹配，而有时匹配的图像不止一个，此时就要从 matchTemplate()
函数的结果中找出所有符合条件的图像。下面用一个完整的程序说明如何将模板匹配运用于
多目标匹配，代码如下：

```java
//第8章/MatchTemplate2.java

import org.opencv.core.*;
import org.opencv.highgui.HighGui;
import org.opencv.imgcodecs.Imgcodecs;
import org.opencv.imgproc.Imgproc;

public class MatchTemplate2 {
        public static void main(String[] args) {
                System. loadLibrary(Core.NATIVE_LIBRARY_NAME );

                //读取待匹配图像并在屏幕上显示
                Mat src=Imgcodecs.imread("rose.png");
                HighGui.imshow("rose", src);
                HighGui.waitKey(0);

                //读取模板图像并在屏幕上显示
                Mat template=Imgcodecs.imread("my.png");
                HighGui.imshow("template", template);
                HighGui.waitKey(0);

                //进行模板匹配，匹配值的范围为-1~1
                Mat result=new Mat( );
                Imgproc.matchTemplate(src, template, result, Imgproc.TM_
CCOEFF_NORMED);

                System.out.println(result);

                //参数准备
                float[] p = new float[3];
                Scalar red = new Scalar(0,0,255);
                int temprow = template.rows();
                int tempcol = template.cols();

                //搜索匹配值>0.8的像素
                for (int i=0; i<result.rows(); i++) {
                        for (int j=0; j<result.cols(); j++) {
                                //获取像素的匹配值
                                result.get(i, j, p);

                                //匹配值>0.8的像素用矩形画出
                                if (p[0] > 0.8) {
        Imgproc.rectangle(src, new Point(j,i), new Point(j+tempcol,i+
temprow), red, 3);
                                };
                        }
                }
```

```
                    //在屏幕上显示匹配结果
                    HighGui.imshow("match", src);
                    HighGui.waitKey(0);
                    System.exit(0);
            }

    }
```

程序的运行结果如图 8-18 所示。这个程序的目标是在苏格兰著名诗人罗伯特·彭斯的一首脍炙人口的英文诗 *A Red, Red Rose* 中查找单词 my，结果显然不止一个。为了便于筛选，matchTemplate()函数的最后一个参数选用了 Imgproc.TM_CCOEFF_NORMED，这使匹配值的范围落在-1 和 1 之间。接着，程序搜索匹配值大于 0.8 的像素并用矩形画出。用这种方法找到了多个匹配结果，如图 8-18（c）所示。

(a) 待匹配图像　　　　(b) 模板　　　　(c) 匹配结果

图 8-18　MatchTemplate2.java 程序的运行结果

8.8　本章小结

本章主要介绍了直方图的概念、直方图的绘制、直方图比较、直方图均衡化及直方图的反向投影等内容。此外，本章还介绍了模板匹配的相关内容。

本章介绍的主要函数见表 8-4。

表 8-4　第 8 章主要函数清单

编号	函　数　名	函　数　用　途	所在章节
1	Imgproc.calcHist()	图像直方图的数据统计	8.2 节
2	Core.normalize()	对矩阵进行归一化	8.2 节

续表

编号	函 数 名	函 数 用 途	所在章节
3	Imgproc.compareHist()	比较两幅直方图	8.3 节
4	Imgproc.equalizeHist()	对图像进行直方图均衡化	8.4 节
5	Imgproc.calcBackProject()	对图像直方图进行反向投影	8.6 节
6	Imgproc.matchTemplate()	在图像中寻找与模板匹配的区域	8.7 节
7	Core.minMaxLoc()	寻找矩阵中的最大值和最小值及在矩阵中的位置	8.7 节

本章中的示例程序清单见表 8-5。

表 8-5 第 8 章示例程序清单

编号	程 序 名	程 序 说 明	所在章节
1	CalcHist.java	直方图统计和绘制	8.2 节
2	CompareHist.java	直方图比较	8.3 节
3	EqualizeHist.java	直方图均衡化	8.4 节
4	Clahe.java	自适应的直方图均衡化	8.5 节
5	BackProject.java	直方图反向投影	8.6 节
6	MatchTemplate.java	模板匹配寻找最佳匹配	8.7 节
7	MatchTemplate2.java	模板匹配用于多目标匹配	8.7 节

边缘与轮廓

边缘检测是计算机视觉技术中的一个重要分支，边缘检测能大幅度地减少数据量，剔除不相关信息，同时保留图像中重要的结构属性。图像边缘提取算法比较丰富，OpenCV 中有多个边缘检测算子，本章将介绍其中最为常用的 3 个，包括 Sobel 算子、Scharr 算子和 Laplacian 算子。在了解了边缘检测算子后，本章还将介绍一个深受欢迎的边缘检测算法：Canny 算法。在很多时候，检测边缘还不够，还需要能够提取图像中的轮廓，本章后半部分将介绍轮廓检测算法及各种轮廓特征。

9.1　边缘检测

边缘是指图像中像素的灰度值发生剧烈变化的区域，如图 9-1 所示。

 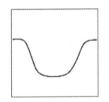

(a) 放大的边缘图　　　(b) 边缘的灰度变化图

图 9-1　边缘示意图

图像中的边缘主要有以下几种成因。

（1）表面不连续：两个面的交界处会自然形成边缘。

（2）深度不连续：主要是视觉因素。

（3）颜色不连续：两种不同颜色的交汇处会形成边缘。

（4）照明不连续：受光线影响形成的阴影会产生边缘。

边缘检测的方法主要有以下两类：

（1）通过灰度值曲线一阶导数的最大值来寻找边缘，如 Sobel 算子、Scharr 算子、Prewitt 算子、roberts 算子等。

（2）通过灰度值曲线二阶导数过零点来寻找边缘，如 Laplacian 算子、Canny 边缘检测等。

9.2 边缘检测算子

常用的边缘检测算子有 Sobel 算子、Scharr 算子、Laplacian 算子等,下面逐一进行介绍。

9.2.1 Sobel 算子

Sobel 算子是通过一阶导数的最大值进行边缘检测的。

用 Sobel 算子进行边缘检测的步骤如下:

(1)将图像与 x 方向的 Sobel 算子进行卷积。x 方向的 Sobel 算子(尺寸为 3×3)如下:

$$\begin{bmatrix} -1 & 0 & 1 \\ -2 & 0 & 2 \\ -1 & 0 & 1 \end{bmatrix}$$

(2)将图像与 y 方向的 Sobel 算子进行卷积。y 方向的 Sobel 算子(尺寸为 3×3)如下:

$$\begin{bmatrix} -1 & -2 & -1 \\ 0 & 0 & 0 \\ 1 & 2 & 1 \end{bmatrix}$$

(3)对图像中的像素计算近似梯度幅度。

(4)统计极大值所在位置,获得图像的边缘。

Sobel 算子有着不同的尺寸和阶次。如果想自己生成 Sobel 算子,则可以用 getDerivKernels()函数实现,该函数的原型如下:

```
void Imgproc.getDerivKernels(Mat kx, Mat ky, int dx, int dy, int ksize, boolean
normalize, int ktype)
```
函数用途:生成边缘检测用的滤波器。ksize=CV_SCHARR 时生成的是 Scharr 滤波器,其余情况下生成的是 Sobel 滤波器。

【参数说明】

(1)kx:行滤波器的输出矩阵,类型为 ktype。

(2)ky:列滤波器的输出矩阵,类型为 ktype。

(3)dx:x 方向上导数的阶次。

(4)dy:y 方向上导数的阶次。

(5)ksize:生成滤波器的尺寸,可选参数有 CV_SCHARR 或 1、 3、 5、7。

(6)normalize:是否对滤波器系数进行归一化。如果要滤波的图像的数据类型是浮点型,则一般需要进行归一化;如果处理的是 8 位图像,结果存储在 16 位图像中并希望保留所有的小数部分,则需要将 normalize 设为 false。

(7)ktype:滤波器系数的类型,可以是 CV_32F 或 CV_64F。

该函数只能生成 Sobel 或 Scharr 算子。事实上,Sobel()函数和 Scharr()函数内部调用的就是这个函数。

OpenCV 中用 Sobel 算子进行边缘检测的函数原型如下:

```
void Imgproc.Sobel(Mat src, Mat dst, int ddepth, int dx, int dy, int ksize)
```
函数用途:用 Sobel 算子进行边缘检测。

【参数说明】
(1) src: 输入图像
(2) dst: 输出图像，和 src 具有相同的尺寸和通道数。
(3) ddepth: 输出图像的深度
(4) dx: x 方向求导的阶数，通常只能是 0 或 1。如果 dx 为 0，则表示 x 方向上没有求导。
(5) dy: y 方向求导的阶数，通常只能是 0 或 1。如果 dy 为 0，则表示 y 方向上没有求导。
(6) ksize: Sobel 算子的尺寸，只能是 1、3、5 或 7。

由于图像的边缘可能从高灰度值变为低灰度值，也可能从低灰度值变为高灰度值，所以用 Sobel()函数计算的结果可能为正也可能为负。为了正确地显示图像，还需要用 convertScaleAbs()函数将计算结果转换为绝对值。该函数的原型如下：

```
void Core.convertScaleAbs(Mat src, Mat dst , double alpha)
```
函数用途：计算矩阵中数值的绝对值，并转换为 8 位数据类型，可在此过程中进行缩放。对矩阵中每个数据和函数依次执行三项操作：缩放、求取绝对值、转换为 CV_8U 类型。如为多通道矩阵，函数则需对每个通道独立进行处理。

【参数说明】
(1) src: 输入矩阵。
(2) dst: 输出矩阵。
(3) alpha: 缩放因子，可选。

下面用一个完整的程序说明如何用 Sobel 算子进行边缘检测，代码如下：

```java
//第 9 章/Sobel.java

import org.opencv.core.*;
import org.opencv.highgui.HighGui;
import org.opencv.imgcodecs.Imgcodecs;
import org.opencv.imgproc.Imgproc;


public class Sobel {
        public static void main( String[] args ) {
                System.loadLibrary( Core.NATIVE_LIBRARY_NAME );

                //读取图像灰度图并在屏幕上显示
                Mat src = Imgcodecs.imread("butterfly.png",
Imgcodecs.IMREAD_GRAYSCALE);
                HighGui.imshow( "src", src );
                HighGui.waitKey(0);

                Mat grad = new Mat();
                Mat gx = new Mat(), gy = new Mat();
                Mat abs_gx = new Mat(), abs_gy = new Mat();

                //提取 x 方向边缘
                Imgproc.Sobel( src, gx, -1, 1, 0 );
                Core.convertScaleAbs( gx, abs_gx );
```

```
                              //提取 y 方向边缘
                              Imgproc.Sobel( src, gy, -1, 0, 1 );
                              Core.convertScaleAbs( gy, abs_gy );

                              //在屏幕上显示 x 和 y 方向边缘
                              HighGui.imshow( "Sobel-X", gx );
                              HighGui.waitKey(0);
                              HighGui.imshow( "Sobel-Y", gy );
                              HighGui.waitKey(0);

                              //计算整幅图像的边缘并在屏幕上显示
                              Core.addWeighted( abs_gx, 0.5, abs_gy, 0.5, 0, grad );
                              HighGui.imshow("Sobel", grad );
                              HighGui.waitKey(0);
                              System.exit(0);
                    }
          }
```

程序的运行结果如图 9-2 所示。

(a) 原图像   (b) 整幅图像边缘

(c) *x*方向边缘   (d) *y*方向边缘

图 9-2　Sobel.java 程序的运行结果

9.2.2　Scharr 算子

用 Sobel 算子进行边缘检测的效率较高，但它有一个缺点：当 Sobel 算子尺寸较小时精度比较低。如果 Sobel 滤波器的尺寸为 3×3 且梯度方向接近水平或垂直方向，则问题会变得愈发明显。为了解决这个问题，OpenCV 引进了 Scharr 算子。Scharr 算子其实是一个特殊尺寸（3×3）的滤波器，在 getDerivKernels()函数中将 ksize 设为 CV_SCHARR 时就是 Scharr 算子。当滤波器尺寸为 3×3 时，使用 Scharr 算子的速度与 Sobel 算子的速度一样，但是准确度更高。

x 方向和 y 方向的 Scharr 算子如下：

$$x \text{ 方向：} \begin{bmatrix} -3 & 0 & 3 \\ -10 & 0 & 10 \\ -3 & 0 & 3 \end{bmatrix}$$

$$y \text{ 方向：} \begin{bmatrix} -3 & -10 & -3 \\ 0 & 0 & 0 \\ 3 & 10 & 3 \end{bmatrix}$$

用 Scharr 算子进行边缘检测的函数原型如下：

```
void Imgproc.Scharr(Mat src, Mat dst, int ddepth, int dx, int dy)
函数用途：用 Scharr 算子进行边缘检测。
```

【参数说明】
(1) src：输入图像。
(2) dst：输出图像，和 src 具有相同的尺寸和通道数。
(3) ddepth：输出图像的深度。
(4) dx：x 方向求导的阶数，通常只能是 0 或 1。如果 dx 为 0，则表示 x 方向上没有求导。
(5) dy：y 方向求导的阶数，通常只能是 0 或 1。如果 dy 为 0，则表示 y 方向上没有求导。

注意：Scharr 算子的滤波器尺寸只能是 3×3，因为它的产生就是为了解决 Sobel 算子在该尺寸的问题。

Scharr 算子的用法与 Sobel 算子类似。下面用一个完整的程序说明如何用 Scharr 算子进行边缘检测，代码如下：

```java
//第9章/Scharr.java

import org.opencv.core.*;
import org.opencv.highgui.HighGui;
import org.opencv.imgcodecs.Imgcodecs;
import org.opencv.imgproc.Imgproc;

public class Scharr {
        public static void main( String[] args ) {
                System.loadLibrary( Core.NATIVE_LIBRARY_NAME );

                //读取图像灰度图并在屏幕上显示
```

```
                        Mat src = Imgcodecs.imread("butterfly.png", Imgcodecs.
IMREAD_GRAYSCALE);

                        HighGui.imshow( "src", src );
                        HighGui.waitKey(0);

                        Mat grad = new Mat();
                        Mat gx = new Mat(), gy = new Mat();
                        Mat abs_gx = new Mat(), abs_gy = new Mat();

                        //提取 x 方向边缘
                        Imgproc.Scharr( src, gx, -1, 1, 0 );
                        Core.convertScaleAbs( gx, abs_gx );

                        //提取 y 方向边缘
                        Imgproc.Scharr( src, gy, -1, 0, 1 );
                        Core.convertScaleAbs( gy, abs_gy );

                        //在屏幕上显示 x 和 y 方向边缘
                        HighGui.imshow( "Scharr-X", gx );
                        HighGui.waitKey(0);
                        HighGui.imshow( "Scharr-Y", gy );
                        HighGui.waitKey(0);

                        //计算整幅图像的边缘并在屏幕上显示
                        Core.addWeighted( abs_gx, 0.5, abs_gy, 0.5, 0, grad );
                        HighGui.imshow("Scharr", grad );
                        HighGui.waitKey(0);
                        System.exit(0);
                }
        }
```

程序的运行结果如图 9-3 所示，其中上半部分为原图像和边缘检测结果，下半部分为 x 方向和 y 方向的边缘。

(a) 原图像　　　　　　　　　　(b) 整幅图像边缘

图 9-3　Scharr.java 程序的运行结果

(c) x方向边缘 　　　　　　　　(d) y方向边缘

图 9-3 （续）

9.2.3　Laplacian 算子

Sobel 算子和 Scharr 算子进行边缘检测的效率较高，但是它们具有方向性，需要先分别在 x 方向和 y 方向求导，然后根据两个结果经计算后才可以得到图像的边缘。Laplacian 算子则没有方向性，不需要分方向计算。Laplacian 算子和 Sobel 算子、Scharr 算子的另一个区别是：Laplacian 算子是一个基于二阶导数的边缘检测算子。ksize=1 时的 Laplacian 算子如下：

$$\begin{bmatrix} 0 & 1 & 0 \\ 1 & -4 & 1 \\ 0 & 1 & 0 \end{bmatrix}$$

OpenCV 中用 Laplacian 算子进行边缘检测的函数原型如下：

```
void Imgproc.Laplacian(Mat src, Mat dst, int ddepth , int ksize)
函数用途：用 Laplacian 算子进行边缘检测。
```

【参数说明】
(1) src：输入图像。
(2) dst：输出图像，和 src 具有相同的尺寸和通道数。
(3) ddepth：输出图像的深度。
(4) ksize：滤波器尺寸，必须为正奇数。

下面用一个完整的程序说明如何用 Laplacian 算子进行边缘检测，代码如下：

```
//第 9 章/Laplacian.java

import org.opencv.core.*;
import org.opencv.highgui.HighGui;
import org.opencv.imgcodecs.Imgcodecs;
import org.opencv.imgproc.Imgproc;

public class Laplacian {
        public static void main( String[] args ) {
```

```
                    System.loadLibrary( Core.NATIVE_LIBRARY_NAME );

                    //读取图像灰度图并在屏幕上显示
                    Mat src = Imgcodecs.imread("butterfly.png", Imgcodecs.
IMREAD_GRAYSCALE);

                    HighGui.imshow( "src", src );
                    HighGui.waitKey(0);

                    //高斯滤波后用 Laplacian 算子提取边缘
                    Mat dst = new Mat();
                    Imgproc.GaussianBlur(src,src,new Size(3,3),5);
                    Imgproc.Laplacian(src, dst, 0, 3);
                    Core.convertScaleAbs(dst, dst);

                    //计算整幅图像的边缘并在屏幕上显示
                    HighGui.imshow("Laplacian", dst );
                    HighGui.waitKey(0);
                    System.exit(0);
            }
    }
```

程序的运行结果如图 9-4 所示。由于 Laplacian 算子对噪声比较敏感，因此在进行边缘检测前一般需要先进行高斯滤波。

(a) 原图像   (b) Laplacian算子检测的边缘

图 9-4　Laplacian.java 程序的运行结果

9.3　Canny 边缘检测

Canny 边缘检测算法源自 John F.Canny 于 1986 年发表的一篇题为 *A Computational Approach To Edge Detection* 的论文。Canny 边缘检测算法以 Canny 的名字命名，被很多人推崇为当今最优的边缘检测算法。

John F.Canny 在论文提出了以下 3 个评价最优边缘检测的标准。

（1）准确检测：算法能尽可能多地标识出图像的实际边缘，而遗漏或错标的边缘点应尽可能少。

（2）精确定位：检测出的边缘点的位置应与实际边缘中心尽可能接近。

（3）单次响应：每个边缘位置只能标识一次。

9.3.1　Canny 边缘检测的步骤

Canny 边缘检测可分为以下 4 步。

1．平滑降噪

在 Canny 边缘检测中，一般使用高斯平滑滤波器进行平滑降噪。高斯滤波器考虑了像素离滤波器中心的距离因素，距离越近权重越大，距离越远权重越小。以下是一个 5×5 的高斯滤波器的样例：

$$G = \frac{1}{139} \begin{bmatrix} 2 & 4 & 5 & 4 & 2 \\ 4 & 9 & 12 & 9 & 4 \\ 5 & 12 & 15 & 12 & 5 \\ 4 & 9 & 12 & 9 & 4 \\ 2 & 4 & 5 & 4 & 2 \end{bmatrix}$$

2．梯度计算

计算图像中每像素的梯度幅值和方向，主要分以下两步：

（1）用 Sobel 算子分别检测 x 方向和 y 方向的边缘。

（2）计算梯度的幅值和方向。为了简化起见，梯度方向取 0°、45°、90° 和 135° 这 4 个值。

梯度计算时梯度方向、梯度方向角及边缘方向的示意图如图 9-5 所示。

3．非极大值抑制

上一步得到的梯度图像存在边缘较粗及噪声干扰等问题，此时可以用非极大值抑制来剔除非边缘的像素。Canny 中的非极大值抑制是沿着梯度方向对幅值进行比较，如图 9-6 所示。图中 A 点位于边缘附近，箭头方向为梯度方向。选择梯度方向上 A 点附近的像素 B 和 C 来检验 A 点的梯度幅值是否为极大值，若为极大值，则 A 保留为（候选）边缘点，否则 A 点

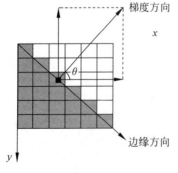

图 9-5　梯度计算示意图

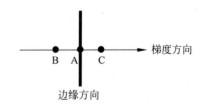

图 9-6　非极大值抑制原理图

被抑制。由此可见，所谓非极大值抑制就是将不是极大值的候选点予以剔除（抑制）的过程。

4. 双阈值处理

经过以上三步之后得到的边缘质量已经很高了，但还是存在一些伪边缘，因此 Canny 算法用双阈值法对边缘进行筛选。双阈值法设置 minVal 和 maxVal 两个阈值，当候选的边缘点的梯度幅值高于 maxVal 时被认为是真正的边界，当低于 minVal 时则被抛弃；如果介于两者之间，则要看这个点是否与某个被确定为真正的边界的像素相连，如果是，则认定为边界点，否则该点被抛弃。

如图 9-7 所示，由于 A 点高于 maxVal，所以是真正的边界点；由于 C 点虽然低于 maxVal 但高于 minVal 并且与 A 点相连，所以也是真正的边界点，而 B 点介于 minVal 和 maxVal 之间，但没有与真正的边界点相连，因而被抛弃。为了达到较好的效果，选择合适的 maxVal 和 minVal 值非常重要。

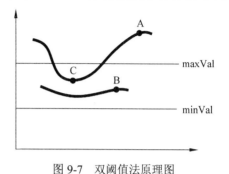

图 9-7　双阈值法原理图

9.3.2　Canny 算法的实现

OpenCV 中 Canny 边缘检测的函数原型如下：

```
void Imgproc.Canny(Mat image, Mat edges, double threshold1, double threshold2,
int apertureSize)
```
函数用途：用 Canny 算法进行边缘检测。

【参数说明】
(1) image：8 位输入图像。
(2) edges：输出的边缘图像，必须是 8 位单通道图像，尺寸与输入图像相同。
(3) threshold1：阈值 1。
(4) threshold2：阈值 2。threshold1 和 threshold2 谁大谁小没有规定，系统会自动选择较大值为 maxVal，较小值为 minVal。
(5) apertureSize：Sobel 算子的尺寸。

Canny 边缘检测的过程虽然较为复杂，但是经 OpenCV 封装后的 Canny()函数使用起来非常简单。下面用一个完整的程序说明 Canny 边缘检测的过程，代码如下：

```java
//第 9 章/Canny.java

import org.opencv.core.*;
import org.opencv.highgui.HighGui;
import org.opencv.imgcodecs.Imgcodecs;
import org.opencv.imgproc.Imgproc;

public class Canny {
        public static void main( String[] args ) {
```

```
                    System.loadLibrary( Core.NATIVE_LIBRARY_NAME );

                    //读取图像灰度图并在屏幕上显示
                    Mat src = Imgcodecs.imread("butterfly.png",
Imgcodecs.IMREAD_GRAYSCALE);
                    HighGui.imshow( "src", src );
                    HighGui.waitKey(0);

                    //进行Canny边缘检测并在屏幕上显示
                    Mat dst = new Mat();
                    Imgproc.GaussianBlur(src,src,new Size(3,3),5);
                    Imgproc.Canny(src, dst, 60, 200);
                    HighGui.imshow("Canny", dst);
                    HighGui.waitKey(0);
                    System.exit(0);
            }
    }
```

程序的运行结果如图 9-8 所示，可以看出 Canny 边缘检测的效果非常好。无论是 Sobel 算子、Scharr 算子还是 Laplacian 算子检测的边缘都比较模糊，而 Canny 算法得出的边缘非常清晰。当然，为了得到较好的边缘，Canny 算法耗费的时间也较长。

(a) 原图像   (b) Canny算法检测的边缘

图 9-8　Canny.java 程序的运行结果

9.4　轮廓

9.4.1　轮廓检测

轮廓可以简单地描述为将具有相同颜色或灰度的连续点连在一起的一条曲线，轮廓通常会显示出图像中物体的形状。

关于轮廓的检测，最容易想到的办法是跟踪检测出的边缘点，从而找出闭合的轮廓线，但是如果把这个思路付诸行动就会发现情况并非想象得那么简单，因为边缘往往在梯度很弱的地方消失，而且轮廓线有时会有多个分支。实际上，边缘线中很少存在完美的轮廓线，更普遍的情况是包含很多细小的、不连续的轮廓片段。

OpenCV 中用于轮廓检测的函数原型如下：

```
void Imgproc.findContours(Mat image, List<MatOfPoint> contours, Mat
hierarchy, int mode, int method)
```
函数用途：在二值图像中寻找轮廓。

【参数说明】

（1）image：输入图像，必须是 8 位单通道二值图或灰度图。如果是灰度图，像素值为 0 的仍视作 0，而像素值不为 0 的视作 1，如此灰度图也可作为二值图处理。

（2）contours：检测到的轮廓。

（3）hierarchy：轮廓的层级，包含了对轮廓之间的拓扑关系的描述。Hierarchy 中的元素数量和轮廓中的元素数量是一样的。第 i 个轮廓 contours[i]有着相对应的 4 个 hierarchy 索引，分别是 hierarchy[i][0]、hierarchy[i][1]、hierarchy[i][2]和 hierarchy[i][3]，它们分别是轮廓的同层下一个轮廓索引、同层上一个轮廓索引、第 1 个子轮廓索引和父轮廓索引。如果第 i 个轮廓没有下一个同层轮廓、子轮廓或父轮廓，则对应的索引用负数表示。

（4）mode：轮廓提取模式，具体如下。

◆ Imgproc.RETR_EXTERNAL：只检测最外层轮廓，所有轮廓的 hierarchy[i][2]和 hierarchy[i][3]均设为-1。

◆ Imgproc.RETR_LIST：检测所有的轮廓，但轮廓之间不建立层级关系。

◆ Imgproc.RETR_CCOMP：检测所有的轮廓并将它们组织成双层层级关系。

◆ Imgproc.RETR_TREE：检测所有轮廓，所有轮廓建立一个树形层级结构。

（5）method：轮廓逼近方法，可选参数如下。

◆ Imgproc.CHAIN_APPROX_NONE：存储所有轮廓点，两个相邻的轮廓点(x1,y1)和(x2,y2)必须是 8 连通，即 max(abs(x1-x2),abs(y2-y1))=1。

◆ Imgproc.CHAIN_APPROX_SIMPLE：压缩水平方向、垂直方向和对角线方向的线段，只保存线段的端点。

◆ Imgproc.CHAIN_APPROX_TC89_L1：使用 teh-Chinl chain 近似算法中的 L1 算法。

◆ Imgproc.CHAIN_APPROX_TC89_KCOS：使用 teh-Chinl chain 近似算法中的 KCOS 算法。

9.4.2　轮廓的层级

在 findContours()函数中有一个重要的参数 hierarchy，即轮廓的层级，它包含了对轮廓之间拓扑关系的描述。轮廓的层级是针对每个轮廓的，如果一张图像有 100 个轮廓，则 hierarchy 就有 100 项，其中第 i 项为 hierarchy[i]。如果轮廓 A 被另外一个轮廓 B 包围，则 AB 之间就是父子关系，其中 B 轮廓为父轮廓，A 轮廓为子轮廓。父轮廓的层级比子轮廓高一级，子轮廓还可以有子轮廓。下面用一个实例说明轮廓的层级关系。

如图 9-9 所示，这个嵌套的图形中有 6 个轮廓，分别标记为 1~6 号，它们之间有层级关系，其中 1 号轮廓在最外面，它的层级比其他的轮廓都要高。1 号轮廓有 3 个子轮廓，分别为 2、3 和 5 号轮廓，其中 3 号轮廓又有 4 号子轮廓，5 号轮廓又有 6 号子轮廓。图像中轮廓的层级结构如图 9-10 所示。

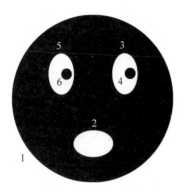

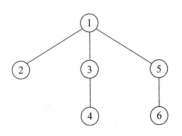

图 9-9　有 6 个轮廓的图形　　　　　图 9-10　图 9-9 图形的轮廓的层级结构图

为了标识轮廓之间的关系，每个轮廓的 Hierarchy[i]都是包含 4 个值的数组，这 4 个值记为 hierarchy[i][0]~ hierarchy[i][3]，它们的含义依次为[Next, Previous, First_Child, Parent]，具体说明如下。

（1）Next：表示同一层次的下一个轮廓的编号，如 2 号轮廓的 Next 是 3 号轮廓。

（2）Previous：表示同一层次上的前一个轮廓的编号，如 3 号轮廓的 Previous 是 2 号轮廓。

（3）First_Child：表示第 1 个子轮廓的编号，如 1 号轮廓的 First_Child 是 2 号轮廓。

（4）Parent：表示父轮廓的编号，如 5 号轮廓的 Parent 是 1 号轮廓。

某些轮廓是没有子轮廓、父轮廓或同一层次的下一个轮廓的，这时用−1 表示。现在可以用这个数组来描述轮廓的结构了。例如，2 号轮廓可以表示为[3，−1，−1，1]，因为它只有 Next（3 号轮廓，用 3 表示）和 Parent（1 号轮廓，用 1 表示），没有 Previous 和 First_Child（用−1 表示）。同理，5 号轮廓可以表示为[−1，3，6，1]。

下面用一个完整的程序说明轮廓的层级结构，代码如下：

```
//第 9 章/ContourHierarchy.java

import org.opencv.core.*;
import org.opencv.highgui.HighGui;
import org.opencv.imgcodecs.Imgcodecs;
import org.opencv.imgproc.Imgproc;
import java.util.*;

public class ContourHierarchy {
        public static void main(String[] args) {
                System.loadLibrary(Core.NATIVE_LIBRARY_NAME);

                //读取图像灰度图，转换为二值图并在屏幕上显示
                Mat src=Imgcodecs.imread("contour.png",
Imgcodecs.IMREAD_GRAYSCALE);
                Mat binary=new Mat();
```

```
                        Imgproc.threshold(src, binary, 90, 255,
Imgproc.THRESH_BINARY);
                        HighGui.imshow( "binary", binary);
                        HighGui.waitKey(0);

                        //根据二值图检测轮廓
                        List<MatOfPoint> contour = new ArrayList <MatOfPoint>();
                        Mat hierarchy=new Mat();
                        Imgproc.findContours(binary, contour, hierarchy,
Imgproc.RETR_TREE, Imgproc.CHAIN_APPROX_SIMPLE);

                        //画出轮廓图并在屏幕上显示
                        Mat ImgCanny = new Mat(src.height(), src.width(),
CvType.CV_8UC3, new Scalar( 255,255,255));
                        for (int i=0; i<contour.size(); i++)
                                Imgproc.drawContours(ImgCanny, contour, i,
new Scalar(0,0,0),1);
                        HighGui.imshow( "Contours", ImgCanny);
                        HighGui.waitKey(0);

                        //在控制台显示 hierarchy 层级数据
                        for (int i=0; i<contour.size(); i++) {
                                double[] d = hierarchy.get(0, i);
                                for (int j=0;j<d.length;j++)
                                        System.out.print(d[j]+",");
                                System.out.println();
                        }
                        System.exit(0);
                }
        }
```

程序的运行结果如图 9-11 所示，控制台输出的层级结构数据如图 9-12 所示，其中轮廓的编号与图 9-9 一致。根据这些数据可以画出轮廓的树形结构，如图 9-13 所示。这个树形结

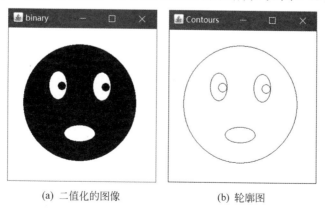

(a) 二值化的图像   (b) 轮廓图

图 9-11　ContourHierarchy.java 程序的运行结果

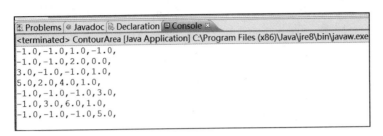

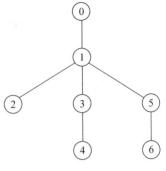

图 9-12 ContourHierarchy.java 程序输出的层级结构数据　　　　图 9-13 根据层级结构数据
绘制的树形图

构与图 9-10 是一致的，只不过在程序的结果中多了一个 0 号轮廓，它是 1 号轮廓的父级。

　　在检测出轮廓之后，还需要用 drawContours()函数将轮廓画出来，该函数的原型如下：

```
void Imgproc.drawContours(Mat image, List<MatOfPoint> contours, int
contourIdx, Scalar color, int thickness)
```
函数用途：绘制轮廓或轮廓内部。

【参数说明】
(1) image：用于绘制轮廓的图像。
(2) contours：输入的轮廓数据。
(3) contourIdx：要绘制的轮廓的索引，如为负数，则绘制所有轮廓。
(4) color：绘制轮廓的颜色。
(5) thickness：绘制轮廓的线条粗细。如为负数，则绘制轮廓内部；如为 1，则绘制该轮廓及嵌套的轮廓；如为 2，则绘制该轮廓、嵌套的轮廓及嵌套至嵌套轮廓的轮廓；其余以此类推。此参数仅当轮廓数据中含有层级数据时有效。

　　下面用一个完整的程序说明轮廓检测和轮廓绘制的完整过程，代码如下：

```
//第 9 章/FindContours.java

import org.opencv.core.*;
import org.opencv.highgui.HighGui;
import org.opencv.imgcodecs.Imgcodecs;
import org.opencv.imgproc.Imgproc;
import java.util.*;

public class FindContours {
        public static void main(String[] args) {
                System.loadLibrary(Core.NATIVE_LIBRARY_NAME);

                //读取图像灰度图，转换为二值图并在屏幕上显示
                Mat src=Imgcodecs.imread("butterfly.png",
Imgcodecs.IMREAD_GRAYSCALE);
                Mat binary=new Mat();
```

```
                        Imgproc.threshold(src, binary, 90, 255,
Imgproc.THRESH_BINARY);
                        HighGui.imshow( "binary", binary);
                        HighGui.waitKey(0);

                        //根据二值图检测轮廓
                        List<MatOfPoint> contours = new ArrayList <MatOfPoint>();
                        Imgproc.findContours(binary, contours, new Mat(),
Imgproc.RETR_LIST, Imgproc.CHAIN_APPROX_SIMPLE);

                        //画出轮廓图并在屏幕上显示
                        Mat ImgBinary=new Mat(src.height(),src.width(),
CvType.CV_8UC3, new Scalar( 255,255,255));
                        for (int i=0; i<contours.size(); i++)
                                Imgproc.drawContours(ImgBinary, contours, i, new
Scalar(0,0,0),1);

                        HighGui.imshow( "Contours from Binary", ImgBinary);
                        HighGui.waitKey(0);

                        //进行 Canny 边缘检测并在屏幕上显示
                        Mat canny=new Mat();
                        Imgproc.Canny(src, canny, 60, 200);
                        HighGui.imshow( "Canny", canny);
                        HighGui.waitKey(0);

                        //根据 Canny 结果检测轮廓
                        List<MatOfPoint> contour2 = new
ArrayList<MatOfPoint>();
                        Imgproc.findContours(canny, contour2, new Mat(),
Imgproc.RETR_LIST, Imgproc.CHAIN_APPROX_SIMPLE);

                        //画出轮廓图并在屏幕上显示
                        Mat ImgCanny=new Mat(src.height(),src.width(),
CvType.CV_8UC3, new Scalar( 255,255,255));
                        for (int i=0; i<contour2.size(); i++)
                                Imgproc.drawContours(ImgCanny, contour2, i, new
Scalar(0,0,0),1);

                        HighGui.imshow( "Contours from Canny", ImgCanny);
                        HighGui.waitKey(0);
                        System.exit(0);
                }
        }
```

程序的运行结果如图 9-14 所示。用 findContours()函数寻找轮廓时的输入图像要求为二值图，本程序用两种方法寻找轮廓。方法一是先将原图像的灰度图转换为二值图，然后寻找轮廓，如图 9-14（a）和图 9-14（b）所示。方法二是直接用 Canny 边缘检测的结果作为输入图像寻找轮廓,如图 9-14(c)和图 9-14(d)所示。从输出结果可以看出,由于 Canny 边缘检测的输出质量较高,其相应的轮廓图也更清晰一些,二值图生成的轮廓则有一些干扰。

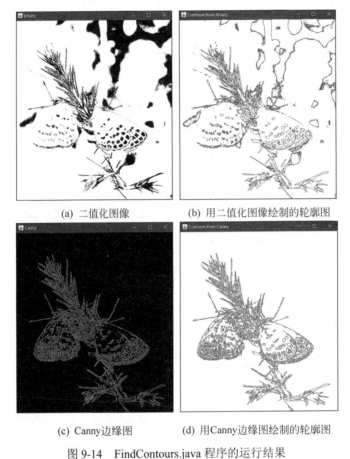

(a) 二值化图像   (b) 用二值化图像绘制的轮廓图

(c) Canny边缘图   (d) 用Canny边缘图绘制的轮廓图

图 9-14　FindContours.java 程序的运行结果

9.4.3　轮廓的特征

获取轮廓后可以利用轮廓的各种特征来区分和识别物体。轮廓的特征包括面积、周长、边界矩形、近似轮廓和凸包等。

1. 轮廓面积

OpenCV 中计算轮廓面积的函数原型如下:

```
double Imgproc.contourArea(Mat contour, boolean oriented)
函数用途:计算轮廓面积。
```

【参数说明】

(1) contour:轮廓顶点数据。

(2) oriented:面积是否具有方向性的标志,如为 true,则函数返回有符号的面积值。面积是否带符号取决于方向为顺时针还是逆时针。默认情况下,此标志为 false,函数返回面积的绝对值。

下面用一个完整的程序说明获取轮廓面积的过程，代码如下：

```
//第9章/ContourArea.java

import org.opencv.core.*;
import org.opencv.highgui.HighGui;
import org.opencv.imgcodecs.Imgcodecs;
import org.opencv.imgproc.Imgproc;
import java.util.*;

public class ContourArea {

        public static void main(String[] args) {
                System.loadLibrary(Core.NATIVE_LIBRARY_NAME);

                //读取图像灰度图，转换为二值图并在屏幕上显示
                Mat src=Imgcodecs.imread("contour.png",
Imgcodecs.IMREAD_GRAYSCALE);
                Mat binary=new Mat();
                Imgproc.threshold(src, binary, 90, 255, Imgproc.THRESH_
BINARY);

                HighGui.imshow( "Binary", binary);
                HighGui.waitKey(0);

                //根据二值图检测轮廓
                List<MatOfPoint> contour = new ArrayList<MatOfPoint>();
                Mat hierarchy=new Mat();
                Imgproc.findContours(binary, contour, hierarchy,
Imgproc.RETR_TREE, Imgproc.CHAIN_APPROX_SIMPLE);

                //在控制台显示各轮廓的面积
                for (int i=0; i<contour.size(); i++) {
                        double d= Imgproc.contourArea (contour.get(i));
                        System.out.println( i + ":" + d );
                }
                System.exit(0);
        }
}
```

程序的运行结果如图 9-15 所示。为了便于对照，附上标有轮廓编号的输入图像，如图 9-9 所示。

2. 轮廓周长

OpenCV 中计算轮廓周长的函数原型如下：

```
double Imgproc.arcLength(MatOfPoint2f curve, boolean closed)
```
函数用途：计算轮廓周长或曲线长度。

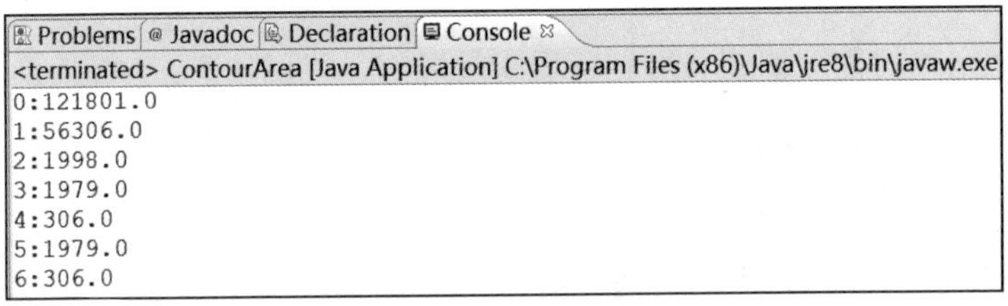

图 9-15 ContourArea.java 程序的运行结果

【参数说明】
(1) curve: 轮廓或曲线的数据。
(2) closed: 曲线是否闭合的标志。

下面用一个完整的程序说明获取轮廓周长的过程, 代码如下:

```java
//第9章/ArcLength.java

import org.opencv.core.*;
import org.opencv.highgui.HighGui;
import org.opencv.imgcodecs.Imgcodecs;
import org.opencv.imgproc.Imgproc;
import java.util.*;

public class ArcLength {

        public static void main(String[] args) {
                System.loadLibrary(Core.NATIVE_LIBRARY_NAME);

                //读取图像灰度图, 转换为二值图并在屏幕上显示
                Mat src=Imgcodecs.imread("contour.png", Imgcodecs.IMREAD_
GRAYSCALE);
                Mat binary=new Mat();
                Imgproc.threshold(src, binary, 90, 255, Imgproc.THRESH_
BINARY);

                HighGui.imshow( "Binary", binary);
                HighGui.waitKey(0);

                //根据二值图检测轮廓
                List<MatOfPoint> contour = new ArrayList <MatOfPoint>();
                Imgproc.findContours(binary, contour, new Mat(),
Imgproc.RETR_TREE, Imgproc.CHAIN_APPROX_SIMPLE);

                //计算各个轮廓的周长并在控制台输出结果
                MatOfPoint2f dst = new MatOfPoint2f();
                 for (int i=0; i<contour.size(); i++) {
                        contour.get(i).convertTo(dst, CvType.CV_32F);
                        double d = Imgproc.arcLength (dst,true);
```

```
                         System.out.println(i + ":" + Math.round(d));
              }
              System.exit(0);
        }
}
```

程序的运行结果如图 9-16 所示。标有轮廓编号的输入图像如图 9-16 所示。

```
Problems  @ Javadoc  Declaration  Console
<terminated> ArcLength [Java Application] C:\Program Files (x86)\Java\jre8\bin\javaw.exe
0:1396
1:887
2:181
3:173
4:66
5:173
6:66
```

图 9-16 ArcLength.java 程序的运行结果

3．边界矩形

边界矩形有直边界矩形（没有旋转的矩形）
和最小外接矩形（旋转的边界矩形）两种，OpenCV
中分别用 boundingRect() 函数和 minAreaRect()
函数获取这两种边界矩形。用 boundingRect()函
数找到的边界矩形是不经过旋转的，因此不是面
积最小的矩形，用 minAreaRect()函数找到的边
界矩形才是面积最小的。直边界矩形和最小外
接矩形的区别如图 9-17 所示。图中倾斜的矩形
是最小外接矩形，没有倾斜的矩形是直边界矩
形。很明显，最小外接矩形的面积比直边界矩形
要小得多。

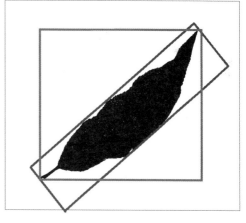

OpenCV 中获取直边界矩形的函数原型如下：　　图 9-17　直边界矩形和最小外接矩形的区别

```
Rect Imgproc.boundingRect(Mat array)
函数用途：计算一个二维点集或灰度图中非零像素的边界矩形。
```

【参数说明】
array：输入的二维点集或灰度图。

下面用一个完整的程序说明获取直边界矩形的方法，代码如下：

```
//第 9 章/BoundingRect.java

import org.opencv.core.*;
import org.opencv.highgui.HighGui;
import org.opencv.imgcodecs.Imgcodecs;
import org.opencv.imgproc.Imgproc;
```

```
    import java.util.*;

    public class BoundingRect {
            public static void main(String[] args) {
                    System.loadLibrary(Core.NATIVE_LIBRARY_NAME);

                    //读取图像灰度图，转换为二值图并在屏幕上显示
                    Mat src=Imgcodecs.imread("contour.png", Imgcodecs.IMREAD_
GRAYSCALE);

                    Mat binary=new Mat();
                    Imgproc.threshold(src, binary, 90, 255, Imgproc.THRESH_
BINARY);

                    HighGui.imshow( "Binary", binary);
                    HighGui.waitKey(0);

                    //根据二值图检测轮廓
                    List<MatOfPoint> contour = new ArrayList <MatOfPoint>();
                    Mat hierarchy=new Mat();
                    Imgproc.findContours(binary, contour, hierarchy,
Imgproc.RETR_TREE, Imgproc.CHAIN_APPROX_SIMPLE);

                    //在图像上绘制各轮廓的边界矩形
                    src=Imgcodecs.imread("contour.png");
                    for (int i=0; i<contour.size(); i++) {
                            Rect rect = Imgproc.boundingRect
(contour.get(i));
                            Imgproc.rectangle(src, new Point(rect.x,
rect.y), new Point(rect.x+rect.width,rect.y+rect.height), new Scalar(0,0,255), 3);
                    }

                    //在屏幕上显示绘有直边界矩形的图像
                    HighGui.imshow( "Rect",src);
                    HighGui.waitKey(0);
                    System.exit(0);
            }
    }
```

程序的运行结果如图 9-18 所示。

OpenCV 中获取最小外接矩形的函数原型如下：

```
RotatedRect Imgproc.minAreaRect(MatOfPoint2f points)
函数用途：寻找输入二维点集的最小外接矩形。
```

【参数说明】
points：输入的二维点集。

该函数的返回值类型是旋转矩形，即 RotatedRect 类，该类常用的成员变量有 center、

(a) 二值化图像   (b) 绘有直边界矩形的图像

图 9-18 BoundingRect.java 程序的运行结果

width、height 和 angle，如图 9-19 所示。

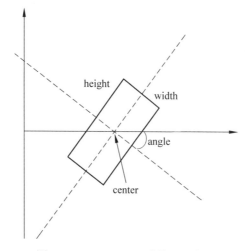

图 9-19 RotatedRect 类的成员变量

但是根据这些数值把这个旋转矩形画出来比较烦琐，为此需要用 boxPoints()函数获取旋转矩形的 4 个顶点，该函数的原型如下：

```
void Imgproc.boxPoints(RotatedRect box, Mat points)
函数用途：获取旋转矩形的 4 个顶点。
```

【参数说明】
(1) box：输入的旋转矩形
(2) points：输出的 4 个顶点。

下面用一个完整的程序说明获取并绘制轮廓的最小外接矩形的方法，代码如下：

```
//第 9 章/MinAreaRect.java
```

```java
import org.opencv.core.*;
import org.opencv.highgui.HighGui;
import org.opencv.imgcodecs.Imgcodecs;
import org.opencv.imgproc.Imgproc;
import java.util.*;

public class MinAreaRect {

    public static void main(String[] args) {
        System.loadLibrary(Core.NATIVE_LIBRARY_NAME);

        //读取图像灰度图并转换为二值图像
        Mat src=Imgcodecs.imread("seed.png", Imgcodecs.IMREAD_
GRAYSCALE);

        Mat binary=new Mat();
        Imgproc.threshold(src, binary, 90, 255, Imgproc.THRESH_
BINARY);

        //在屏幕上显示二值图像
        HighGui.imshow( "Binary", binary);
        HighGui.waitKey(0);

        //根据二值图检测轮廓
        List<MatOfPoint> contour = new ArrayList <MatOfPoint>();
        Imgproc.findContours(binary, contour, new Mat(),
Imgproc.RETR_TREE, Imgproc.CHAIN_APPROX_SIMPLE);

        //重新获取彩色图像，用于绘制最小外接矩形
        src=Imgcodecs.imread("seed.png");

        //参数准备
        MatOfPoint2f dst = new MatOfPoint2f();
        Mat pts = new Mat();
        Scalar red = new Scalar(0,0,255);
        float [] data= new float[8]; //用于获取点集数据

         for (int n=0; n<contour.size(); n++) {
                //将轮廓数据转换为 MatOfPoint2f
                contour.get(n).convertTo(dst, CvType.CV_32F);

                //获取最小外接矩形（旋转矩形）
                RotatedRect rect=Imgproc.minAreaRect(dst);

                //获取旋转矩形的 4 个顶点
                Imgproc.boxPoints(rect, pts);
                pts.get(0,0,data);
```

```
                              //将 4 个顶点转换为 Point 类
                              Point pt1 = new Point(data[0], data[1]);
                              Point pt2 = new Point(data[2], data[3]);
                              Point pt3 = new Point(data[4], data[5]);
                              Point pt4 = new Point(data[6], data[7]);

                              //绘制最小外接矩形的 4 条边
                              Imgproc.line(src, pt1, pt2, red, 2);
                              Imgproc.line(src, pt2, pt3, red, 2);
                              Imgproc.line(src, pt3, pt4, red, 2);
                              Imgproc.line(src, pt4, pt1, red, 2);

                          }

                          //在屏幕上显示绘有最小外接矩形的图像
                          HighGui.imshow( "MinAreaRect", src);
                          HighGui.waitKey(0);
                          System.exit(0);
                      }

                  }
```

程序的运行结果如图 9-20 所示。输入图像是一些瓜子，程序先将该图像转换为二值图像并检测轮廓，然后获取这些轮廓的最小外接矩形并用绘图函数画出。

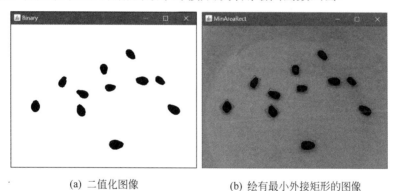

(a) 二值化图像   (b) 绘有最小外接矩形的图像

图 9-20　MinAreaRect.java 程序的运行结果

4．最小外接圆

有些情况下需要获得一个对象的最小外接圆，这时需要用到 minEnclosingCircle()函数，该函数的原型如下：

```
    void Imgproc.minEnclosingCircle(MatOfPoint2f points, Point center, float[]
radius)
    函数用途：寻找包围二维点集的最小面积的圆。
```

【参数说明】
(1) points:输入的二维点集。
(2) center: 输出圆的圆心。
(3) radius: 输出圆的半径。

下面用一个完整的程序说明获取最小外接圆的方法，代码如下：

```java
//第9章/MinCircle.java

import org.opencv.core.*;
import org.opencv.highgui.HighGui;
import org.opencv.imgcodecs.Imgcodecs;
import org.opencv.imgproc.Imgproc;
import java.util.*;

public class MinCircle {

        public static void main(String[] args) {
                System.loadLibrary(Core.NATIVE_LIBRARY_NAME);

                //读取图像灰度图，转换为二值图并在屏幕上显示
                Mat src=Imgcodecs.imread("seed.png", Imgcodecs.IMREAD_
GRAYSCALE);
                Mat binary=new Mat();
                Imgproc.threshold(src, binary, 90, 255, Imgproc.THRESH_
BINARY);

                HighGui.imshow( "Binary", binary);
                HighGui.waitKey(0);

                //根据二值图检测轮廓
                List<MatOfPoint> contour = new ArrayList <MatOfPoint>();
                Mat hierarchy=new Mat();
                Imgproc.findContours(binary, contour, hierarchy,
Imgproc.RETR_TREE, Imgproc.CHAIN_APPROX_SIMPLE);

                //重新获取彩色图像，用于绘制最小外接圆
                src=Imgcodecs.imread("seed.png");

                //参数准备
                Point center = new Point();
                float[] radius = new float[3];
                Scalar red = new Scalar(0,0,255);
                MatOfPoint2f dst = new MatOfPoint2f();

                for (int i=0; i<contour.size(); i++) {
                        //将轮廓数据转换为MatOfPoint2f
                        contour.get(i).convertTo(dst, CvType.CV_32F);
```

```
                              //获取最小外接圆
                              Imgproc.minEnclosingCircle(dst,center,radius);

                              //绘制最小外接圆
                              int r = Math.round(radius[0]);
                              Imgproc.circle(src, center, r, red, 2);
                      }

                      //在屏幕上显示绘有最小外接圆的图像
                      HighGui.imshow( "MinCircle",src);
                      HighGui.waitKey(0);
                      System.exit(0);
              }
      }
```

程序的运行结果如图 9-21 所示。

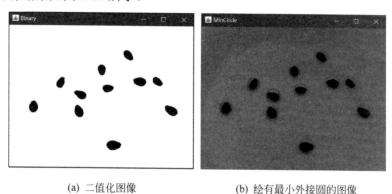

(a) 二值化图像   (b) 绘有最小外接圆的图像

图 9-21 MinCircle.java 程序的运行结果

5. 近似轮廓

有时用矩形或圆形逼近物体轮廓差异会较大，此时可用多边形逼近轮廓。OpenCV 中获取逼近轮廓的多边形的函数原型如下：

```
void Imgproc.approxPolyDP(MatOfPoint2f curve, MatOfPoint2f approxCurve,
double epsilon, boolean closed)
```
函数用途：寻找逼近轮廓的多边形（曲线）。

【参数说明】
(1) curve：输入的二维点集。
(2) approxCurve：逼近的结果，类型应与输入匹配。
(3) epsilon：逼近的精度，即原始曲线和逼近多边形（曲线）的最大距离。
(4) closed：如为 true，则表示逼近曲线为闭合曲线(最后一个顶点和第 1 个顶点相连)，否则为不闭合。

下面用一个完整的程序说明如何用多边形逼近轮廓，代码如下：

```java
//第 9 章/ApproxPolyDP.java

import org.opencv.core.*;
import org.opencv.highgui.HighGui;
import org.opencv.imgcodecs.Imgcodecs;
import org.opencv.imgproc.Imgproc;
import java.util.*;

public class ApproxPolyDP {

    public static void main(String[] args) {
        System.loadLibrary(Core.NATIVE_LIBRARY_NAME);

        //读取图像灰度图，转换为二值图
        Mat src=Imgcodecs.imread("leaf.jpg",Imgcodecs.IMREAD_
GRAYSCALE);
        Mat binary=new Mat();
        Imgproc.threshold(src, binary, 90, 255, Imgproc.THRESH_
BINARY);

        //在屏幕上显示二值图
        HighGui.imshow( "Binary", binary);
        HighGui.waitKey(0);

        //根据二值图检测轮廓
        List<MatOfPoint> contour = new ArrayList<MatOfPoint>();
        Imgproc.findContours(binary, contour, new Mat(),
Imgproc.RETR_TREE, Imgproc.CHAIN_APPROX_SIMPLE);

        //重新获取彩色图像，用于绘制多边形
        src=Imgcodecs.imread("leaf.jpg");

        //参数准备
        Scalar red = new Scalar(0,0,255);
        MatOfPoint2f mop = new MatOfPoint2f();
        MatOfPoint2f dst = new MatOfPoint2f();

        //绘制逼近轮廓的多边形
        for (int i=0; i<contour.size(); i++) {
            //将轮廓数据转换为 MatOfPoint2f
            contour.get(i).convertTo(mop, CvType.CV_32F);

            //轮廓面积太小的跳过不画
            double area = Imgproc.contourArea
```

```
(contour.get(i));
                                if (area<100) continue;

                                //获取逼近轮廓的多边形
                                Imgproc.approxPolyDP(mop, dst, 4, true);

                                //将多边形的数据转换成数组以便于画图
                                int row = dst.rows();
                                float [] data= new float[row*2];
                                dst.get(0, 0, data);

                                //画多边形的边
                                for (int j=0; j<row-1; j++) {
                                        Point pt1 = new Point (data[j*2],
data[j*2+1]);

                                        Point pt2 = new Point (data[j*2+2],
data[j*2+3]);

                                        Imgproc.line(src, pt1, pt2, red, 2);
                                }
                                //连接多边形第 1 个和最后 1 个顶点
                                Imgproc.line(src, new Point (data[0], data[1]),
new Point(data[row*2-2], data[row*2-1]), red, 2);

                        }

                                //在屏幕上显示绘有多边形的图像
                                HighGui.imshow( "ApproxPolyDP",src);
                                HighGui.waitKey(0);
                                System.exit(0);
                }

        }
```

程序的运行结果如图 9-22 所示。查看内存中的数据可以发现，包围树叶的多边形是有着 21 个顶点的复杂多边形。

6. 凸包

有些物体的形状用多边形逼近仍然不理想，如人手，此时可以利用凸包来近似。所谓凸包是指将最外围的点连接起来构成凸多边形，如图 9-23 所示。

凸多边形与非凸多边形的区别如图 9-24 所示。

OpenCV 中用于凸包检测的函数原型如下：

```
void Imgproc.convexHull(MatOfPoint points, MatOfInt hull, boolean clockwise)
函数用途：寻找点集的凸包。
```

【参数说明】
(1) points：输入的二维点集。
(2) hull：输出的凸包顶点。
(3) clockwise：方向标志，如为 true，则表示凸包为顺时针方向，否则为逆时针方向。此处假设坐标系统的 x 轴指向右方，y 轴指向上方。

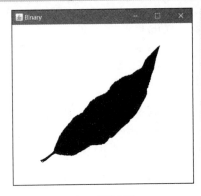

(a) 二值化图像   (b) 绘有近似轮廓的图像

图 9-22　ApproxPolyDP.java 程序的运行结果

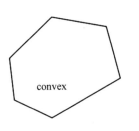 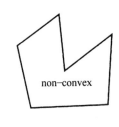

(a) 凸多边形   (b) 非凸多边形

图 9-23　人手的凸包   图 9-24　凸多边形与非凸多边形的区别

下面用一个完整的程序说明检测并绘制凸包的方法，代码如下：

```java
//第 9 章/ConvexHull.java

import org.opencv.core.*;
import org.opencv.highgui.HighGui;
import org.opencv.imgcodecs.Imgcodecs;
import org.opencv.imgproc.Imgproc;
import java.util.*;

public class ConvexHull {

        public static void main(String[] args) {
                System.loadLibrary(Core.NATIVE_LIBRARY_NAME);
```

```
                    //读取图像灰度图，转换为二值图
                    Mat src=Imgcodecs.imread("palm.png", Imgcodecs.IMREAD_
GRAYSCALE);

                    Mat binary=new Mat();
                    Imgproc.threshold(src, binary, 230, 255, Imgproc.THRESH_
BINARY);

                    //在屏幕上显示二值图
                    HighGui.imshow("Binary", binary);
                    HighGui.waitKey(0);

                    //根据二值图检测轮廓
                    List<MatOfPoint> contour = new ArrayList <MatOfPoint>();
                    Imgproc.findContours(binary, contour, new Mat(),
Imgproc.RETR_TREE, Imgproc.CHAIN_APPROX_SIMPLE);

                    //重新获取彩色图像，用于绘制最小外接圆
                    src=Imgcodecs.imread("palm.png");

                    //参数准备
                    MatOfInt onehull = new MatOfInt();
                    List<MatOfPoint> hulls = new ArrayList <MatOfPoint>();
                    MatOfPoint c = new MatOfPoint();

                    //绘制凸包
                    for (int i=0; i<contour.size(); i++) {
                            //轮廓面积太小的跳过不画
                            c = contour.get(i);  //第 i 个轮廓
                            double area= Imgproc.contourArea (c);
                            if (area<100) continue;

                            //获取凸包，并将索引值转换为点的坐标 onehull 为索引值
                            Imgproc.convexHull(c, onehull);
                            hulls.add(indexToPoint(c, onehull));
                    }

                    //绘制凸包
                    for (int i=0; i<hulls.size(); i++) {
                            Imgproc.drawContours(src, hulls, i, new
Scalar(0,0,255), 2);

                    }

                    //在屏幕上显示绘有凸包的图像
                    HighGui.imshow( "ConvexHull",src);
                    HighGui.waitKey(0);
                    System.exit(0);
        }
```

```
                //将轮廓的索引值转换为点坐标的子程序
                public static MatOfPoint indexToPoint(MatOfPoint contour, MatOfInt
index) {
                        //将两个参数转换为数组类型
                        int[] ind = index.toArray();
                        Point[] con = contour.toArray();

                        //获取点的坐标
                        Point[] pts = new Point[ind.length];
                        for (int i=0; i<ind.length; i++) {
                                pts[i] = con[ind[i]];
                        }

                        //将点的坐标转换成 MatOfPoint 数据类型
                        MatOfPoint hull = new MatOfPoint();
                        hull.fromArray(pts);
                        return hull;
                }

        }
```

程序的运行结果如图 9-25 所示。需要注意的是，convexHull()中返回的凸包是点的索引值而不是点的坐标，因此，要把凸包绘制出来需要先把索引值转换为点的坐标，程序中用 indexToPoint()子程序完成这个转换。

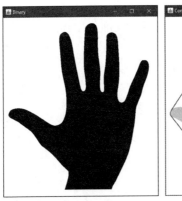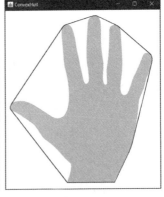

(a) 二值化图像　　　　　　　(b) 绘有凸包的图像

图 9-25　ConvexHull.java 程序的运行结果

9.5　本章小结

本章主要介绍了边缘检测与轮廓检测的内容，其中前半部分介绍了 Sobel 算子、Scharr 算子、Laplacian 算子等常用的边缘检测算子，并在此基础上介绍了 Canny 边缘检测的原理及步骤。本章后半部分介绍了轮廓的相关内容，包括轮廓的检测、轮廓的层级及获取众多轮廓特征的方法。

本章介绍的主要函数见表 9-1。

表 9-1　第 9 章主要函数清单

编号	函 数 名	函 数 用 途	所在章节
1	Imgproc.getDerivKernels()	生成边缘检测用的滤波器	9.2.1 节
2	Imgproc.Sobel()	用 Sobel 算子进行边缘检测	9.2.1 节
3	Core.convertScaleAbs()	计算矩阵中数值的绝对值，并转换为 8 位数据类型	9.2.1 节
4	Imgproc.Scharr()	用 Scharr 算子进行边缘检测	9.2.2 节
5	Imgproc.Laplacian()	用 Laplacian 算子进行边缘检测	9.2.3 节
6	Imgproc.Canny()	用 Canny 算法进行边缘检测	9.3.2 节
7	Imgproc.findContours()	在二值图像中寻找轮廓	9.4.1 节
8	Imgproc.drawContours()	绘制轮廓或轮廓内部	9.4.2 节
9	Imgproc.contourArea()	计算轮廓面积	9.4.3 节
10	Imgproc.arcLength()	计算轮廓周长	9.4.3 节
11	Imgproc.boundingRect()	获取直边界矩形	9.4.3 节
12	Imgproc.minAreaRect()	获取最小外接矩形	9.4.3 节
13	Imgproc.boxPoints()	获取旋转矩形的 4 个顶点	9.4.3 节
14	Imgproc.minEnclosingCircle()	获取最小外接圆	9.4.3 节
15	Imgproc.approxPolyDP()	寻找逼近轮廓的多边形	9.4.3 节
16	Imgproc.convexHull()	寻找点集的凸包	9.4.3 节

本章中的示例程序清单见表 9-2。

表 9-2　第 9 章示例程序清单

编号	程 序 名	程 序 说 明	所在章节
1	Sobel.java	用 Sobel 算子进行边缘检测	9.2.1 节
2	Scharr.java	用 Scharr 算子进行边缘检测	9.2.2 节
3	Laplacian.java	用 Laplacian 算子进行边缘检测	9.2.3 节
4	Canny.java	用 Canny 算法进行边缘检测	9.3.2 节
5	ContourHierarchy.java	轮廓的层级结构	9.4.2 节
6	FindContours.java	轮廓检测和轮廓绘制	9.4.2 节
7	ContourArea.java	计算轮廓面积	9.4.3 节
8	ArcLength.java	计算轮廓周长	9.4.3 节

续表

编号	程 序 名	程 序 说 明	所在章节
9	BoundingRect.java	获取直边界矩形	9.4.3 节
10	MinAreaRect.java	获取最小外接矩形	9.4.3 节
11	MinCircle.java	获取最小外接圆	9.4.3 节
12	ApproxPolyDP.java	寻找逼近轮廓的多边形	9.4.3 节
13	ConvexHull.java	寻找点集的凸包	9.4.3 节

霍 夫 变 换

霍夫变换（Hough Transform）是从图像中识别几何形状的基本方法，由 Paul Hough 于 1962 年首次提出。最初霍夫变换只能用来检测直线，经过不断地改进，霍夫变换能识别任意形状（多为圆和椭圆等几何图形）。

10.1 霍夫变换的原理

在笛卡儿坐标系统下，一条直线可以用斜率 k 和截距 q 表示，其公式如下：

$$y=kx+q \tag{10-1}$$

把 k 和 q 放到一个坐标空间中表示时这个坐标空间就称为"霍夫空间"，如图 10-1 所示。

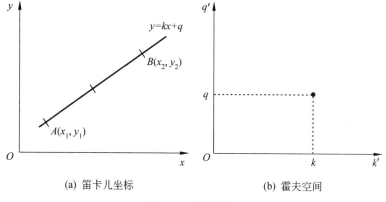

(a) 笛卡儿坐标　　　　　　　(b) 霍夫空间

图 10-1　霍夫空间

关于霍夫空间有以下两条重要定理：

（1）笛卡儿空间中的一条直线，对应于霍夫空间的一个点，反过来也成立。

（2）如果笛卡儿坐标中有若干个点共线，则这些点在霍夫空间中对应的直线相交于一点，如图 10-2 所示。

这样，在笛卡儿空间寻找直线的问题，就可以转换为在霍夫空间寻找相交点的问题。

但是，在将杂乱的点连接成直线时，会有许多种连接方法。此时应该如何选择呢？霍夫

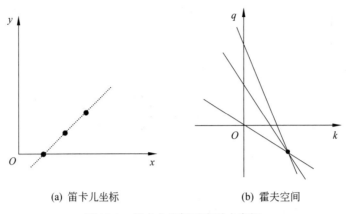

(a) 笛卡儿坐标　　　　　　　　　　(b) 霍夫空间

图 10-2　笛卡儿坐标对应霍夫空间

变换的基本方式是选择由尽可能多的直线汇成的点，如图 10-3（a）所示，笛卡儿坐标系中有 A、B、C、D、E 共 5 个点，如果按照每两点构成一条直线来画线，则会有很多线。现在将这 5 个点转换成霍夫空间的直线，如图 10-3（b）所示。可以看出，最多直线形成的交点是 M 点和 N 点，相交直线有 3 条，其余交点都只有 2 条直线相交，因此，最后检测到的直线就是 M 点和 N 点在笛卡儿坐标中对应的直线，即 ACE 和 BCD，如图 10-3（c）所示。

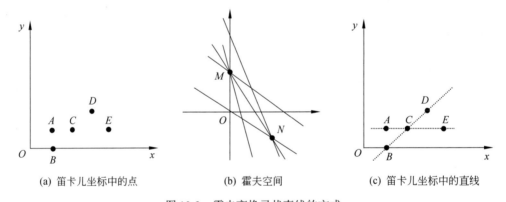

(a) 笛卡儿坐标中的点　　　　(b) 霍夫空间　　　　(c) 笛卡儿坐标中的直线

图 10-3　霍夫变换寻找直线的方式

上述方法简洁明了，但是有一个缺陷：当直线平行于 y 轴时斜率为无穷大，此时霍夫变换就遇到问题了。解决这个问题的方法是将笛卡儿坐标转换为极坐标。

在极坐标系中，任何直线可用 ρ 和 θ 两个参数表示，公式如下：

$$\rho = x\cos\theta + y\sin\theta \tag{10-2}$$

其中，ρ 为原点到直线的垂直距离，θ 为直线垂线与 x 轴的夹角，如图 10-4 所示。

这样，极坐标中的点也能对应于霍夫空间的线，只不过这时霍夫空间的参数不再是斜率 k 和截距 q，而是 ρ 和 θ。极坐标中一条直线上的点，在霍夫空间中仍然交于一点，如图 10-5 所示。

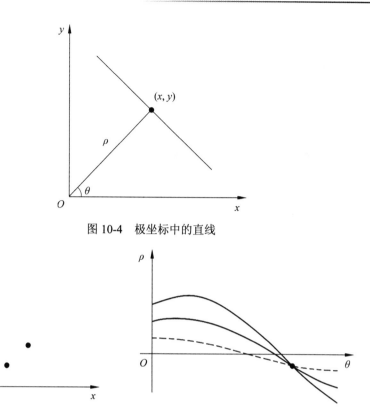

图 10-4 极坐标中的直线

(a) 极坐标

(b) 霍夫空间

图 10-5 极坐标对应霍夫空间

10.2 霍夫线检测

基于上述原理，霍夫线检测算法需要创建一个二维数组，称为累加器，如图 10-6 所示。
检测结果的准确度取决于累加器的大小；如果希望角度精确到
1°，则数组需要 180 列；ρ 的最大值为图片的对角线距离，如果
希望 ρ 精确度达到像素级别，则行数需要与对角线像素数一样。
累加器统计直线交点次数的过程称为"投票"。投票开始后，对
于图像中直线上的每像素 (x, y)，将其代入极坐标公式中，然
后分别计算 θ 各个值（如精度为 1°，则 θ 为 0°，1°，2°，3°，…，
180°）时的 ρ 值，如果累加器中有这个值，则给这个值投一票。
对所有像素投完票后，找到累加器中的最大值对应的 ρ 和 θ，这
两个参数对应的直线就是检测结果。

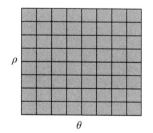

图 10-6 累加器

OpenCV 中的霍夫变换函数不止一个，下面介绍标准霍夫变换函数（SHT）和概率霍夫
变换函数（PPHT）。

10.2.1　标准霍夫变换

OpenCV 中标准霍夫变换函数的原型如下：

```
void Imgproc.HoughLines(Mat image, Mat lines, double rho, double theta, int
threshold)
函数用途：用标准霍夫变换在二值图像中寻找直线。
```

【参数说明】

(1) image：8 位单通道二值图像。

(2) lines：检测到的直线（二维数组），每条直线由 ρ 和 θ 表示。

(3) rho：累加器中距离的精度，单位为像素。

(4) theta：累加器中角度的精度，单位为弧度。

(5) threshold：累加器中的阈值参数，只有获得足够多投票的直线才出现在结果集中。

下面用一个完整的程序说明用标准霍夫变换寻找直线的方法，代码如下：

```java
//第 10 章/HoughLines.java

import org.opencv.core.*;
import org.opencv.highgui.HighGui;
import org.opencv.imgcodecs.Imgcodecs;
import org.opencv.imgproc.Imgproc;

public class HoughLines {
        public static void main(String[] args) {
                System.loadLibrary(Core.NATIVE_LIBRARY_NAME);

                //读取图像并在屏幕上显示
                Mat src = Imgcodecs.imread("board.jpg",
Imgcodecs.IMREAD_GRAYSCALE);
                HighGui.imshow("src", src);
                HighGui.waitKey(0);

                //Canny 边缘检测并将结果存储为 BGR 图像
                Mat canny = new Mat();
                Mat dst = new Mat();    //用于画线
                Imgproc.Canny(src, canny, 50, 200, 3, false);
                Imgproc.cvtColor(canny, dst, Imgproc.COLOR_GRAY2BGR);

                //进行霍夫线检测，结果在 lines 中
                Mat lines = new Mat();  //存储检测结果
                Imgproc.HoughLines(canny, lines, 1, Math.PI/180, 150);

                //将检测结果用红线画出
                for (int n = 0; n < lines.rows(); n++) {
                        double rho = lines.get(n,0)[0]; //极坐标中的 ρ
```

```
                                    double theta = lines.get(n,0)[1];//极坐标中的θ
                                    double cos = Math.cos(theta);
                                    double sin = Math.sin(theta);
                                    double x0 = cos*rho;
                                    double y0 = sin*rho;
                                    double len = 800;        //所画直线的长度
                                    Point pt1 = new Point(Math.round(x0+len*(-sin)),
Math.round(y0 + len*(cos)));

                                    Point pt2 = new Point(Math.round(x0-len*(-sin)),
Math.round(y0 - len*(cos)));

                                    Imgproc.line(dst, pt1, pt2, new Scalar(0, 0,
255), 3);
                            }

                            HighGui.imshow("Detected Lines", dst);
                            HighGui.waitKey(0);
                            System.exit(0);
                    }
            }
```

程序的运行结果如图 10-7 所示。程序中有一个变量 len 是指画线的长度，因为标准霍夫变换中输出的是直线的 ρ 和 θ，而根据这两个参数得到的是直线（没有起始点和终止点）而不是线段，所以需要指定线的长度。由于原图像的宽和高都低于 800 像素，所以将长度设为 800。如果检测图像的分辨率较高，则需要调整直线的长度。

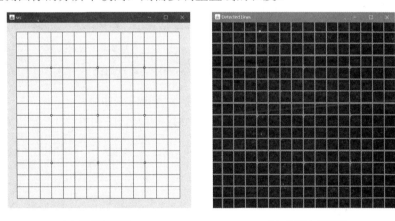

(a) 待检测图像   (b) 检测出的直线

图 10-7　HoughLines.java 程序的运行结果

上述程序中由于用的图像相对简单，所以结果也比较完美，但是如果更换一下输入图像，则结果可能会出人意料。接下来把输入图像换成稍微复杂点的图像：有黑白棋子的棋盘，输入图像和输出结果如图 10-8 所示。这样的结果似乎很不理想，主要问题有两个。一是棋盘上有的地方明明只有一条线，但检测结果却变成了一组线，而且角度相差很小。另一个问题是有几条斜线是原图像中没有的。如果仔细检查一下代码，则可以发现问题的根源所在。第1个问题出在 HoughLines()函数的第 4 个参数 theta 上。程序中将其设为 Math.PI/180，换算成角度就是 1°。由于霍夫线检测是根据阈值判断是否是直线的，水平方向的棋盘线自然毫无问题地被判断成直线，但在测试稍许倾斜的直线时，也能符合阈值要求，因而也被判断为直线。第 2 个问题和霍夫线检测的原理有关。霍夫线检测实际上是统计霍夫空间中交点的数量而不管相关像素是否连续，因而即使是肉眼看上去相隔很远的像素，只要交点数量超过阈值仍然会被判断为直线。观察原图像可以看出，斜线出现处都是棋子比较密集的地方，这些斜线无一例外地都经过多枚棋子的边缘像素。这些像素虽然并不连续，但在投票时无疑会被统计在内，最后因为超过阈值而被检测为直线。解决这个问题的方法是把阈值提高，这样不连续的像素就不会构成直线了。

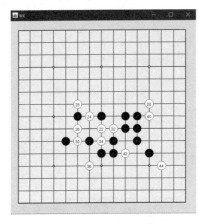
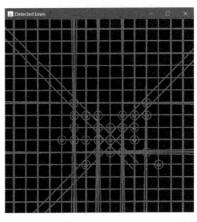

(a) 待检测图像   (b) 检测出的直线

图 10-8 更换输入图像后程序的运行结果

通过修改相关参数，可以解决上述问题。修改后的代码如下：

```java
//第 10 章/HoughLines2.java

import org.opencv.core.*;
import org.opencv.highgui.HighGui;
import org.opencv.imgcodecs.Imgcodecs;
import org.opencv.imgproc.Imgproc;


public class HoughLines2 {
        public static void main(String[] args) {
                System.loadLibrary(Core.NATIVE_LIBRARY_NAME);

                //读取图像并在屏幕上显示
                Mat src = Imgcodecs.imread("chess.jpg", Imgcodecs.IMREAD_
GRAYSCALE);
                HighGui.imshow("src", src);
```

```
                            HighGui.waitKey(0);

                            //Canny 边缘检测并将结果存储为 BGR 图像
                            Mat canny = new Mat();
                            Mat dst = new Mat();   //用于画线
                            Imgproc.Canny(src, canny, 50, 200, 3, false);
                            Imgproc.cvtColor(canny, dst, Imgproc.COLOR_GRAY2BGR);

                            //进行霍夫线检测，结果在 lines 中
                            Mat lines = new Mat(); //存储检测结果
                            Imgproc.HoughLines(canny, lines, 1, Math.PI/30, 300);

                            //将检测结果用红线画出
                            for (int n = 0; n < lines.rows(); n++) {
                                        double rho = lines.get(n,0)[0]; //极坐标中的 ρ
                                        double theta = lines.get(n,0)[1];//极坐标中的 θ
                                        double cos = Math.cos(theta);
                                        double sin = Math.sin(theta);
                                        double x0 = cos*rho;
                                        double y0 = sin*rho;
                                        double len = 800;       //所画直线的长度
                                        Point pt1 = new Point(Math.round(x0 +
len*(-sin)), Math.round(y0 + len*(cos)));
                                        Point pt2 = new Point(Math.round(x0 -
len*(-sin)), Math.round(y0 - len*(cos)));
                                        Imgproc.line(dst, pt1, pt2, new Scalar(0, 0,
255), 3);
                            }

                            HighGui.imshow("Detected Lines", dst);
                            HighGui.waitKey(0);
                            System.exit(0);
            }
    }
```

程序中将阈值提高到 300，theta 参数也进行了调整，最后检测结果符合预期。程序的运行结果如图 10-9 所示。

10.2.2　概率霍夫变换

概率霍夫变换是标准霍夫变换的改进版。标准霍夫变换中输出的是直线的 ρ 和 θ，根据这两个参数得到的是直线（没有起始点和终止点）而不是线段，而概率霍夫变换则输出线段的起始点和终止点。也就是说，标准霍夫变换只输出方向，而概率霍夫变换则不仅输出方向，还输出范围。之所以称为"概率"霍夫变换，是因为这个算法并没有累加平面内的所有可能的点，而是随机选取一个点集进行计算。其理论依据是如果峰值足够高，则只用一小部分时间去寻找它就足够了，这样可以大大节省时间。

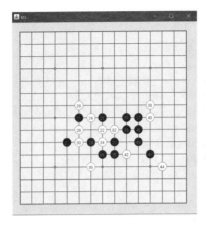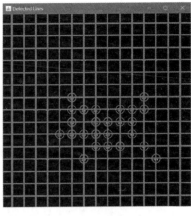

(a) 待检测图像　　　　　　　(b) 检测出的直线

图 10-9　HoughLines2.java 程序的运行结果

OpenCV 中概率霍夫变换函数的原型如下：

```
void Imgproc.HoughLinesP(Mat image, Mat lines, double rho, double theta, int
threshold)
```

函数用途：用概率霍夫变换在二值图像中寻找直线。

【参数说明】
(1) image：8 位单通道二值图像。
(2) lines：检测到的直线。
(3) rho： 累加器中距离的精度，单位为像素。
(4) theta：累加器中角度的精度，单位为弧度。
(5) threshold：累加器中的阈值参数，只有获得足够多投票的直线才出现在结果集中。这个值越大，所判断出的直线越少，反之则越多。

下面用一个完整的程序说明用概率霍夫变换检测直线的方法，代码如下：

```java
//第 10 章/HoughLinesP.java

import org.opencv.core.*;
import org.opencv.highgui.HighGui;
import org.opencv.imgcodecs.Imgcodecs;
import org.opencv.imgproc.Imgproc;

public class HoughLinesP {
        public static void main(String[] args) {
                System.loadLibrary(Core.NATIVE_LIBRARY_NAME);

                //读取图像并在屏幕上显示
                Mat src = Imgcodecs.imread("chess.jpg", Imgcodecs.IMREAD_
GRAYSCALE);

                HighGui.imshow("src", src);
```

```
        HighGui.waitKey(0);

        //Canny边缘检测并将结果存储为 BGR 图像
        Mat canny = new Mat();
        Mat dst = new Mat();   //用于画线
        Imgproc.Canny(src, canny, 50, 200, 3, false);
        Imgproc.cvtColor(canny, dst, Imgproc.COLOR_GRAY2BGR);

        //进行霍夫线检测，结果在 lines 中
        Mat lines = new Mat(); //存储检测结果
        Imgproc.HoughLinesP(canny, lines, 1, Math.PI/180, 250);

        //将检测结果用黄线画出
        for (int n = 0; n < lines.rows(); n++) {
                double[] vec = lines.get(n, 0);
                double x1 = vec[0], y1 = vec[1];//线段的端点 1
                double x2 = vec[2], y2 = vec[3];//线段的端点 2
                Point pt1 = new Point(x1, y1);
                Point pt2 = new Point(x2, y2);
                Imgproc.line(dst, pt1, pt2, new Scalar(0, 255,
255), 5);
        }

        //在屏幕上显示检测结果
        HighGui.imshow("Detected Lines", dst);
        HighGui.waitKey(0);
        System.exit(0);
    }
}
```

　　程序的运行结果如图 10-10 所示。可以看出，概率霍夫变换与标准霍夫变换的结果有较大的不同。首先，概率霍夫变换检测的结果是线段，而不是直线。另外，概率霍夫变换只检

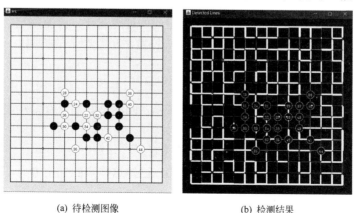

(a) 待检测图像　　　　　　　　　　(b) 检测结果

图 10-10　HoughLinesP.java 程序的运行结果

测出了部分直线（线段），有相当一部分直线（线段）并未被检测出来，因为它只是随机选择了一个点集进行计算，而没有计算所有像素。

10.3 霍夫圆检测

10.3.1 霍夫圆检测的原理

霍夫圆检测的原理和霍夫线检测类似，只是从霍夫线的二维变成了三维。在笛卡儿坐标系中圆的方程如下：

$$(x-a)^2+(y-b)^2=r^2 \tag{10-3}$$

其中，$(a，b)$为圆心坐标，r为圆的半径，如图10-11所示。

由此可见，要表示一个圆需要a、b、r三个参数。在a、b、r组成的三维坐标系中，一个点可以唯一确定一个圆。笛卡儿坐标系中经过某一点的所有圆映射到abr坐标系中是一条三维的曲线，如图10-12所示。

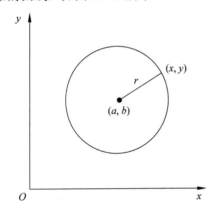

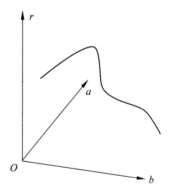

图 10-11　笛卡儿坐标系中的圆　　　　图 10-12　经过某一点的所有圆在 abr 坐标系中

霍夫圆检测的过程和直线差不多，但三维空间的计算量比二维空间增加了很多倍，标准霍夫圆检测效率很低，所以 OpenCV 中使用霍夫梯度法进行圆形的检测。

10.3.2 霍夫梯度法

霍夫梯度法的原理并不复杂，如图10-13所示，圆心是圆周上众多法线的交汇点，霍夫梯度法就是据此来寻找圆心的。

霍夫梯度法检测圆的原理可用下面的例子说明。

假设图像上有 4 个点，分别为 A、B、C、D，已知这些点的梯度方向，求这些点构成的圆，如图10-14（a）所示。

求解的过程如下：

（1）沿 4 个点的梯度方向画出法线，发现它们相交于 O 点，那么 O 点就是可能的圆心，

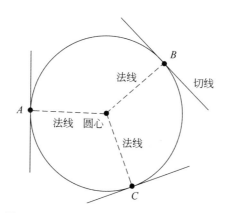

图 10-13 圆心是圆周上众多法线的交汇点

如图 10-14（b）所示。

（2）下一步是寻找半径，或者说验证各种半径的支持度。4 个点与 O 点的连线距离 OA、OB、OC、OD 分别为 4 种候选的半径，记为 r_1、r_2、r_3、r_4。

（3）经计算发现 $r_1 \sim r_4$ 中只有两种半径，其中 $r_1=r_2=r_3$，统一记为 r_1，而 r_4 比 r_1 要长。

（4）现在统计各半径的支持度：r_1 的支持度为 3，r_4 的支持度为 1。

（5）假设 3 超过累加器中设定的阈值，那么点 O 和半径 r_1 就是要求解的圆的圆心和半径。

（6）根据点 O 和 r_1 画出的圆，如图 10-14（b）所示。

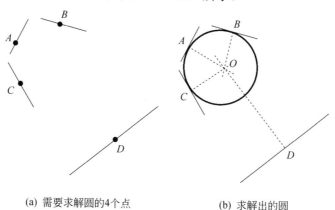

(a) 需要求解圆的4个点   (b) 求解出的圆

图 10-14 霍夫梯度法检测圆的原理

由上可知，霍夫梯度法大体分为两步，第 1 步是寻找候选圆心，第 2 步是根据非零像素对候选圆心的支持度来确定半径。在寻找圆心时，霍夫梯度法需要先对图像进行 Canny 边缘检测，然后用 Sobel 函数求出局部梯度并画出法线，并通过累加器投票得出候选的圆心。接着，对每个候选圆心选择非零像素最支持的一条半径。如果一个候选圆心获得边缘图像非零像素最充分的支持，并且离其他圆心有足够的距离，则该圆心及半径所构成的圆成立。

OpenCV 中霍夫圆检测的函数原型如下：

```
Imgproc.HoughCircles(Mat image, Mat circles, int method, double dp, double
minDist, double param1, double param2, int minRadius, int maxRadius);
```
函数用途：用霍夫变换寻找圆。

【参数说明】

(1) image：输入图像，要求是 8 位单通道灰度图像。

(2) method：检测算法，目前只支持以下参数。

◆ Imgproc.HOUGH_GRADIENT：霍夫梯度法。

(3) dp：霍夫空间的分辨率。当 dp=1 时，累加器的分辨率与输入图像相同；当 dp=2 时，累加器的分辨率（宽和高）是输入图像的一半。

(4) minDist：圆心之间的最小距离，如果检测到两个圆心距离小于该值，则认为它们是同一个圆心。

(5) param1：Canny 边缘检测时的高阈值，低阈值是高阈值的一半。

(6) param2：检测圆心和确定半径时的累加器计数阈值。

(7) minRadius：检测到的圆半径的最小值。

(8) maxRadius：检测到的圆半径的最大值。当 maxRadius<=0 时表示采用图像的最大尺寸。

霍夫梯度法解决了标准霍夫圆检测效率过低的问题，但是它存在如下缺陷：

（1）霍夫梯度法中使用 Sobel 导数来计算局部梯度，但这并不是一个数值稳定的方法，在某些情况下会产生噪声。

（2）在边缘图像中的每个非零像素都是很多可能的圆上的点，如果累加阈值设置得过低，则会导致算法耗时过多。

（3）霍夫梯度法中每个圆心只选择一个圆，这意味着如果有同心圆，就只能选择其中一个。

下面用一个完整的程序说明霍夫圆检测的过程，代码如下：

```
//第10章/HoughCircle.java

import org.opencv.core.*;
import org.opencv.highgui.HighGui;
import org.opencv.imgcodecs.Imgcodecs;
import org.opencv.imgproc.Imgproc;

public class HoughCircle {
        public static void main(String[] args) {
                System.loadLibrary(Core.NATIVE_LIBRARY_NAME);

                //读取图像并在屏幕上显示
                Mat src = Imgcodecs.imread("chess.jpg");
                HighGui.imshow("Chess", src);
                HighGui.waitKey(0);

                //预处理
                Mat gray = new Mat();
                Imgproc.cvtColor(src, gray, Imgproc.COLOR_BGR2GRAY);
```

```
                           Imgproc.GaussianBlur(gray, gray, new Size(9,9), 2);

                           //霍夫圆检测
                           Mat circles = new Mat();
                           Imgproc.HoughCircles(gray, circles, Imgproc.HOUGH_
GRADIENT, 1, 10, 100, 30, 5, 30);

                           //将检测出的圆画出
                           for (int n = 0; n < circles.cols(); n++) {
                                     double[] c = circles.get(0, n);
                                     Point center = new Point(Math.round(c[0]),
Math.round(c[1])); //圆心

                                     int radius = (int) Math.round(c[2]); //半径
                                     Imgproc.circle(src, center, radius, new
Scalar(0,0,255), 5);
                           }

                           //在屏幕上显示检测结果
                           HighGui.imshow("Circles", src);
                           HighGui.waitKey();
                           System.exit(0);
                  }

       }
```

程序的运行结果如图 10-15 所示。图中有一个圆形（白 44）未被检测出来。

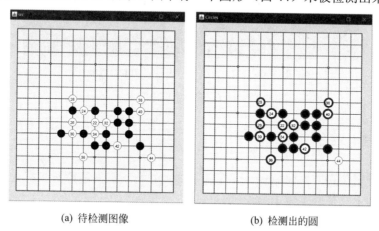

(a) 待检测图像　　　　　　　　　　(b) 检测出的圆

图 10-15　HoughCircle.java 程序的运行结果

鉴于霍夫梯度法的原理，最后检测出的圆可能和直观感觉有较大区别。有时图像中明明有较多的圆却无法检测出来，如图 10-16 所示；有时检测出的圆在我们看来根本就不是圆，如图 10-17 所示，因此，在利用霍夫梯度法检测圆时，应根据其原理选择合适的场景，否则结果往往不尽人意。

(a) 待检测图像　　　　　　　　(b) 检测出的圆

图 10-16　较多的圆未被检测出来

(a) 待检测图像　　　　　　　　(b) 检测出的圆

图 10-17　检测出的并非圆

10.4　本章小结

本章先介绍了霍夫变换的原理，并在此基础上介绍了霍夫线检测和霍夫圆检测的方法。本章介绍的主要函数见表 10-1。

表 10-1　第 10 章主要函数清单

编号	函　数　名	函　数　用　途	所在章节
1	Imgproc.HoughLines()	用标准霍夫变换寻找直线	10.2.1 节
2	Imgproc.HoughLinesP()	用概率霍夫变换寻找直线	10.2.2 节
3	HoughCircles()	用霍夫变换寻找圆	10.3.2 节

本章中的示例程序清单见表 10-2。

表 10-2 第 10 章示例程序清单

编号	程 序 名	程 序 说 明	所在章节
1	HoughLines.java	用标准霍夫变换寻找直线	10.2.1 节
2	HoughLines2.java	用标准霍夫变换寻找直线中问题的解决方案	10.2.1 节
3	HoughLinesP.java	用概率霍夫变换寻找直线	10.2.2 节
4	HoughCircle.java	用霍夫变换寻找圆	10.3.2 节

特征点检测和匹配

图像中的特征点指的是灰度值发生剧烈变化的点或者图像边缘上曲率较大的点。使用特征点能够大大减少需要处理的数据量从而提高计算速度。角点的概念与特征点大致相同，但是特征点一般具有能够唯一描述像素特征的描述子，而角点则没有。本章将重点介绍角点和特征点的检测及特征点的匹配。

11.1 角点检测

11.1.1 角点的概念

角点是一张图像中具有显著特征的结构元素，角点检测在运动检测、图像匹配、视频跟踪等方面有着非常广泛的应用。

图像特征可以分为 3 种类型：边缘、角点和斑点（Blobs），如图 11-1 所示。边缘的概念已经在第 9 章介绍过。角点则通常位于两条边缘的交点处，是可以精确定位的二维特征，如图 11-2 所示。边缘和角点的主要区别是，边缘通常被定义为在图像中某一方向的梯度极大并在与它垂直方向上极小的位置，而角点则在多个方向上同时具有较大的梯度。斑点则是指图像中共享某些共同属性(如灰度值)的一组相连的像素。

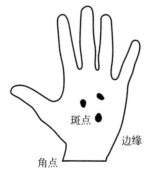

图 11-1 边缘、角点和斑点

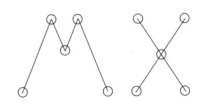

图 11-2 各种角点

常见的角点有以下几种：

（1）灰度的梯度的局部最大值所对应的点。

（2）两条直线或曲线的交点。

（3）梯度值和梯度方向的变化速率都很大的点。

（4）角点处的一阶导数最大，二阶导数为 0 的点。

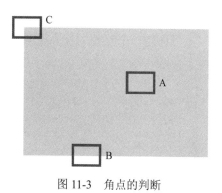

下面用一个简单的例子来说明如何判断角点，如图 11-3 所示，图中有 3 个矩形区域，分别为 A、B 和 C。A 所在区域是一个平坦区域，无论向何处移动都没有什么变化，因而很难跟踪。B 所在区域位于边缘上，如果沿水平方向移动，则同样没有变化，但是当沿垂直方向移动时是有变化的。C 所在的区域则与 A 和 B 都不一样，无论沿哪个方向移动都会发生变化，所以 C 中的点是角点，是一个很容易辨识的特征。

图 11-3　角点的判断

11.1.2　Harris 角点检测算法

Harris 角点检测算法是 1988 年由 Chris Harris 和 Mike Stephens 在 Moravec 算法的基础上提出的。Moravec 算法是 Moravec 在 1981 年提出的用于角点检测的算法，是最早的角点检测算法之一。

Harris 角点检测的原理可以用图 11-4 说明，图（a）中窗口位于平坦区域，将窗口沿任意方向移动灰度都不会有明显变化；图（b）中窗口位于边缘上，当窗口沿边缘方向移动时灰度也没有明显变化，但是当窗口沿着梯度方向（边缘垂直线方向）移动时则是有变化的；图（c）中窗口位于角点处，此时无论窗口往何方移动灰度都会有显著的变化。

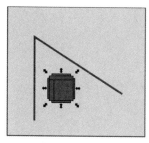 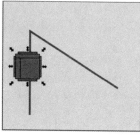 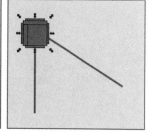

(a) 窗口位于平坦区域　　　　(b) 窗口位于边缘处　　　　(c) 窗口位于角点处

图 11-4　Harris 角点检测原理图

OpenCV 中 Harris 角点检测函数的原型如下：

```
void Imgproc.cornerHarris(Mat src, Mat dst, int blockSize, int ksize, double k);
函数用途：Harris 角点检测。
```

【参数说明】

（1）src：输入图像，要求是单通道 8 位或浮点图像。

(2)dst：存放 Harris 评价系数的矩阵。数据类型必须是 CV_32FC1，与输入图像具有相同的尺寸。

(3)blockSize：邻域大小。

(4)ksize：Sobel 算子孔径大小。

(5)k：Harris 角点检测方程中的自由参数。

下面用一个完整的程序说明 Harris 角点检测的方法，代码如下：

```java
//第 11 章/Harris.java

import org.opencv.core.*;
import org.opencv.imgcodecs.*;
import org.opencv.imgproc.*;
import org.opencv.highgui.HighGui;

public class Harris {
        public static void main(String[] args) {
                System.loadLibrary(Core.NATIVE_LIBRARY_NAME);

                //读取图像，转换成灰度图并在屏幕上显示
                Mat src=Imgcodecs.imread("board.jpg");
                Mat gray=new Mat();
                Imgproc.cvtColor(src, gray, Imgproc.COLOR_BGR2GRAY);
                HighGui.imshow("gray", gray);
                HighGui.waitKey(0);

                //计算 Harris 评价系数
                Mat dst=new Mat();
                int blockSize = 2;
                int ksize = 3;
                Imgproc.cornerHarris(gray, dst, blockSize, ksize, 0.04);

                //归一化并将数据类型转换为 8 位无符号数
                Core.normalize(dst, dst, 0, 255,Core.NORM_MINMAX);
                Core.convertScaleAbs(dst, dst);

                //寻找 Harris 角点并用圆圈画出
                Mat result=src.clone(); //用于画图
                for (int row = 0 ; row < dst.rows(); row++) {
                        for (int col = 0; col < dst.cols(); col++) {
                                double R[] = dst.get(row,col);
                                                //获取 Harris 评价值
                                if (R[0] > 125) {
        Imgproc.circle(result, new Point(col,row), 1, new
Scalar(0,0,255));
                                }
                        }
```

```
        }

        HighGui.imshow("Harris Corners", result);
        HighGui.waitKey(0);
        System.exit(0);
    }
}
```

程序的运行结果如图 11-5 所示。

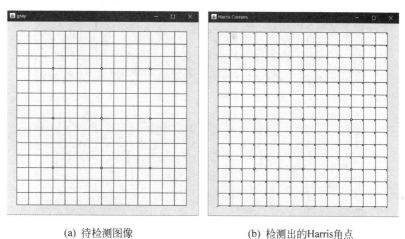

        (a) 待检测图像   (b) 检测出的Harris角点

图 11-5　Harris.java 程序的运行结果

    程序中通过对 Harris 评价值设定阈值筛选出绘制的角点集，而这个阈值对筛选结果有很大的影响。下面用如图 11-6 所示的轮廓图来测试不同阈值下的角点集的差异。

图 11-6　用于测试 Harris 角点的轮廓图

测试结果如图 11-7 所示，4 张图分别是阈值为 125、150、175 和 200 时的角点检测结果。

当阈值在 150 以下时角点比较密集，当阈值超过 175 时角点变得稀疏。

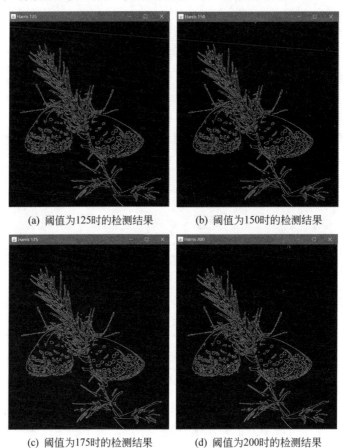

(a) 阈值为125时的检测结果　　　　(b) 阈值为150时的检测结果

(c) 阈值为175时的检测结果　　　　(d) 阈值为200时的检测结果

图 11-7　不同阈值下 Harris 角点的检测结果

11.1.3　Shi-Tomasi 角点检测算法

1994 年，J. Shi 和 C. Tomasi 对 Harris 算法做了一些改进，获得了更好的效果。Shi-Tomasi 算法的大部分步骤与 Harris 算法相同，区别仅仅在于最后的响应函数。Harris 算法中的响应函数如下：

$$R = \det(\boldsymbol{M}) - k(\mathrm{trace}(\boldsymbol{M}))^2$$
$$= \lambda_1 \lambda_2 - k(\lambda_1 + \lambda_2)^2 \tag{11-1}$$

其中，λ_1 和 λ_2 分别为矩阵 $\boldsymbol{M}$ 的两个特征值，而 Shi-Tomasi 算法中的响应函数如下：

$$R = \min(\lambda_1, \lambda_2) \tag{11-2}$$

当 R 大于阈值时，该点就被认为是角点，这种角点称为 Shi-Tomasi 角点。

OpenCV 中 Shi-Tomasi 角点检测函数的原型如下：

```
void Imgproc.goodFeaturesToTrack(Mat image, MatOfPoint corners, int
```

```
maxCorners, double qualityLevel, double minDistance, Mat mask, int blockSize,
boolean useHarrisDetector, double k);
```

函数用途：寻找图像上的强角点。

【参数说明】

(1) image：输入图像，要求是 8 位或 32 位浮点单通道图像。

(2) corners：检测到的角点集。

(3) maxCorners：返回的角点数量的最大值。如果检测到的角点数大于 maxCorners，则返回 maxCorners 个角点；如果此参数为 0，则表示不对最大值设限，返回检测到的所有角点。

(4) quality_level：检测到的角点的质量等级。

(5) min_distance：角点间的最小欧氏距离。如果检测出角点周围 minDistance 范围内存在更强的角点，则将此角点删除。

(6) mask：用于指定检测区域的掩码。如检测整幅图像，则 mask 为空即可。

(7) block_size：计算梯度协方差矩阵时窗口大小。

(8) useHarrisDetector：设为 true 时为 Harris 角点检测，设为 false 时则为 Shi-Tomasi 角点检测。

(9) k：Harris 角点检测算子用的中间参数，经验值为 0.04~0.06。

下面用一个完整的程序说明 Shi-Tomasi 角点检测的方法，代码如下：

```java
//第 11 章/ShiTomasi.java

import org.opencv.core.*;
import org.opencv.imgcodecs.*;
import org.opencv.imgproc.*;
import org.opencv.highgui.HighGui;

public class ShiTomasi {
        public static void main(String[] args) {
                System.loadLibrary(Core.NATIVE_LIBRARY_NAME);

                //读取图像，转换为灰度图并在屏幕上显示
                Mat src=Imgcodecs.imread("butterfly2.png");
                Mat gray=new Mat();
                Imgproc.cvtColor(src, gray, Imgproc.COLOR_RGB2GRAY);
                HighGui.imshow("gray", gray);
                HighGui.waitKey(0);

                //进行 Shi-Tomasi 角点检测
                MatOfPoint corners=new MatOfPoint();   //检测结果集
                int maxCorners = 500;                  //最多角点数
                double qualityLevel = 0.01;            //质量等级
                double minDistance = 10;               //角点间的最小距离
                boolean useHarrisDetector=false;    //用 Shi-Tomasi 算法
                Imgproc.goodFeaturesToTrack(gray, corners, maxCorners,
qualityLevel, minDistance, new Mat(), 3 , useHarrisDetector, 0.04);
```

```
                        //将检测结果用圆圈画出
                        Mat dst=src.clone();
                        Point[] p=corners.toArray();            //转换为数组
                        for(int i = 0; i < p.length; i++) {
                                        Imgproc.circle(dst, p[i], 3, new
Scalar(0,0,255), 2);
                        }

                        //在屏幕上显示检测结果
                        HighGui.imshow("Corners", dst);
                        HighGui.waitKey(0);
                        System.exit(0);
                }
}
```

程序的运行结果如图 11-8 所示。

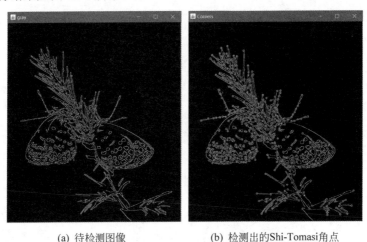

(a) 待检测图像　　　　　　　(b) 检测出的Shi-Tomasi角点

图 11-8　ShiTomasi.java 程序的运行结果

由于 goodFeaturesToTrack()函数能同时进行 Harris 角点检测和 Shi-Tomasi 角点检测，所以可以用此函数来比较两种方法的异同之处。下面用一个完整的程序来测试并比较两种方法的结果，代码如下：

```
//第 11 章/GoodFeaturesToTrack.java

import org.opencv.core.*;
import org.opencv.imgcodecs.*;
import org.opencv.imgproc.*;
import org.opencv.highgui.HighGui;

public class GoodFeaturesToTrack {
```

```java
public static void main(String[] args) {
        System.loadLibrary(Core.NATIVE_LIBRARY_NAME);

        //读取图像，转换为灰度图并在屏幕上显示
        Mat src=Imgcodecs.imread("wang.png");
        Mat gray=new Mat();
        Imgproc.cvtColor(src, gray, Imgproc.COLOR_RGB2GRAY);
        HighGui.imshow("gray", gray);
        HighGui.waitKey(0);

        //参数准备
        MatOfPoint corners=new MatOfPoint();  //检测结果集
        int maxCorners = 20;                       //最多角点数
        double qualityLevel = 0.01;                //质量等级
        double minDistance = 10;                   //角点间的最小距离

        //用 Harris 算法进行检测
        boolean useHarrisDetector=true;
        Imgproc.goodFeaturesToTrack(gray, corners, maxCorners,
qualityLevel, minDistance, new Mat(), 3, useHarrisDetector, 0.04);

        //将 Harris 角点检测结果用圆圈画出
        Mat dst=src.clone();
        Point[] p=corners.toArray();   //转换为数组
        for(int i = 0; i < p.length; i++) {
                        Imgproc.circle(dst, p[i], 3, new
Scalar(0,0,255), 3);
        }

        //在屏幕上显示 Harris 角点检测结果
        HighGui.imshow("Harris", dst);
        HighGui.waitKey(0);

        //用 Shi-Tomasi 算法进行检测
        useHarrisDetector=false;
        Imgproc.goodFeaturesToTrack(gray, corners, maxCorners,
qualityLevel, minDistance, new Mat(), 3, useHarrisDetector, 0.04);

        //将 Shi-Tomasi 角点检测结果用圆圈画出
        dst=src.clone();
        p=corners.toArray();   //转换为数组
        for(int i = 0; i < p.length; i++) {
                        Imgproc.circle(dst, p[i], 3, new
Scalar(0,0,255), 3);
        }

        //在屏幕上显示 Shi-Tomasi 角点检测结果
```

```
                           HighGui.imshow("Shi-Tomasi", dst);
                           HighGui.waitKey(0);
                           System.exit(0);
                   }
           }
```

程序的运行结果如图 11-9 所示。为了能够直观地感受两种角点检测方法的异同，程序选用了比较简单的向量字体图像，除了 useHarrisDetector 外其余参数均相同，最大角点数量 maxCorners 则设为 20，以便于观测。从图 11-9（b）和图 11-9（c）中可以看出，Harris 算法只检测出 7 个角点，而 Shi-Tomasi 则检测出了 19 个角点。至于角点的质量，Shi-Tomasi 算法似乎更多检测出了带有较大弧度的转折处，而 Harris 算法则更为严格一些。

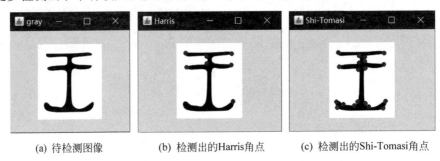

(a) 待检测图像　　　　　　(b) 检测出的Harris角点　　　　(c) 检测出的Shi-Tomasi角点

图 11-9　GoodFeaturesToTrack.java 程序的运行结果

11.2　特征点检测

Harris 和 Shi-Tomasi 算法检测出的角点具有旋转不变性，但不具备尺度不变性。用通俗的语言来描述就是将图片旋转后能找到同样的角点，但是缩放后原来的角点可能就不存在了，如图 11-10 所示，在左侧小图中可以检测到角点，但在放大后使用同样的窗口就检测不到角点了。

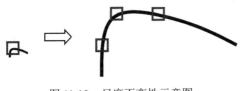

图 11-10　尺度不变性示意图

要检测出同时具备旋转不变性和尺度不变性的特征点需要用 SIFT 算法等特征点检测算法。

11.2.1　SIFT 算法

SIFT 算法是尺度不变特征变换（Scale-Invariant Feature Transform）的简称，是 David Lowe 于 1999 年提出的特征点检测算法。

用 SIFT 算法进行特征点检测的步骤如下。

1. 尺度空间极值检测

所谓"尺度空间"，是指模拟人眼观察物体的一种方法，大尺度观察时去除图像的细节部分，小尺度观察时则要观察局部细节特征。

SIFT 算法的第 1 步是构建多尺度的高斯金字塔，将图片按组（Octave）和层（Interval）划分。同一组内的图片大小相同，但在向下采样时使用不同标准差的高斯卷积核，层数越高标准差也越大。

利用高斯拉普拉斯方法（Laplacian of Gaussian，LoG)可以在不同的尺度下检测图像的关键点，但 LoG 的计算量大、效率低，所以 SIFT 算法中通过两个相邻高斯尺度空间的图像相减得到高斯差分金字塔（也称为 DoG 金字塔），如图 11-11 所示。DoG 金字塔的第 m 组第 n 层是由高斯金字塔的第 m 组第 $n+1$ 层减第 m 组第 n 层得到的，SIFT 特征点的提取都是在 DoG 金字塔上进行的。

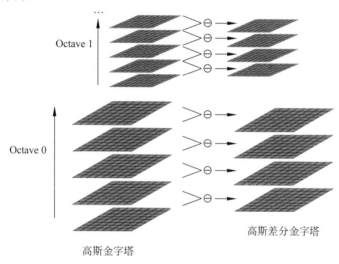

图 11-11　高斯差分金字塔的构建

DoG 金字塔构建完成后就可以在不同的尺度空间中搜索局部最大值了。对于图像中的每像素而言，它需要与自己周围的 8 邻域，以及尺度空间中上下两层中的相邻的 18（2×9）个点相比，如图 11-12 所示。如果该像素与这 26 个点比较下来是局部最大值，则该点有可能是一个关键点。

2. 特征点过滤并定位

上述过程找到的候选关键点是离散的，需要在其附近进行泰勒展开实现亚像素级的定位，如图 11-13 所示。接下来还要对关键点进行筛选，过滤掉低对比度和边界的那些点。如果极值点的灰度值小于 contrastThreshold（一般为 0.03 或 0.04），则可以将其舍弃。另外 DoG 算法对边界比较敏感，则还需要用边界阈值把边界去除掉。经过上述筛选后的关键点就是 SIFT 关键点。

3. 确定特征点的方向

上一步得到的关键点具有尺度不变性。为了实现旋转不变性，还需要为每个关键点确定方向。特征点的方向需要根据周围像素的梯度来确定。首先将检测到的关键点映射到高斯金

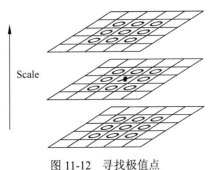

图 11-12　寻找极值点

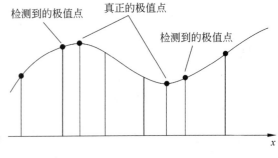

图 11-13　定位亚像素级特征点

字塔的图像中，对于任一关键点，对其所在高斯金字塔图像以 r 为半径的区域内所有像素用直方图统计梯度信息。对各点梯度的幅值还要进行高斯加权，使靠近特征点的梯度获得更大的权重。加权后幅值最大的方向作为特征点的主方向，如图 11-14 所示。

确定关键点的主方向后，每个关键点就有了 3 个信息：位置 (x, y)、尺度 (σ)、方向 (θ)，根据这 3 个值就可以确定一个 SIFT 特征区域。通常使用一个带箭头的圆或直接使用箭头表示 SIFT 区域的 3 个值：中心表示特征点位置，半径表示关键点尺度，箭头表示方向，如图 11-15 所示。

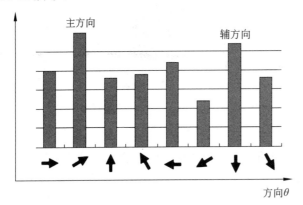

图 11-14　确定特征点的方向

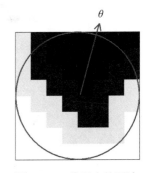

图 11-15　特征点的画法

每个特征点除了一个主方向外，还可以有一个或多个辅方向。辅方向是为了增强图像匹配的稳健性。辅方向的定义是：当一个柱体的高度大于主方向柱体高度的 80% 时，该柱体所代表的方向就是该特征点的辅方向，如图 11-14 所示。

4. 生成特征描述子

为了实现旋转不变性，计算描述子时需要将特征点邻域图像旋转到其主方向上。旋转后的图像以特征点为中心选取 16×16 大小的邻域作为采样窗口，然后将这个邻域分为 4×4 个子区域，将采样点与特征点的相对梯度方向通过高斯加权后归入包含 8 个 bin 的方向直方图，最后获得 128 维（$4 \times 4 \times 8$）的特征描述子，如图 11-16 所示。

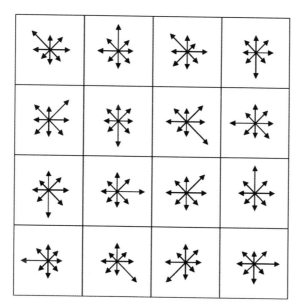

图 11-16 SIFT 描述子

虽然 SIFT 算法的流程很复杂，但在 OpenCV 中使用起来却很方便。OpenCV 中的 SIFT 特征点检测算法大致可以分为以下 3 步：

（1）用 SIFT.create() 函数创建一个 SIFT 对象。

SIFT.create() 函数的原型如下：

```
SIFT SIFT.create(int nfeatures)
函数用途：SIFT 类构造函数。
```

【参数说明】

nfeatures：最多提取的特征点的数量。返回的特征点根据评分排序得出。

（2）用 Feature2D.detect() 函数检测关键点。

关键点检测函数的原型如下：

```
void Feature2D.detect(Mat image, MatOfKeyPoint keypoints)
函数用途：在图像中检测关键点。
```

【参数说明】

（1）image：需要检测的图像。

（2）Keypoints：检测到的关键点。

（3）用 Features2d.drawKeypoints() 函数画出关键点。

绘制关键点的函数原型如下：

```
void Features2d.drawKeypoints(Mat image, MatOfKeyPoint keypoints, Mat
outImage, Scalar color, int flags)
函数用途：绘制关键点。
```

【参数说明】
(1) image：输入图像。
(2) keypoints：输入图像中检测到的关键点。
(3) outImage：输出图像，其内容取决于 flags 参数。
(4) color：关键点的颜色。
(5) flags：绘制特性标志，可选参数如下。
◆ Features2d.DrawMatchesFlags_DEFAULT：默认选项，创建输出图像矩阵，将绘制结果存放在输出图像中。每个关键点仅绘制圆心，不绘制带有关键点大小和方向的圆形。
◆ Features2d.DrawMatchesFlags_DRAW_OVER_OUTIMG：不创建输出图像矩阵，仅在输出图像的已有内容上绘制关键点。
◆ Features2d.DrawMatchesFlags_DRAW_RICH_KEYPOINTS：每个关键点都绘制带有关键点大小和方向的圆形。
◆ Features2d.DrawMatchesFlags_NOT_DRAW_SINGLE_POINTS：不绘制单个关键点。

下面用一个完整的程序说明用 SIFT 算法进行特征点检测的方法，代码如下：

```java
//第11章/Sift.java

import org.opencv.core.*;
import org.opencv.highgui.HighGui;
import org.opencv.imgcodecs.Imgcodecs;
import org.opencv.imgproc.Imgproc;
import org.opencv.features2d.*;

public class Sift {

        public static void main(String[] args) {
                System.loadLibrary(Core.NATIVE_LIBRARY_NAME);

                //读取图像，转换为灰度图并在屏幕上显示
                Mat src = Imgcodecs.imread("church.jpg");
                Mat dst = new Mat();
                Imgproc.cvtColor(src, dst, Imgproc.COLOR_BGR2GRAY);
                HighGui.imshow("gray", dst);
                HighGui.waitKey(0);

                //用 SIFT 算法检测关键点
                SIFT sift = SIFT.create(500);  //最多500个关键点
                MatOfKeyPoint pt = new MatOfKeyPoint();
                sift.detect(src, pt);  //pt 为结果集

                //在 dst 上画出关键点并在屏幕上显示
                Features2d.drawKeypoints(src, pt, dst, new Scalar(0, 0,
255), Features2d.DrawMatchesFlags_DRAW_RICH_KEYPOINTS);
                HighGui.imshow("SIFT", dst);
                HighGui.waitKey(0);
```

```
                    System.exit(0);
            }
    }
```

程序的运行结果如图 11-17 所示。

(a) 待检测图像   (b) SIFT算法检测结果

图 11-17　Sift.java 程序的运行结果

11.2.2　SURF 算法

SIFT 算法具有较好的稳定性和准确性,并在一定程度上不受视角变化和噪声的干扰,但 SIFT 算法也有缺点,最大的问题是较为费时,因而无法用于实时检测。SIFT 的改进算法中最著名的要数 SURF 算法了。

SURF 算法,全称为 Speeded Up Robust Features(加速的具有稳健特性),是由 Herbert Bay 等人于 2006 年提出的。它的计算量小、运算速度快,而提取的特征与 SIFT 几乎相同。SIFT 算法中使用高斯差分金字塔寻找关键点,而 SURF 算法则是通过 Hessian 矩阵找到尺度空间的极值点从而确定关键点的。

用 SURF 算法进行特征点检测的步骤如下。

1. Hessian 矩阵构建尺度空间

SURF 算法中也使用了图像金字塔,但 SURF 算法构造的金字塔与 SIFT 算法构造的金字塔有很大不同。SIFT 算法采用的是 DoG 金字塔,而 SURF 算法中采用的则是 Hessian 矩阵行列式近似值图像。

SURF 算法直接用方框滤波器来逼近高斯差分空间,如图 11-18 所示。这种方法的优点是可以使用积分图像,在计算某个窗口中的像素和时,积分图像的时间复杂度不受窗口大小的影响,而且,这种运算可以在不用的尺度空间中实现。

在 SURF 算法的尺度空间中,每一组中任意一层包括 D_{xx}、D_{yy}、D_{xy} 3 种方框滤波器。对一幅输入图像进行滤波后通过 Hessian 行列式计算得到尺度坐标下的 Hessian 行列式值,

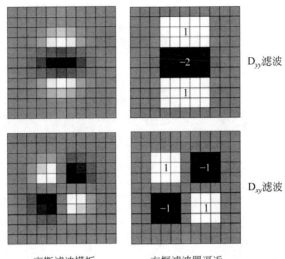

图 11-18　用方框滤波器逼近高斯差分空间

所有的 Hessian 行列式值构成一幅 Hessian 行列式图像，如图 11-19 所示。一幅灰度图像经过尺度空间中不同尺寸的方框滤波器处理后可以生成多幅 Hessian 行列式图像，从而构成了图像金字塔。

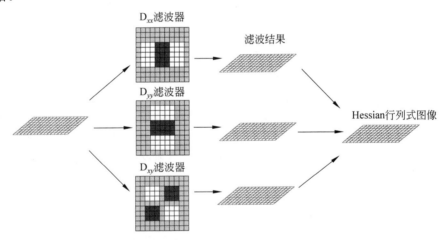

图 11-19　Hessian 行列式图像

SURF 算法中金字塔的尺寸也和 SIFT 算法中的不同。 SIFT 算法中用的 DoG 金字塔上下两组的尺寸相差一倍，同一组内图像尺寸相同，但使用的高斯模糊系数逐渐增大，而在 SURF 算法中，不同组间图像的尺寸是相同的，但不同组使用的方框滤波器尺寸逐渐增大，而同一组内的不同层之间则使用相同尺寸的滤波器，滤波器的模糊系数则逐渐增大。

2. 利用非极大值抑制初步确定特征点

此步骤和 SIFT 算法的步骤类似。经过 Hessian 矩阵处理过的每个像素与相邻 3 层中的

26 个点（本层周围的 8 个点，以及上下两层中相邻的 18 个点）进行大小比较，如果这个点是最大值或者最小值，则作为候选的特征点予以保留。

3. 精确定位极值点

此步骤也和 SIFT 算法中的步骤类似。首先获取亚像素级的特征点，然后筛选掉小于设定阈值的那些点。

4. 选取特征点的主方向

此步骤与 SIFT 算法中的步骤大不相同。SIFT 选取特征点主方向是在特征点邻域内统计其梯度直方图，取直方图中柱体最高的作为特征点的主方向。SURF 算法中并不统计梯度直方图，而是统计特征点邻域内的 Haar 小波特征，如图 11-20 所示。

确定特征点主方向的具体步骤如下：

（1）以特征点为中心，6s（s 是特征点尺度）为半径获取水平和垂直小波响应运算结果。

（2）统计 60° 扇形内所有响应的总和，每个扇形得到了一个值。

（3）将这个 60° 的扇形以一定间隔进行旋转，每次都得到一个值。

（4）比较这些值，将最大值那个扇形的方向作为该特征点的主方向，如图 11-21 所示。

图 11-20　SURF 算法中用到的 Haar 特征

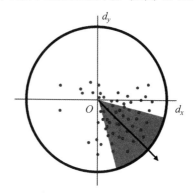

图 11-21　SURF 中特征点主方向的确定

5. 特征点描述

此步骤也与 SIFT 算法中的步骤不同。SIFT 算法是在特征点周围取 16×16 的邻域，并把该邻域划分为 4×4 个小区域，每个小区域统计 8 个方向梯度，最后得到 128 维的向量作为该点的 SIFT 描述子。SURF 算法中则是在特征点周围选取 20×20 的邻域，并将其分成 4×4 的子区域，每个子区域含 25 像素。接下来，对每个子区域统计水平方向和垂直方向的 Haar 小波特征，给出一个包含水平方向值、垂直方向值、水平方向绝对值和垂直方向绝对值的 4 维描述子。所有子区域的描述子共同组成一个 64 维（$4 \times 4 \times 4$）的描述子。SURF 特征点描述子也可以提高到 128 维，方法是将水平和垂直方向的向量细分成大于零和小于零，这样 64 维就提高到了 128 维。

由于 SURF 算法尚处于专利保护期，本书就不提供示例程序了。实际上 SURF 算法的实现和 SIFT 算法类似，有兴趣的读者可以参考 SIFT 算法的示例程序自己实现。

11.2.3 FAST 算法

SIFT 算法和 SURF 算法提取特征点的效果都不错，但是从实时处理的角度看，它们的速度都不够快。为了解决这个问题，Edward Rosten 和 Tom Drummond 于 2006 年提出了 FAST 算法。

FAST 算法是 Features from Accelerated Segment Test（加速分段测试特征）的简称。FAST 算法中对角点的定义是：对于灰度图像来讲，如果某像素的灰度值与其周围足够多的像素的灰度值不同，则此像素就是一个角点。

FAST 角点的判断过程可以图解如下。以选取的像素 p 为圆心，半径等于 3 画一个 Bresenham 圆，这个圆上有 16 像素，如图 11-22 所示。如果这 16 个点中存在 n 个连续像素的灰度值都高于 $Ip + t$ 或低于 $Ip - t$，则像素 p 就被认为是一个角点（Ip 是像素 p 的灰度值，t 为设定的阈值，n 的取值一般为 12）。

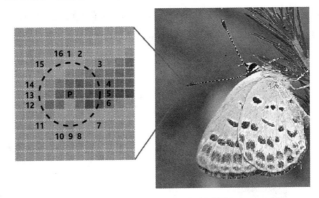

图 11-22　FAST 角点的判断

由于图像中绝大多数点不是角点，对每像素都如此检测显然过于费时。为了获得更快的速度，算法中采用了一种特殊的排除法。首先对候选点 p 的周围每隔 90° 的点，即 1、9、5、13 号点进行测试，如果 p 是角点，则这 4 个点中至少有 3 个点符合阈值要求。如果无法满足这一条件，则 p 点不可能是角点，予以排除。如果通过了这项测试，则继续测试是否有 12 个点符合阈值要求。

FAST 角点容易集中出现，因此通常需要采用非极大值抑制的方法进行筛选。

在 OpenCV 中进行 FAST 角点检测的步骤与 SIFT 算法中的步骤类似，只不过第 1 步要创建的是 FastFeatureDetector 对象，具体步骤如下：

（1）用 FastFeatureDetector.create() 函数创建一个 FastFeatureDetector 对象。

（2）用 FastFeatureDetector.detect() 函数进行角点检测。

（3）用 Features2d.drawKeypoints() 函数画出关键点。

FastFeatureDetector.create() 函数的原型如下：

```
FastFeatureDetector FastFeatureDetector.create(int threshold)
```

函数用途：FastFeatureDetector 的构造函数。

【参数说明】
threshold：阈值。

下面用一个完整的程序说明用 FAST 算法进行角点检测的方法，代码如下：

```java
//第 11 章/Fast.java

import org.opencv.core.*;
import org.opencv.highgui.HighGui;
import org.opencv.imgcodecs.Imgcodecs;
import org.opencv.imgproc.Imgproc;
import org.opencv.features2d.*;

public class Fast{
        public static void main( String[] args ) {
                System.loadLibrary( Core.NATIVE_LIBRARY_NAME );

                //读取图像并转换为灰度图
                Mat src = Imgcodecs.imread("chess.jpg");
                Mat dst = new Mat();
                Imgproc.cvtColor(src, dst, Imgproc.COLOR_BGR2GRAY);

                //在屏幕上显示输入图像的灰度图
                HighGui.imshow("gray", dst);
                HighGui.waitKey(0);

                //用 FAST 算法进行角点检测
                FastFeatureDetector fast =
FastFeatureDetector.create(FastFeatureDetector.THRESHOLD);
                MatOfKeyPoint pts = new MatOfKeyPoint();
                fast.detect(src, pts);

                //在 src 上画出角点
                Scalar red = new Scalar(0, 0, 255);
                int flag = Features2d.DrawMatchesFlags_DRAW_RICH_
KEYPOINTS;
                Features2d.drawKeypoints(src, pts, src, red, flag);

                //在屏幕上显示角点检测结果
                HighGui.imshow("FAST", src);
                HighGui.waitKey(0);
                System.exit(0);
        }

}
```

程序的运行结果如图 11-23 所示，可以看出，FAST 算法检测出的角点数量相当多，也确实有集中出现的倾向。

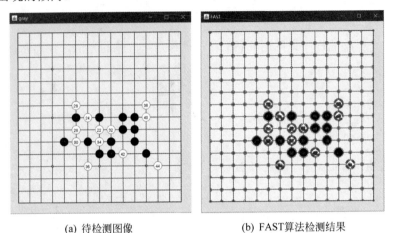

(a) 待检测图像   (b) FAST算法检测结果

图 11-23   Fast.java 程序的运行结果

11.2.4   ORB 算法

ORB 算法是 Oriented Fast and Rotated Brief 的简称，是 FAST 算法和 BRIEF 描述子的结合体。ORB 算法是 Ethan Rublee 等人在 2011 年的一篇论文 *ORB:an efficient alternative to SIFT or SURF* 中提出的。ORB 算法的运行速度远高于 SIFT 和 SURF 算法，而且不受专利限制，因而是 SIFT 和 SURF 算法的一个很好的替代品。

FAST 算法前文已有介绍，下面介绍 BRIEF 算法和 BRIEF 描述子。BRIEF 算法不是特征点检测算法，而是特征描述子提取算法，用 BRIEF 算法提取的描述子就是 BRIEF 描述子。BRIEF 是 Binary Robust Independent Elementary Features 的缩写，该算法的具体实现步骤如下：

（1）对图像进行高斯滤波。

（2）以特征点为中心，取 $S \times S$ 的邻域大窗口（通常 S=31）。

（3）在大窗口中随机选取 N 组点对，比较它们的灰度值并进行二进制赋值。假设 x,y 是某个点对，p 和 q 是两点对应的灰度值，如果 $p>q$，则赋值为 1，否则赋值为 0。OpenCV 中 N 可以取 128、256 或 512，默认值为 256。

（4）对每个点对都进行二进制赋值形成的 128、256 或 512 位的二进制编码，就是 BRIEF 描述子。

可以将 BRIEF 描述子与 SIFT 的描述子比较一下。SIFT 算法使用的是 128 维的描述子，由于它使用的浮点数占 4 字节，因此总共需要占用 512 字节。同理，SURF 算法的 64 维描述子占用 256 字节，而 BRIEF 描述值通常只有 256 位，或者说 32 字节，相比之下大大节省了内存空间，也更易于匹配。BRIEF 描述子的匹配只需用汉明距离进行异或操作就可完成，效率非常高。

在了解了 FAST 算法和 BRIEF 描述子的原理之后,就可以很容易理解 ORB 算法了。ORB 算法先用 FAST 找到关键点,然后用 Harris 角点检测对这些关键点进行排序,找到其中的前 N 个点。FAST 角点不具有尺度不变性和旋转不变性,但是通过构建图像金字塔并在每层分别提取 FAST 角点就可以解决尺度不变性的问题,因为多层中都能检测到的 FAST 角点具备了尺度不变性。至于旋转不变性,由 FAST 角点指向周围矩形区域的质心的向量作为特征点的方向向量,进而得到特征点的方向,这样就解决了旋转不变性的问题。

OpenCV 中使用 ORB 算法大致可以分为 3 步:

(1) 用 ORB.create() 函数创建一个 ORB 对象。

(2) 用 Feature2D.detect() 函数检测关键点。

(3) 用 Features2d.drawKeypoints() 函数画出关键点。

ORB.create() 函数的原型如下:

```
ORB.create(int nfeatures, float scaleFactor, int nlevels, int edgeThreshold,
int firstLevel, int WTA_K, int scoreType, int patchSize, int fastThreshold);
函数用途: ORB 的构造函数。
```

【参数说明】

(1) nfeatures:最多提取的特征点的数量。

(2) scaleFactor:图像金字塔之间的缩放比例,不能小于1。如为 2,则表示经典的图像金字塔,上层图像的尺寸是下层的 2 倍,即像素数是下层的 4 倍,但此比例会导致尺寸缩减过于剧烈。如果此参数过于接近 1,则需要的图像金字塔层数更多,从而影响计算速度。

(3) nlevels:图像金字塔的层数。

(4) edgeThreshold:边缘阈值,应与 patchSize 大致匹配。

(5) firstLevel:将输入图像放入金字塔的第几层。

(6) WET_K:计算 BRIEF 描述子需要的像素数,默认值为 2,表示 BRIEF 描述子随机选取一个点对(2 个点)进行比较,响应值为 0/1。此参数也可为 3 或 4。

(7) scoreType:用于对特征点进行排序的算法,可选参数如下。

◆ ORB.HARRIS_SCORE:用 Harris 算法排序,为默认选项。

◆ ORB.FAST_SCORE:此算法的稳定性比 Harris 算法稍差,但速度略快一些。

(8) patchSize:生成 BRIEF 描述子时邻域的大小。

(9) fastThreshold:计算 FAST 角点时像素值差值的阈值。

Feature2D.detect() 函数和 Features2d.drawKeypoints() 函数前文已有介绍,此处不再重复。

下面用一个完整的程序说明用 ORB 算法检测特征点的方法,代码如下:

```java
//第 11 章/Orb.java

import org.opencv.core.*;
import org.opencv.highgui.HighGui;
import org.opencv.imgcodecs.Imgcodecs;
import org.opencv.imgproc.Imgproc;
import org.opencv.features2d.*;

public class Orb {
```

```
public static void main(String[] args) {
        System.loadLibrary(Core.NATIVE_LIBRARY_NAME);

        //读取图像并转换为灰度图
        Mat src = Imgcodecs.imread("church.jpg");
        Mat gray = new Mat();
        Imgproc.cvtColor(src, gray, Imgproc.COLOR_BGR2GRAY);

        //在屏幕上显示输入图像的灰度图
        HighGui.imshow( "gray", gray);
        HighGui.waitKey(0);

        //用 ORB 算法检测特征点
        int nfeatures = 200;            //特征点数量
        float scaleFactor = 1.2f;       //金字塔缩放比例
        int nlevels = 8;                //金字塔层数
        int edgeThreshold = 31;         //边缘阈值
        int firstLevel = 0;             //原图像在金字塔第几层
        int WET_K = 2;                  //BRIEF 描述子需要像素数
        int scoreType = ORB.HARRIS_SCORE;   //排序算法
        int patchSize = 31;             //邻域大小
        int fastThreshold =20;          //FAST 角点像素值差值的阈值
        ORB orb = ORB.create(nfeatures, scaleFactor, nlevels,
edgeThreshold, firstLevel, WET_K, scoreType, patchSize, fastThreshold);
        MatOfKeyPoint pts = new MatOfKeyPoint();
        orb.detect(gray, pts);

        //绘制检测出的特征点
        Mat dst = new Mat();
        Scalar red = new Scalar(0, 0, 255);
        int flags = Features2d.DrawMatchesFlags_DRAW_RICH_
KEYPOINTS;

        Features2d.drawKeypoints(src, pts, dst, red, flags);

        //在屏幕上显示检测出的特征点
        HighGui.imshow( "ORB", dst);
        HighGui.waitKey(0);
        System.exit(0);
    }

}
```

程序的运行结果如图 11-24 所示。

(a) 待检测图像   (b) ORB算法检测结果

图 11-24   Orb.java 程序的运行结果

11.3   特征点匹配

在特征点检测的基础上还可以进行特征点匹配。所谓特征点匹配就是在不同图像中寻找同一物体的相同特征点。特征点匹配的过程实际上就是寻找相似的描述子的过程，因为描述子能够唯一地描述像素特征。

两个描述子是否相似可以通过它们之间的距离来判断。浮点类型的描述子可以用欧氏距离进行判断，如 SIFT 特征点、SURF 特征点等；二进制的描述子则可以使用汉明距离判断，如 ORB 特征点等。

特征点匹配的方法主要有暴力匹配和 FLANN 匹配两种。OpenCV 中用于特征向量匹配的类是 DescriptorMatcher 类，OpenCV 中的特征匹配方法都继承自该抽象类，如 BFMatcher（暴力匹配）类和 FlannBasedMatcher（FLANN 匹配）类等。除此之外，OpenCV 中还有一个用于保存匹配结果的类：Dmatch 类，其中保存着两个描述子的索引及距离等信息。Dmatch 类的成员变量的定义如下：

```
public class DMatch {
        public int queryIdx;        //查询描述子集合中的索引
        public int trainIdx;        //训练描述子集合中的索引
        public int imgIdx;          //训练描述子来自的图像索引
        public float distance;      //两个描述子之间的距离
}
```

OpenCV 中进行特征点匹配的步骤如下：

（1）用 Feature2D.detect()函数提取不同图像中的关键点。

（2）用 Feature2D.compute()函数计算特征点的描述子。

用于计算特征点描述子的 Feature2D.compute()函数的原型如下：

```
void Feature2D.compute(Mat image, MatOfKeyPoint keypoints, Mat descriptors)
函数用途：计算图像中关键点的描述子。

【参数说明】
(1) image：输入图像。
(2) keypoints：在输入图像中得到的关键点集合，无法计算描述子的关键点将被移除。
(3) descriptors：计算出的描述子。
```

提取特征点和计算描述子的过程可以合二为一成为 detectAndCompute()函数，其原型如下：

```
void Feature2D.detectAndCompute(Mat image, Mat mask, MatOfKeyPoint keypoints,
Mat descriptors, boolean useProvidedKeypoints)
函数用途：在图像中检测关键点并计算关键点的描述子。

【参数说明】检测关键点并计算描述子。
(1) image：输入图像。
(2) mask：计算关键点时的掩码图像。
(3) keypoints：检测出的关键点。
(4) descriptors：每个关键点对应的描述子。
(5) useProvidedKeypoints：是否使用已有关键点。
```

（3）创建 DescriptorMatcher 对象。

创建 DescriptorMatcher 对象的 DescriptorMatcher.create()函数的原型如下：

```
DescriptorMatcher DescriptorMatcher.create(int matcherType)
函数用途：创建 DescriptorMatcher 对象。

【参数说明】
matcherType：匹配类型，可选参数如下。
◆ DescriptorMatcher.BRUTEFORCE：暴力匹配。
◆ DescriptorMatcher.FLANNBASED：FLANN 匹配。
```

（4）特征点匹配。

DescriptorMatcher 类中用于特征点匹配的有 match()、knnMatch()和 radiusMatch()3 个函数。这 3 个匹配函数用于应对不同的需求，其中 match()函数返回 1 个最佳匹配，knnMatch()函数返回 k 个最佳匹配(k 由用户定义)，而 radiusMatch()函数则返回指定距离内的所有匹配。

返回 1 个最佳匹配的 match()函数的原型如下：

```
void DescriptorMatcher.match(Mat queryDescriptors, Mat trainDescriptors,
MatOfDMatch matches)
函数用途：为每个描述子寻找一个最佳匹配。

【参数说明】
(1) queryDescriptors：查询描述子集合。
```

(2) trainDescriptors：训练描述子集合。

(3) matches：匹配结果。

返回 k 个最佳匹配的 knnMatch() 函数的原型如下：

```
void DescriptorMatcher.knnMatch(Mat queryDescriptors, Mat trainDescriptors,
List<MatOfDMatch> matches, int k)
```

函数用途：为每个描述子寻找 k 个最佳匹配。

【参数说明】

(1) queryDescriptors：查询描述子集合。

(2) trainDescriptors：训练描述子集合。

(3) k：最优匹配结果的数量。

返回指定距离内所有匹配的 radiusMatch() 函数的原型如下：

```
void DescriptorMatcher.radiusMatch(Mat queryDescriptors, Mat trainDescriptors,
List<MatOfDMatch> matches, float maxDistance)
```

函数用途：为每个描述子寻找指定距离内的所有匹配。

【参数说明】

(1) queryDescriptors：查询描述子集合。

(2) trainDescriptors：训练描述子集合。

(3) matches：匹配结果。

(4) maxDistance：匹配的描述子的距离阈值。

（5）用 Features2d.drawMatches() 函数绘制匹配结果。

用于绘制匹配结果的 drawMatches() 函数的原型如下：

```
void Features2d.drawMatches(Mat img1, MatOfKeyPoint keypoints1, Mat img2,
MatOfKeyPoint keypoints2, MatOfDMatch matches1to2, Mat outImg, Scalar matchColor,
Scalar singlePointColor, MatOfByte matchesMask)
```

函数用途：绘制两幅图像中匹配的关键点。

【参数说明】

(1) img1：源图像 1。

(2) keypoints1：源图像 1 中的关键点。

(3) img2：源图像 2。

(4) keypoints2：源图像 2 中的关键点。

(5) matches1to2：源图像 1 与源图像 2 的匹配关系。

(6) outImg：输出图像。

(7) matchColor：连接线和关键点的颜色。如设为 Scalar.all(-1)，则颜色随机生成。

(8) singlePointColor：没有匹配成功的关键点的颜色，如设为 Scalar.all(-1)，则颜色随机生成。

(9) matchesMask：决定哪些匹配将被绘制的匹配掩码矩阵，如掩码为空，则绘制所有匹配。

DescriptorMatcher.create() 函数原型中的 matcherType 参数有两个可选参数，分别代表了两种匹配方法：暴力匹配和 FLANN 匹配。下面分别对这两种匹配方法进行介绍。

11.3.1　暴力匹配

暴力匹配先计算每个训练描述子与查询描述子之间的距离，然后找出最接近的描述子作为匹配结果。

下面用一个完整的程序说明暴力匹配的方法，代码如下：

```java
//第 11 章/BruteForceMatch.java

import org.opencv.core.*;
import org.opencv.highgui.HighGui;
import org.opencv.imgcodecs.Imgcodecs;
import org.opencv.features2d.*;

public class BruteForceMatch {

    public static void main(String[] args) {
        System.loadLibrary(Core.NATIVE_LIBRARY_NAME);

        //读取图像 1 并在屏幕上显示
        Mat img1 = Imgcodecs.imread("butterfly2.png");
        HighGui.imshow("img1", img1);
        HighGui.waitKey(0);

        //用 SIFT 算法检测图像 1 的关键点
        SIFT sift = SIFT.create(50);
        MatOfKeyPoint kp1 = new MatOfKeyPoint();
        Mat descriptor1 = new Mat();
        sift.detect(img1, kp1);

        //计算图像 1 中关键点的描述子
        sift.compute(img1, kp1, descriptor1);

        //读取图像 2 并在屏幕上显示
        Mat img2 = Imgcodecs.imread("butterfly3.png");
        HighGui.imshow("img2", img2);
        HighGui.waitKey(0);

        //用 SIFT 算法检测图像 2 的关键点
        MatOfKeyPoint kp2 = new MatOfKeyPoint();
        Mat descriptor2 = new Mat();
        sift.detect(img2, kp2);

        //计算图像 2 中关键点的描述子
        sift.compute(img2, kp2, descriptor2);

        //创建一个 DescriptorMatcher 对象
        DescriptorMatcher matcher = DescriptorMatcher.create
(DescriptorMatcher.BRUTEFORCE);
```

```
            MatOfDMatch matches = new MatOfDMatch();

            //进行关键点匹配
            matcher.match(descriptor1, descriptor2, matches);

            //在dst上画出匹配的关键点
            Mat dst = new Mat();
            Features2d.drawMatches(img1, kp1, img2, kp2, matches,
dst);

            //在屏幕上显示匹配结果
            HighGui.imshow("Matches", dst);
            HighGui.waitKey(0);
            System.exit(0);
        }

    }
```

程序的运行结果如图 11-25 所示。从匹配结果看，有不少特征点匹配错误。

(a) 待匹配图像1　　　　　　(b) 待匹配图像2

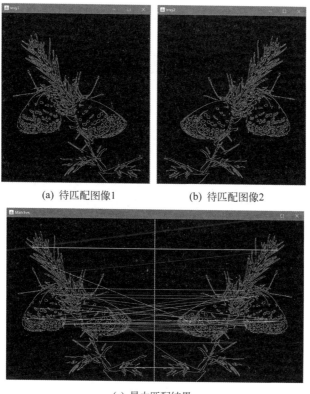

(c) 暴力匹配结果

图 11-25　BruteForceMatch.java 程序的运行结果

11.3.2　FLANN 匹配

暴力匹配的原理简单但比较费时。当遇到大型数据集时，FLANN 匹配的效果要好于暴力匹配。FLANN 是快速最近邻搜索库（Fast Library for Approximate Nearest Neighbors）的缩写，是一个对大数据集和高维特征进行最近邻搜索的算法的集合。

下面用一个完整的程序说明 FLANN 匹配的方法，代码如下：

```java
//第 11 章/FLANN.java

import java.util.*;
import org.opencv.core.*;
import org.opencv.features2d.*;
import org.opencv.highgui.HighGui;
import org.opencv.imgcodecs.Imgcodecs;

public class FLANN {

        public static void main(String[] args) {
                System.loadLibrary(Core.NATIVE_LIBRARY_NAME);

                //读取用于匹配的两幅图像
                Mat img1 = Imgcodecs.imread("butterfly2.png", Imgcodecs.
IMREAD_GRAYSCALE);
                Mat img2 = Imgcodecs.imread("butterfly3.png", Imgcodecs.
IMREAD_GRAYSCALE);

                //用 SIFT 算法检测图像中的关键点
                SIFT detector = SIFT.create();
                MatOfKeyPoint kp1 = new MatOfKeyPoint();
                MatOfKeyPoint kp2 = new MatOfKeyPoint();
                Mat descriptor1 = new Mat();
                Mat descriptor2 = new Mat();
                detector.detectAndCompute(img1, new Mat(), kp1,
descriptor1);
                detector.detectAndCompute(img2, new Mat(), kp2,
descriptor2);

                //创建 DescriptorMatcher 对象并进行 KNN 匹配
                DescriptorMatcher matcher = DescriptorMatcher.create
(DescriptorMatcher.FLANNBASED);
                List<MatOfDMatch> knnMatches = new ArrayList
<MatOfDMatch>();

                matcher.knnMatch(descriptor1, descriptor2, knnMatches, 2);

                //用 Lowe 比率测试筛选匹配项
                float ratioThresh = 0.75f;
```

```
                              List<DMatch> GoodOnes = new ArrayList<DMatch>();
                              for (int i = 0; i < knnMatches.size(); i++) {
                                      if (knnMatches.get(i).rows() > 1) {
                                              DMatch[] matches = knnMatches.get(i).
toArray();

                                              if (matches[0].distance < ratioThresh *
matches[1].distance) {

                                                      GoodOnes.add(matches[0]);
                                              }
                                      }
                              }
                              MatOfDMatch goodMatches = new MatOfDMatch();
                              goodMatches.fromList(GoodOnes);

                              //绘制匹配项
                              Mat dst = new Mat();
                              Features2d.drawMatches(img1, kp1, img2, kp2, goodMatches,
dst, Scalar.all(-1), Scalar.all(-1), new MatOfByte());

                              //在屏幕上显示绘有匹配角点连接线的图像
                              HighGui.imshow("Matches", dst);
                              HighGui.waitKey(0);
                              System.exit(0);
                      }

              }
```

程序的运行结果如图 11-26 所示。FLANN 匹配的效果比暴力匹配要好一些，但是仍有
一些错误的匹配。

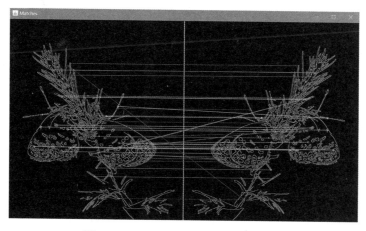

图 11-26　FLANN.java 程序的运行结果

11.3.3 RANSAC

暴力匹配和 FLANN 匹配都有一些错误的匹配，为了提高匹配精度，可以采用 RANSAC 算法来过滤错误的匹配。RANSAC 是随机采样一致性（Random Sample Consensus）的缩写，该算法假设匹配的数据间有一定的规律，利用匹配点计算两个图像之间的单应矩阵，然后用重投影误差来判定某个匹配是否是正确的匹配。

OpenCV 中用于计算单应矩阵的函数原型如下：

```
Mat Calib3d.findHomography(MatOfPoint2f srcPoints, MatOfPoint2f dstPoints,
int method, double ransacReprojThreshold)
函数用途：计算单应矩阵。
```

【参数说明】

(1) srcPoints：原始平面中的点坐标，要求是 CV_32FC2 类型的矩阵或者 vector<Point2f> 向量。

(2) dstPoints：目标平面中的点坐标，要求是 CV_32FC2 类型的矩阵或者 vector<Point2f> 向量。

(3) method：用于计算单应矩阵的方法，可选参数如下。
- 0：使用最小二乘法的常规方法。
- Calib3d.RANSAC：使用 RANSAC 方法。
- Calib3d.LMEDS：使用最小中值法。
- Calib3d.RHO：使用 PROSAC 法。

(4) ransacReprojThreshold：重投影的最大误差。

OpenCV 中进行透视变换的函数原型如下：

```
void Core.perspectiveTransform(Mat src, Mat dst, Mat m)
函数用途：进行透视矩阵变换。
```

【参数说明】

(1) src：输入的双通道或三通道浮点数据图像。

(2) dst：输出图像，和 src 具有相同的尺寸和数据类型。

(3) m：尺寸为 3×3 或 4×4 的浮点数变换矩阵。

下面用一个完整的程序说明用 RANSAC 算法优化特征点匹配的方法，代码如下：

```java
//第12章/RANSAC.java

import java.util.*;
import org.opencv.calib3d.Calib3d;
import org.opencv.core.*;
import org.opencv.features2d.*;
import org.opencv.highgui.HighGui;
import org.opencv.imgcodecs.Imgcodecs;
import org.opencv.imgproc.Imgproc;

public class RANSAC {
```

```java
public static void main(String[] args) {
        System.loadLibrary(Core.NATIVE_LIBRARY_NAME);

        //读取图像 1 并在屏幕上显示
        Mat img1 = Imgcodecs.imread("tower.png");
        Imgproc.cvtColor(img1, img1, Imgproc.COLOR_BGR2GRAY);
        HighGui.imshow("img1", img1);
        HighGui.waitKey(0);

        //读取图像 2 并在屏幕上显示
        Mat img2 = Imgcodecs.imread("tower2.png");
        Imgproc.cvtColor(img2, img2, Imgproc.COLOR_BGR2GRAY);
        HighGui.imshow("img2", img2);
        HighGui.waitKey(0);

        //用 SIFT 算法检测图像中的关键点
        SIFT detector = SIFT.create();
        MatOfKeyPoint kp1 = new MatOfKeyPoint();
        MatOfKeyPoint kp2 = new MatOfKeyPoint();
        Mat des1 = new Mat();
        Mat des2 = new Mat();
        detector.detectAndCompute(img1, new Mat(), kp1, des1);
        detector.detectAndCompute(img2, new Mat(), kp2, des2);

        //创建 DescriptorMatcher 对象并进行 KNN 匹配
        DescriptorMatcher matcher =
DescriptorMatcher.create(DescriptorMatcher.FLANNBASED);
        List<MatOfDMatch> km = new ArrayList<MatOfDMatch>();
        matcher.knnMatch(des1, des2, km, 2);

        //用 Lowe 比率测试筛选匹配项
        float ratio = 0.75f;
        List<DMatch> GoodOnes = new ArrayList<DMatch>();
        for (int i = 0; i < km.size(); i++) {
            if (km.get(i).rows() > 1) {
                    DMatch[] matches = km.get(i).toArray();
                    if (matches[0].distance < ratio * matches[1].distance) {
                        GoodOnes.add(matches[0]);
                    }
            }
        }
        MatOfDMatch goodMat = new MatOfDMatch();
        goodMat.fromList(GoodOnes);

        //绘制匹配项
        Mat dst = new Mat();
```

```
        Features2d.drawMatches(img1, kp1, img2, kp2, goodMat, dst,
Scalar.all(-1), Scalar.all(-1), new MatOfByte());

        //获取匹配的特征点
        List<Point> pt1 = new ArrayList<Point>();
        List<Point> pt2 = new ArrayList<Point>();
        List<KeyPoint> kpList1 = kp1.toList();
        List<KeyPoint> kpList2 = kp2.toList();
        for (int i = 0; i < GoodOnes.size(); i++) {
            pt1.add(kpList1.get(GoodOnes.get(i).queryIdx).pt);
            pt2.add(kpList2.get(GoodOnes.get(i).trainIdx).pt);
        }

        //用 RANSAC 算法筛选匹配结果
        MatOfPoint2f Mat1 = new MatOfPoint2f();
        MatOfPoint2f Mat2 = new MatOfPoint2f();
        Mat1.fromList(pt1);
        Mat2.fromList(pt2);
        Mat m = Calib3d.findHomography( Mat1, Mat2, Calib3d.RANSAC, 3.0);

        //img1 的 4 个顶点
        Mat Corners1 = new Mat(4, 1, CvType.CV_32FC2);
        Mat Corners2 = new Mat();
        float[] D1 = new float[8];
        int rows = img1.rows();
        int cols = img1.cols();

        D1[0] = 0;
        D1[1] = 0;
        D1[2] = cols;
        D1[3] = 0;
        D1[4] = cols;
        D1[5] = rows;
        D1[6] = 0;
        D1[7] = rows;
        Corners1.put(0, 0, D1);

        //img2 中对应的顶点
        Core.perspectiveTransform(Corners1, Corners2, m);
        float[] D2 = new float[8];
        Corners2.get(0, 0, D2);

        //绘制透视变换后区域
        Scalar color = new Scalar(0, 0, 255);
        Imgproc.line(dst, new Point(D2[0] + cols, D2[1]), new Point(D2[2] +
cols, D2[3]), color, 3);
        Imgproc.line(dst, new Point(D2[2] + cols, D2[3]), new Point(D2[4] +
```

```
cols, D2[5]), color, 3);
            Imgproc.line(dst, new Point(D2[4] + cols, D2[5]), new Point(D2[6] +
cols, D2[7]), color, 3);
            Imgproc.line(dst, new Point(D2[6] + cols, D2[7]), new Point(D2[0] +
cols, D2[1]), color, 3);

            //在屏幕上显示绘有匹配角点连接线的图像
            HighGui.imshow("Matches", dst);
            HighGui.waitKey(0);
            System.exit(0);
        }
    }
```

程序的运行结果如图 11-27 所示，图中用于匹配的是拍摄角度略有不同的两张照片。

(a) 待匹配图像1   (b) 待匹配图像2

(c) RANSAC算法匹配结果

图 11-27   RANSAC.java 程序的运行结果

11.4　本章小结

本章首先介绍了 Harris 角点检测和 Shi-Tomasi 角点检测算法,然后介绍了常用的特征点检测算法,包括 SIFT 算法、SURF 算法、FAST 算法和 ORB 算法,最后介绍了特征点匹配的方法。

本章介绍的主要函数见表 11-1。

表 11-1　第 11 章主要函数清单

编号	函　数　名	函　数　用　途	所在章节
1	Imgproc.cornerHarris()	Harris 角点检测	11.1.2 节
2	Imgproc.goodFeaturesToTrack()	寻找图像上的强角点	11.1.3 节
3	Feature2D.detect()	在图像中检测关键点	11.2.1 节
4	Features2d.drawKeypoints()	绘制关键点	11.2.1 节
5	Feature2D.compute()	计算关键点的描述子	11.3 节
6	Feature2D.detectAndCompute()	在图像中检测关键点并计算关键点的描述子	11.3 节
7	DescriptorMatcher.match()	为每个描述子寻找一个最佳匹配	11.3 节
8	DescriptorMatcher.knnMatch()	为每个描述子寻找 k 个最佳匹配	11.3 节
9	DescriptorMatcher.radiusMatch()	为每个描述子寻找指定距离内的所有匹配	11.3 节
10	Features2d.drawMatches()	绘制两幅图像中匹配的关键点	11.3 节
11	Calib3d.findHomography()	计算单应矩阵	11.3.3 节
12	Core.perspectiveTransform()	进行透视矩阵变换	11.3.3 节

本章中的示例程序清单见表 11-2。

表 11-2　第 11 章示例程序清单

编号	程　序　名	程　序　说　明	所在章节
1	Harris.java	Harris 角点检测	11.1.2 节
2	ShiTomasi.java	Shi-Tomasi 角点检测	11.1.3 节
3	GoodFeaturesToTrack.java	Harris 角点检测和 Shi-Tomasi 角点检测结果比较	11.1.3 节
4	Sift.java	用 SIFT 算法进行特征点检测	11.2.1 节
5	Fast.java	用 FAST 算法进行角点检测	11.2.3 节
6	Orb.java	用 ORB 算法进行特征点检测	11.2.4 节
7	BruteForceMatch.java	暴力匹配	11.3.1 节
8	FLANN.java	FLANN 匹配	11.3.2 节
9	RANSAC.java	用 RANSAC 算法优化特征点匹配	11.3.3 节

第 12 章

机 器 学 习

OpenCV 中提供了众多的机器学习算法，包括 K 均值、K 近邻、决策树、随机森林、支持向量机等，本章将介绍这些机器学习算法。OpenCV 中有两个关于机器学习的模块，分别是 ML 和 DNN 模块，其中 ML（Machine Learning）模块是传统机器学习的模块，DNN（Deep Neural Networks）则是深度神经网络相关的模块。由于机器算法大都有着较为复杂的原理，对它们做深入介绍超出了本书的范畴，因而本章只能概括性地介绍常用的机器学习算法及相关函数。

12.1 K 均值

K 均值算法是最简单的聚类方法之一，在 ML 模块出现之前就已经存在，因此 K 均值算法的函数并不在 ML 模块中，而是在最基础的 Core 模块中。

K 均值算法的主要步骤如下：

（1）设置 k 值，即将样本分成多个组，并随机生成 k 个聚类中心。

（2）遍历所有样本，根据样本与聚类中心的距离将每个样本归属到最近的聚类中心。

（3）重新计算每个聚类的均值，并将均值作为新的聚类中心。

（4）重复（2）～（3）步，直到每个聚类中心趋于收敛。

OpenCV 中 K 均值算法的函数原型如下：

```
double Core.kmeans(Mat data, int K, Mat bestLabels, TermCriteria criteria,
int attempts, int flags, Mat centers)
```

函数用途：实现 K 均值聚类。

【参数说明】

(1) data：需要聚类的输入数据，数据要求为浮点类型，可以使用的数据类型样例如下：

◆ Mat points(count, 2, CV_32F)。

◆ Mat points(count, 1, CV_32FC2)。

◆ Mat points(1, count, CV_32FC2)。

(2) K：要分出的聚类数。

(3) bestLabels：存储每个样本聚类结果索引的矩阵。

(4) criteria：算法终止条件，可以是最大迭代次数或指定的精度阈值。

(5) attempts：采用不同初始化标签尝试的次数。

(6) flags：初始化方法标志，可选参数如下。

◆ Core.KMEANS_RANDOM_CENTERS：每次尝试采用随机中心点。

◆ Core.KMEANS_PP_CENTERS：使用 Arthur 和 Vassilvitskii 提出的 K 均值++初始法。

◆ Core.KMEANS_USE_INITIAL_LABELS：第 1 次尝试使用用户提供的标签，后续的尝试则使用随机或半随机的中心点。

(7) centers：算法完成后聚类中心的坐标，每个聚类中心一行。

下面用一个完整的程序说明 K 均值聚类算法的原理，代码如下：

```
//第 12 章/Kmeans.java

import java.util.Random;

import org.opencv.core.*;
import org.opencv.highgui.HighGui;
import org.opencv.imgproc.Imgproc;

public class Kmeans{
        public static void main( String[] args ) {
                System.loadLibrary( Core.NATIVE_LIBRARY_NAME );

                //3 个点集中点的数量
                int num1 =30;
                int num2 =30;
                int num3 =30;
                int num = num1 + num2 +num3;

                Mat pts = new Mat(num, 1, CvType.CV_32FC2);
                float[] ptData = new float[(int) (num * pts.channels())];

                //随机获取第 1 个点集的坐标位置
                Random r = new Random();
                for (int i = 0; i < num1; i++) {
                        ptData[2*i] = r.nextInt(100) + 100;
                        ptData[2*i+1] = r.nextInt(100) + 100;
                }

                //随机获取第 2 个点集的坐标位置
                for (int i = num1; i < num1+num2; i++) {
                        ptData[2*i] = r.nextInt(100) + 300;
                        ptData[2*i+1] =r.nextInt(100) + 400;
                }

                //随机获取第 3 个点集的坐标位置
                for (int i = num1+num2; i < num; i++) {
                        ptData[2*i] = r.nextInt(100) + 400;
```

```
                                        ptData[2*i+1] =r.nextInt(100) + 100;
                    }

                    //将点集数据放入矩阵
                    pts.put(0,0, ptData);

                    //用 K 均值算法将点集聚类
                    Mat labels = new Mat();
                    Mat centers = new Mat(3, 3, CvType.CV_32F);
                    TermCriteria criteria = new
TermCriteria(TermCriteria.COUNT + TermCriteria.EPS, 10, 0.1);
                    Core.kmeans(pts, 3, labels, criteria, 3, Core.KMEANS_PP_
CENTERS, centers);

                    //用于显示结果的图像和颜色
                    Mat dst = Mat.zeros(600, 600, CvType.CV_8UC3);

                    //获取点集的标签数据
                    int [] labelData = new int[(int) (num * labels.channels())];
                    labels.get(0,0,labelData);

                    //将点集用圆圈画出，并且不同点集用不同颜色
                    for (int i = 0; i < num; i++) {
                                    int index = labelData[i];
                                    int x= (int) ptData[2*i];
                                    int y= (int) ptData[2*i+1];
                                    if (index==0) {
            Imgproc.circle(dst, new Point(x,y), 3, new Scalar(255,0,0),-1);
                                    } else if (index==1) {
                                        Imgproc.circle(dst, new Point(x,y),
3, new Scalar(0,255,0),-1);
                                    } else {
                                        Imgproc.circle(dst, new Point(x,y),
3, new Scalar(0,0,255),-1);
                                    }
                    }

                    //用每个聚类的中心为圆心画圆
                    float[] centerData = new float[(int) (6)];
                    centers.get(0,0,centerData);
                    for (int i=0; i<3; i++) {
                            double  x = centerData[2*i];
                            double  y = centerData[2*i+1];
                            Imgproc.circle(dst, new Point(x,y), 50, new
Scalar(255,255,255), 1);
                    }
```

```
                        //在屏幕上显示图像分割结果
                        HighGui.imshow("Kmeans", dst);
                        HighGui.waitKey(0);
                        System.exit(0);
            }
}
```

程序的运行结果如图 12-1 所示。该程序在 3 个区域随机生成点集，然后用不同颜色标记分类的结果，并以聚类的中心为圆心绘制出圆形区域。

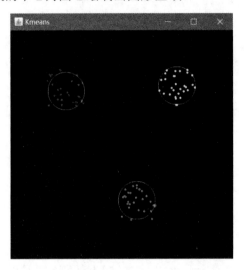

图 12-1　Kmeans.java 程序的运行结果

K 均值算法不仅能对点集进行分类，还能根据像素值对图像进行分割，下面用一个完整的程序说明用 K 均值算法实现图像分割的方法，代码如下：

```
//第 12 章/Kmeans2.java

import org.opencv.core.*;
import org.opencv.highgui.HighGui;
import org.opencv.imgcodecs.Imgcodecs;

public class Kmeans2{
        public static void main( String[] args ) {
                System.loadLibrary( Core.NATIVE_LIBRARY_NAME );

                //读取图像并在屏幕上显示
                Mat src = Imgcodecs.imread("fish.png");
                HighGui.imshow("src", src);
                HighGui.waitKey(0);

                //计算像素数
```

```
                    int width = src.width();
                    int height = src.height();
                    int num = width * height;
                    Mat pts = new Mat(num, src.channels(), CvType.CV_32F);

                    //将图像转换成 kmeans()函数要求的数据类型
                    int index;
                    for (int i = 0; i < height; i++) {
                            for (int j = 0; j < width; j++) {
                                    index = i * width + j;
                                    pts.put(index,0,src.get(i, j)[0]);
                                    pts.put(index,1,src.get(i, j)[1]);
                                    pts.put(index,2,src.get(i, j)[2]);
                            }
                    }

                    //用 K 均值算法将像素值分类
                    Mat labels = new Mat();
                    Mat centers = new Mat(3, 3, CvType.CV_32F);
                    TermCriteria criteria = new TermCriteria(TermCriteria.
COUNT + TermCriteria.EPS, 10, 0.1);
                    Core.kmeans(pts, 3, labels, criteria, 3, Core.KMEANS_PP_
CENTERS, centers);

                    //用于显示结果的图像和颜色
                    Mat dst = Mat.zeros(src.size(), src.type());
                    double[][] color={{0,0,255}, {0,255,0}, {255,0,0}};

                    //在目标图像上绘制分割结果
                    for (int i = 0; i < height; i++) {
                            for (int j = 0; j < width; j++) {
                                    index = i * width + j;
                                    int label = (int) labels.get(index,0)[0];
                                    dst.put(i, j, color[label]);
                            }
                    }

                    //在屏幕上显示图像分割结果
                    HighGui.imshow("dst", dst);
                    HighGui.waitKey(0);
                    System.exit(0);
            }
    }
```

程序的运行结果如图 12-2 所示。

(a) 原图像　　　　　　　　　　　　　(b) 图像分割结果

图 12-2　Kmeans2.java 程序的运行结果

12.2　K 近邻

K 近邻算法（K-Nearest Neighbors，K-NN）也是一种比较简单的聚类算法，该算法的思路是：在特征空间中，如果一个样本附近的 k 个最近样本中大多数属于某个类别，则该样本也属于这个类别。

K 近邻的思想可以用下面的例子说明，如图 12-3 所示，区域内有两类对象，红色的三角和蓝色的矩形，姑且称它们为红色家族和蓝色家族。现在有一个新的对象：中央的圆点，如何判断它是属于红色家族还是蓝色家族呢？

最靠近圆点的是 1 个红色的三角，位于圆点的左侧，可以根据它最近的邻居是红色家族将它划分为红色家族，这种方法叫作简单近邻，但是这种方法未必合理，虽然最靠近它的是红色三角，但是它附近的蓝色家族成员可能更多。

图 12-3　K 近邻算法原理图

改进的方法是检测它的 k 个最近的邻居，这 k 个邻居中哪个家族成员多就将它划分为哪一类。假设 k 等于 3（图中内侧的圆圈范围内），即检测最近的 3 个邻居，发现有两个蓝色矩形和 1 个红色三角，所以圆点属于蓝色家族。如果 k 更大一些呢？图中外侧的圆圈就是 k 等于 7 时的情况，此时红色三角有 4 个，蓝色矩形有 3 个，所以原点属于红色家族。这种根据 k 个最近邻居分类的方法就叫作 K 近邻法，或者叫作 K-NN。

当然这里还有一个问题，例子中只考虑了近邻的个数，没有考虑近邻的距离。可以根据每个近邻的距离赋予不同的权重，距离近的权重高，距离远的权重低，然后根据权重计算属于哪个家族。

在 OpenCV 中实现 K-NN 算法大致可以分为以下 3 步：

（1）创建 KNearest 类对象（Knearest 类继承自 StatModel 类）。

（2）用 StatModel.train() 函数对样本数据进行训练。

（3）用 KNearest.findNearest() 函数判断测试数据的类别。

用于对样本数据进行训练的 **StatModel.train()** 函数的原型如下：

```
boolean StatModel.train(Mat samples, int layout, Mat responses)
函数用途：训练统计模型。

【参数说明】
(1)samples：训练样本。
(2)layout：训练样本的排列方式，可选参数如下。
◆ Ml.ROW_SAMPLE：训练样本按行排列。
◆ Ml.COL_SAMPLE：训练样本按列排列。
(3)responses：  与训练样本相联系的标签矩阵。
```

用于判断测试数据类别的 **KNearest.findNearest()** 函数的原型如下：

```
float KNearest.findNearest(Mat samples, int k, Mat results, Mat
neighborResponses, Mat dist)
函数用途：找出 k 个最近邻。

【参数说明】
(1)samples：按行存储的输入样本，应为单精度浮点数据。
(2)k：采用的最近邻数量，应大于1。
(3)results：每个输入样本的预测结果。
(4)neighborResponses：可选的相应近邻的输出。
(5)dist：可选的与相应近邻的距离。
```

下面用一个完整的程序说明 *K* 近邻算法的原理，代码如下：

```
//第12章/Knn.java

import org.opencv.core.*;
import org.opencv.ml.*;

public class Knn {

        public static void main(String[] args) {
                System.loadLibrary(Core.NATIVE_LIBRARY_NAME);

                //训练数据，每组两个数据，分别表示身高和体重
                float[] trainData = { 180, 81, 178, 75, 185, 87, 168, 65,
173, 68, 160, 52, 158, 55, 170, 63, 163, 60, 168, 66 };
                Mat trainMat = new Mat(10, 2, CvType.CV_32FC1);
                trainMat.put(0, 0, trainData);

                //训练标签数据，0为男性，1为女性
                float[] label = { 0, 0, 0, 0, 0, 1, 1, 1, 1, 1 };
                Mat labelMat = new Mat(10, 1, CvType.CV_32FC1);
                labelMat.put(0, 0, label);
```

```
//测试数据
float[] testData = { 185, 79, 159, 52 };
Mat testMat = new Mat(2, 2, CvType.CV_32FC1);
testMat.put(0, 0, testData);

//创建 KNearest 类对象
KNearest knn = KNearest.create();

//用训练数据进行训练并输出训练结果
boolean result = knn.train(trainMat, Ml.ROW_SAMPLE,
labelMat);

if (result) {
        System.out.println("Training succeeded! ");
        }
else {
        System.out.println("Training failed! ");
}
System.out.println();

//寻找 K 近邻
int K = 5;
Mat results = new Mat();
Mat responses = new Mat();
Mat dist = new Mat();
knn.findNearest(testMat, K, results, responses, dist);

//输出结果数据
System.out.println("results:\n" + results.dump());
System.out.println();
System.out.println("NeighborResponses:\n" +
responses.dump());

System.out.println();
System.out.println("distance:\n" + dist.dump());
System.out.println();

//用文字输出判断结果
for (int i = 0; i < results.height(); i++) {
        if (results.get(i, 0)[0] == 0) {
            System.out.println("No." + i + " is Male");
            }
        else {
            System.out.println("No." + i + " is Female");
            }
}
        }
    }
```

程序用 10 个人的身高和体重数据来训练分类器判断性别，训练样本中前 5 人为男性，后 5 人为女姓，然后用两个人的数据进行测试，程序的运行结果如图 12-4 所示。

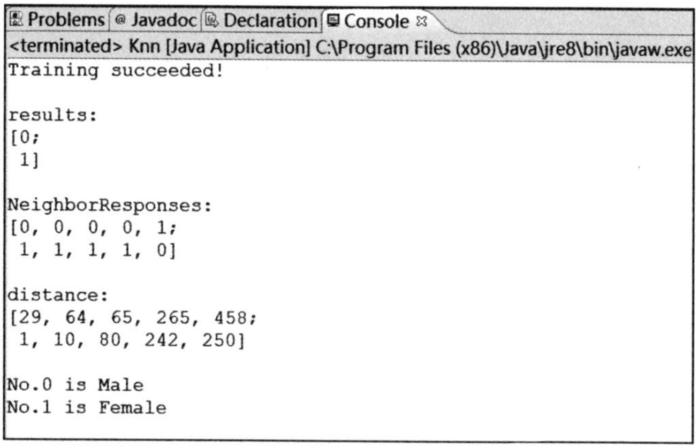

```
Problems @ Javadoc  Declaration  Console
<terminated> Knn [Java Application] C:\Program Files (x86)\Java\jre8\bin\javaw.exe
Training succeeded!

results:
[0;
 1]

NeighborResponses:
[0, 0, 0, 0, 1;
 1, 1, 1, 1, 0]

distance:
[29, 64, 65, 265, 458;
 1, 10, 80, 242, 250]

No.0 is Male
No.1 is Female
```

图 12-4　Knn.java 程序的运行结果

12.3　决策树

决策树也是一种对数据进行分类的机器学习算法。决策树是一种树形结构，由内部节点（Internal Node）、叶节点（Leaf Node）和向边（Directed Edge）组成，如图 12-5 所示。

决策树的生成大致分为以下 3 个步骤。

（1）特征选择：从训练数据的众多特征中选择一个特征作为当前节点的判断标准。

（2）决策树生成：根据选择的特征评估标准，从上至下递归地生成子节点。

（3）剪枝：决策树容易过拟合，一般来讲需要通过剪枝来缩减决策树的结构规模。剪枝可以分为预先剪枝和后剪枝两种。

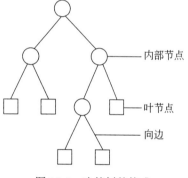

图 12-5　决策树的构成

在 OpenCV 中实现决策树算法大致可以分为以下 4 步：

（1）创建 Dtrees 类和 TrainData 类对象，其中 Dtrees 类继承自 StatModel 类。

（2）设置决策树模型参数，常用的设置模型参数的方法如下。

DTrees.setMaxDepth(int val)：设定树的最大深度。

DTrees.setMinSampleCount(int val)：设定节点的最小样本数。

DTrees.setUseSurrogates(boolean val)：设定是否建立替代分裂点。

DTrees.setCVFolds(int val)：设定 k 折叠交叉验证剪枝时的交叉验证次数。

DTrees.setUse1SERule(boolean val)：设定是否应用 1SE 规则剪枝。

DTrees.setTruncatePrunedTree(boolean val)：设定分支是否完全移除。

（3）用 StatModel.train()函数对样本数据进行训练。

（4）用 StatModel.predict()函数对测试数据进行预测。

对测试数据进行预测的 StatModel.predict()函数的原型如下：

```
float StatModel.predict(Mat samples, Mat results, int flags)
函数用途：对给定样本进行预测。
```

【参数说明】

(1) samples：输入样本，要求为浮点数类型。

(2) results：可选的输出矩阵。

(3) flags 可选的模型方法标志，取决于具体的模型。

下面用一个完整的程序说明用决策树进行分类的方法，代码如下：

```
//第 12 章/Dtrees.java

import org.opencv.core.*;
import org.opencv.ml.*;

public class Dtrees {

        public static void main(String[] args) {
                System.loadLibrary(Core.NATIVE_LIBRARY_NAME);

                //训练数据，每组两个数据，分别表示身高和体重
                float[] trainData = { 180, 81, 178, 75, 185, 87, 168, 65,
173, 68, 160, 52, 158, 55, 170, 63, 163, 60, 168, 66 };
                Mat trainMat = new Mat(10, 2, CvType.CV_32FC1);
                trainMat.put(0, 0, trainData);

                //训练标签数据，0 为男性，1 为女性
                float[] labelData = { 0, 0, 0, 0, 0, 1, 1, 1, 1, 1 };
                Mat labelMat = new Mat(10, 1, CvType.CV_32FC1);
                labelMat.put(0, 0, labelData);

                //测试数据
                float[] testData = { 185, 79, 159, 52 };
                Mat testMat = new Mat(2, 2, CvType.CV_32FC1);
                testMat.put(0, 0, testData);

                //创建 Dtrees 对象并设置参数
                DTrees dtree = DTrees.create();
                dtree.setMaxDepth(8);
                dtree.setMinSampleCount(2);
                dtree.setUseSurrogates(false);
                dtree.setCVFolds(0);
                dtree.setUse1SERule(false);
```

```
                dtree.setTruncatePrunedTree(false);

                //训练决策树模型并输出训练结果
                TrainData td = TrainData.create(trainMat, Ml.ROW_SAMPLE,
labelMat);
                boolean result = dtree.train(td.getSamples(), Ml.ROW_
SAMPLE, td.getResponses());
                if (result) {
                        System.out.println("Training succeeded! ");
                        }
                else {
                        System.out.println("Training failed! ");
                }
                System.out.println();

                //保存决策树模型
                dtree.save("dtree.xml");

                //对测试数据进行预测并输出预测结果
                Mat predicts = new Mat();
                dtree.predict(testMat, predicts, 0);
                System.out.println("Predicts:\n" + predicts.dump());
                System.out.println();

                //用文字输出判断结果
                for (int i = 0; i < predicts.height(); i++) {
                        int predict = (int) predicts.get(i, 0)[0];
                        if (predict == 0) {
                                System.out.println("No." + i + " is Male");
                        } else if (predict == 1) {
                                System.out.println("No." + i + " is Female");
                        }
                }
        }
}
```

程序的运行结果如图 12-6 所示。

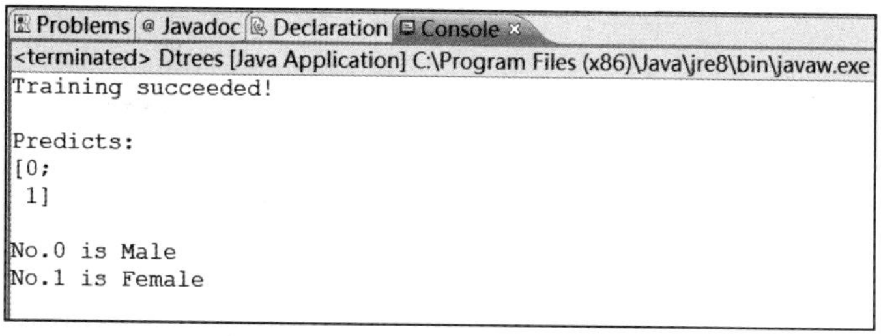

图 12-6　Dtrees.java 程序的运行结果

12.4 随机森林

决策树算法易于理解且时间复杂度较小，但决策树算法在处理特征关联性较强的数据时表现不佳。另外，决策树算法容易出现过拟合现象。为避免过拟合问题，可以用多棵决策树构建一个随机森林。

随机森林属于集成学习（Ensemble Learning）的范畴。所谓集成学习就是对多个分类器进行组合，从而实现一个预测效果更好的集成分类器。集成算法可以分为 Bagging、Boosting 和 Stacking 三大类，随机森林属于 Bagging 这一类。随机森林是对决策树的改进，是由众多决策树构成的。由于每棵决策树都会有一个投票结果，随机森林算法将最终投票结果最多的类别作为最终的预测结果。

随机森林是建立在决策树基础之上的，因而 OpenCV 中随机森林算法的实现过程也与决策树类似，只不过由随机森林的 Rtrees 类替代了决策树的 Dtrees 类。事实上，Rtrees 就是继承自 Dtrees 类的。另外，在设置模型参数方面随机森林还有以下常用方法。

（1）DTrees.setPriors(Mat val)：设定先验类概率数组，默认值为空 Mat。

（2）DTrees.setMaxCategories(int val)：设定最大预分类数。

（3）DTrees.setRegressionAccuracy(float val)：设定回归树的终止标准。

（4）RTrees.setActiveVarCount(int val)：设定每棵树节点随机选择特征子集的大小。

（5）RTrees.setCalculateVarImportance(boolean val)：设定计算变量的重要性。

（6）RTrees.setTermCriteria(TermCriteria val)：设定终止条件。

下面用一个完整的程序说明用随机森林进行分类的方法，代码如下：

```
//第12章/Rtrees.java

import org.opencv.core.*;
import org.opencv.ml.*;

public class Rtrees {

        public static void main(String[] args) {
                System.loadLibrary(Core.NATIVE_LIBRARY_NAME);

                //训练数据，每组两个数据，分别表示身高和体重
                float[] trainData = { 180, 81, 178, 75, 185, 87, 168, 65,
173, 68, 160, 52, 158, 55, 170, 63, 163, 60, 168, 66 };
                Mat trainMat = new Mat(10, 2, CvType.CV_32FC1);
                trainMat.put(0, 0, trainData);

                //训练标签数据，0为男性，1为女性
                float[] labelData = { 0, 0, 0, 0, 0, 1, 1, 1, 1, 1 };
                Mat labelMat = new Mat(10, 1, CvType.CV_32FC1);
                labelMat.put(0, 0, labelData);
```

```java
//测试数据
float[] testData = { 185, 79, 159, 52 };
Mat testMat = new Mat(2, 2, CvType.CV_32FC1);
testMat.put(0, 0, testData);

//创建Rtrees对象并设置参数
RTrees rtrees = RTrees.create();
rtrees.setMaxDepth(4);
rtrees.setMinSampleCount(2);
rtrees.setRegressionAccuracy(0.f);
rtrees.setUseSurrogates(false);
rtrees.setMaxCategories(16);
rtrees.setPriors(new Mat());
rtrees.setCalculateVarImportance(false);
rtrees.setActiveVarCount(1);
rtrees.setTermCriteria(new
TermCriteria(TermCriteria.MAX_ITER, 5, 0));

//训练随机森林模型并输出训练结果
TrainData td = TrainData.create(trainMat, Ml.ROW_SAMPLE,
labelMat);
boolean result = rtrees.train(td.getSamples(),
Ml.ROW_SAMPLE, td.getResponses());
if (result) {
        System.out.println("Training succeeded! ");
        }
else {
        System.out.println("Training failed! ");
}
System.out.println();

//保存随机森林模型
rtrees.save("D:/rtrees.xml");

//对测试数据进行预测并输出预测结果
Mat predicts = new Mat();
rtrees.predict(testMat, predicts, 0);
System.out.println("Predicts:\n" + predicts.dump());
System.out.println();

//用文字输出判断结果
for (int i = 0; i < predicts.height(); i++) {
        int predict = (int) predicts.get(i, 0)[0];
        if (predict == 0) {
            System.out.println("No." + i + " is Male");
        } else if (predict == 1) {
            System.out.println("No." + i + " is Female");
        }

}
```

```
            }
    }
```

程序的运行结果如图 12-7 所示。

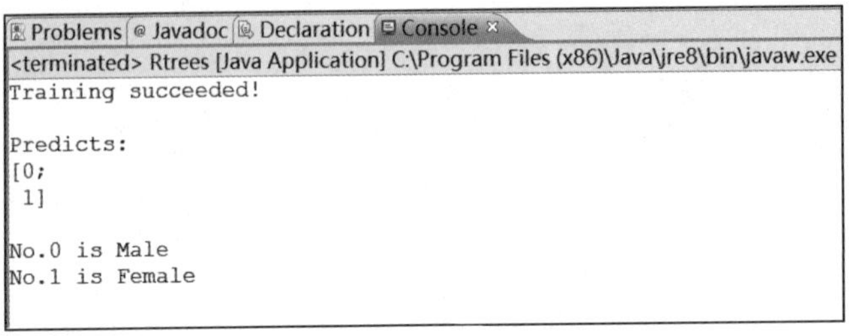

Problems @ Javadoc Declaration Console
<terminated> Rtrees [Java Application] C:\Program Files (x86)\Java\jre8\bin\javaw.exe
Training succeeded!
Predicts:
[0;
1]
No.0 is Male
No.1 is Female

图 12-7 Rtrees.java 程序的运行结果

12.5 SVM

SVM 是支持向量机（Support Vector Machine）的简称，最早由 Vladimir N. Vapnik 和 Alexander Y. Lerner 于 1963 年提出。

所谓支持向量是指离分类超平面（Hyper Plane）最近的样本点，如图 12-8 所示，图中有两类样本数据（蓝色矩形和红色的三角），中间的实心线是分类超平面，两条虚线上的矩形（3 个）和三角（2 个）是距离超平面最近的样本，这些样本就是支持向量。这个分类超平面就是 SVM 分类器，将样本数据一分为二。

对于二维空间来讲，超平面是一条直线，而对于三维空间来讲，超平面是一个平面。分类的样本集可能是线性可分的，也可能是线性不可分的。线性可分和线性不可分的区别如图 12-9 所示。假如有一堆蓝色矩形和一堆红色三角，通过中间一条直线就能把它们分开的就是线性可分的，如图 12-9（a）所示，但是如果是蓝色矩形包围红色三角，则无法用一条直线将它们分开，此时就是线性不可分，如图 12-9（b）所示。

SV
SV
SV
Hyper Plane
SV
SV

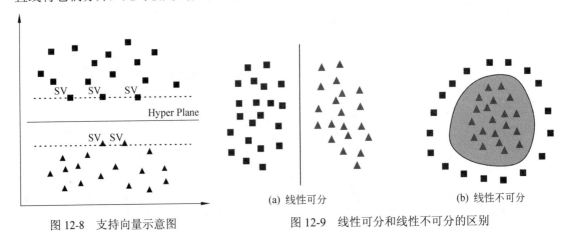

图 12-8 支持向量示意图

(a) 线性可分
(b) 线性不可分

图 12-9 线性可分和线性不可分的区别

在 OpenCV 中实现 SVM 算法大致可以分为以下 5 步：

（1）创建 SVM 对象（SVM 类继承自 StatModel 类）。

（2）设置相关参数。

（3）用 StatModel.train()函数对样本数据进行训练。

（4）用 StatModel.predict()函数对测试数据进行预测。

（5）用 SVM.getSupportVectors()函数或 SVM.getUncompressedSupportVectors()函数获取支持向量，其中前者会返回确定决策超平面的支持向量，后者会返回原始的支持向量。

第（2）步中的参数设置函数主要有以下 3 个：

```
void SVM.setType(int val)
```
函数用途：设置 SVM 算法类型。

【参数说明】

val:算法类型，可用参数如下。

- ◆ SVM.C_SVC: C-SVM 算法。
- ◆ SVM.NU_SVC: v-SVM 算法。
- ◆ SVM.ONE_CLASS: One-class SVM 算法。
- ◆ SVM.EPS_SVR: ε-SVR 算法。
- ◆ SVM.NU_SVR: v-SVR 算法。

```
void SVM.setKernel(int KernelType)
```
函数用途：初始化预定义的核。

【参数说明】

KernelType: 核类型，可选参数如下。

- ◆ SVM.LINEAR: LINEAR 核。
- ◆ SVM.POLY: POLY 核。
- ◆ SVM.RBF: RBF 核。
- ◆ SVM.SIGMOID: SIGMOID 核。
- ◆ SVM.CHI2: CHI 核。
- ◆ SVM.INTER: INTER 核。

各种核类型的计算公式见表 12-1。

表 12-1　各种核类型的计算公式

核类型	计算公式
SVM.LINEAR	$K(x_i, x_j) = x_i^T x_j$
SVM.POLY	$K(x_i, x_j) = (\gamma x_i^T x_j + coef0)^{degree}, \gamma > 0$
SVM.RBF	$K(x_i, x_j) = e^{-\gamma\|x_i - x_j\|^2}, \gamma > 0$
SVM.SIGMOID	$K(x_i, x_j) = \tanh(\gamma x_i^T x_j + coef0)$
SVM.CHI2	$K(x_i, x_j) = e^{-\gamma\chi^2(x_i, x_j)}, \chi^2(x_i, x_j) = (x_i - x_j)^2/(x_i + x_j), \gamma > 0$
SVM.INTER	$K(x_i, x_j) = \min(x_i, x_j)$

```
void SVM.setTermCriteria(TermCriteria val)
```
函数用途：初始化预定义的核。

【参数说明】

val：迭代算法终止条件。

下面用一个完整的程序说明 SVM 的原理，代码如下：

```
//第 12 章/SVM1.java

import org.opencv.core.*;
import org.opencv.highgui.HighGui;
import org.opencv.imgproc.Imgproc;
import org.opencv.ml.Ml;
import org.opencv.ml.SVM;

public class SVM1 {

        public static void main(String[] args) {
                System.loadLibrary(Core.NATIVE_LIBRARY_NAME);

                //训练数据
                float[] trainData = { 550, 50, 300, 50, 500, 250, 50, 550 };
                Mat trainMat = new Mat(4, 2, CvType.CV_32FC1);
                trainMat.put(0, 0, trainData);

                //训练数据标签
                int[] label = { 1, -1, -1, -1 };
                Mat labelMat = new Mat(4, 1, CvType.CV_32SC1);
                labelMat.put(0, 0, label);

                //创建 SVM 对象并设置参数
                SVM svm = SVM.create();
                svm.setType(SVM.C_SVC);
                svm.setKernel(SVM.LINEAR);
                svm.setTermCriteria(new
TermCriteria(TermCriteria.MAX_ITER, 100, 1e-6));

                //训练 SVM 分类器
                svm.train(trainMat, Ml.ROW_SAMPLE, labelMat);

                //创建显示测试结果图像 dst
                int width = 600;
                int height = 600;
                Mat dst = Mat.zeros(height, width, CvType.CV_8UC3);
                int col = dst.cols();
                int c = dst.channels();

                //测试每像素并将结果放入结果图像
```

```
                        byte[] dstData = new byte[(int) (dst.total() *
dst.channels())];

                        Mat testMat = new Mat(1, 2, CvType.CV_32FC1);
                        float[] testData = new float[(int) (2)];
                        for (int i = 0; i < dst.rows(); i++) {
                                for (int j = 0; j < dst.cols(); j++) {
                                        //对每像素值进行测试
                                        testData[0] = j;
                                        testData[1] = i;
                                        testMat.put(0, 0, testData);
                                        float result = svm.predict(testMat);

                                        //根据测试结果用不同颜色标记
                                        if (result == 1){ //返回值为1的用绿色标记
                                            dstData[(i * col + j) * c] = 0;
                                            dstData[(i * col + j) * c + 1] = (Byte) 255;
                                            dstData[(i * col + j) * c + 2] = 0;
                                        } else if (result == -1){
                                                        //返回值为-1的用蓝色标记
                                            dstData[(i * col + j)*c] = (Byte) 255;
                                            dstData[(i * col + j) * c + 1] = 0;
                                            dstData[(i * col + j) * c + 2] = 0;
                                        }
                                }
                        }
                        //将所有数据放入结果图像中
                        dst.put(0, 0, dstData);

                        //用黑色和白色圆圈画出训练数据
                        Scalar white = new Scalar(255, 255, 255);
                        Scalar black = new Scalar(0, 0, 0);
                        Scalar red = new Scalar(0, 0, 255);
                        Imgproc.circle(dst, new Point(trainData[0], trainData[1]),
5, black, -1);

                        Imgproc.circle(dst, new Point(trainData[2], trainData[3]),
5, white, -1);

                        Imgproc.circle(dst, new Point(trainData[4], trainData[5]),
5, white, -1);

                        Imgproc.circle(dst, new Point(trainData[6], trainData[7]),
5, white, -1);

                        //获取支持向量
                        Mat sv = svm.getUncompressedSupportVectors();
                        float[] svData = new float[(int) (sv.total() *
sv.channels())];

                        sv.get(0, 0, svData);
```

```
                                    //在结果图像上用矩形画出支持向量
                                    for (int i = 0; i < sv.rows(); ++i) {
                                            double x = svData[i * sv.cols()];
                                            double y = svData[i * sv.cols() + 1];
                                            Imgproc.rectangle(dst, new Point(x-8, y-8),
new Point(x+8, y+8), red, 2);
                                    }

                                    //在屏幕上显示结果图像
                                    HighGui.imshow("SVM", dst);
                                    HighGui.waitKey();
                                    System.exit(0);
                            }
        }
```

程序的运行结果如图 12-10 所示。程序给出了 4 个训练数据,其中位于右上角的 1 个点的标签为 1,另外 3 个点的标签为-1。经过训练后,用一个 600×600 的矩阵对所有像素进行测试,如果测试结果为 1,则用绿色画出;如果测试结果为-1,则用蓝色画出。另外,图中还用红色方框标出了 3 个支持向量的位置。

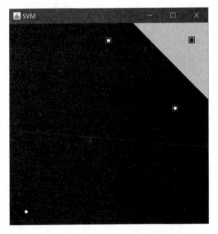

图 12-10　SVM1.java 程序的运行结果

上述程序用于说明 SVM 的原理,因而训练样本很简单,而且是线性可分的。在实际应用中,训练样本很少是线性可分的。下面用一个完整的程序说明如何用 SVM 对线性不可分的训练样本进行分类,代码如下:

```
//第 12 章/SVM2.java

import java.util.Random;
import org.opencv.core.*;
import org.opencv.highgui.HighGui;
import org.opencv.imgproc.Imgproc;
```

```java
import org.opencv.ml.Ml;
import org.opencv.ml.SVM;

public class SVM2 {

    public static void main(String[] args) {
        System.loadLibrary(Core.NATIVE_LIBRARY_NAME);

        //参数准备
        int nSample = 100;  //样本数
        float frac = 0.9f;  //线性可分部分占90%
        int nLinear = (int) (frac * nSample);
        Mat trainMat = new Mat(2 * nSample, 2, CvType.CV_32F);
        Mat labels = new Mat(2 * nSample, 1, CvType.CV_32S);
        Random r = new Random(100);

        //创建显示测试结果的图像 dst
        int width = 600;
        int height = 600;
        Mat dst = Mat.zeros(height, width, CvType.CV_8UC3);

        /*************设置线性可分的训练数据.开始***************/

        //随机生成第1类数据的x坐标，范围为图像宽度的0~40%
        Mat trainClass = trainMat.rowRange(0, nLinear);
        Mat c = trainClass.colRange(0, 1);
        float[] cData = new float[90];
        int len =cData.length;
        double[] cDbl = r.doubles(len, 0, 0.4f * width).toArray();
        for (int i = 0; i < len; i++) {
            cData[i] = (float) cDbl[i];
        }
        c.put(0, 0, cData);

        //随机生成第1类数据的y坐标，范围为图像高度的0~100%
        c = trainClass.colRange(1, 2);
        cData = new float[90];
        len =cData.length;
        cDbl = r.doubles(len, 0, height).toArray();
        for (int i = 0; i < len; i++) {
            cData[i] = (float) cDbl[i];
        }
        c.put(0, 0, cData);

        //随机生成第2类数据的x坐标，范围为图像宽度的60%~100%
        trainClass = trainMat.rowRange(2 * nSample - nLinear,
2 * nSample);
```

```
                          c = trainClass.colRange(0, 1);
                          cData = new float[90];
                          len =cData.length;
                          cDbl = r.doubles(len, 0.6 * width, width).toArray();
                          for (int i = 0; i < len; i++) {
                                  cData[i] = (float) cDbl[i];
                          }
                          c.put(0, 0, cData);

                          //随机生成第 2 类数据的 y 坐标，范围为图像高度的 0~100%
                          c = trainClass.colRange(1, 2);
                          cData = new float[90];
                          len =cData.length;
                          cDbl = r.doubles(len, 0, height).toArray();
                          for (int i = 0; i < len; i++) {
                                  cData[i] = (float) cDbl[i];
                          }
                          c.put(0, 0, cData);

                          /****************设置线性可分的训练数据.结束***********/


                          /*************设置线性不可分的训练数据.开始*************/
                          //随机生成第 1 类和第 2 类数据的坐标点
                          trainClass = trainMat.rowRange(nLinear, 2 * nSample -
nLinear);

                          //x 坐标范围为图像宽度的 40%~60%
                          c = trainClass.colRange(0, 1);
                          cData = new float[20];
                          len =cData.length;
                          cDbl = r.doubles(len, 0.4 * width, 0.6 * width).toArray();
                          for (int i = 0; i < len; i++) {
                                  cData[i] = (float) cDbl[i];
                          }
                          c.put(0, 0, cData);

                          //y 坐标范围为图像高度的 0~100%
                          c = trainClass.colRange(1, 2);
                          cData = new float[20];
                          cDbl = r.doubles(len, 0, height).toArray();
                          for (int i = 0; i < len; i++) {
                                  cData[i] = (float) cDbl[i];
                          }
                          c.put(0, 0, cData);
```

```
/***************设置线性不可分的训练数据.结束***********/

//训练数据标签
labels.rowRange(0, nSample).setTo(new Scalar(1));
labels.rowRange(nSample, 2*nSample).setTo(new Scalar(2));

//创建SVM对象并设置参数
SVM svm = SVM.create();
svm.setType(SVM.C_SVC);
svm.setC(0.1);
svm.setKernel(SVM.LINEAR);
svm.setTermCriteria(new TermCriteria(TermCriteria.MAX_ITER,
(int) 1e7, 1e-6));

//训练SVM分类器
svm.train(trainMat, Ml.ROW_SAMPLE, labels);

//测试每像素并将结果放入结果图像
int col = dst.cols();
int cnl = dst.channels();
byte[] dstData = new byte[(int) (dst.total() * cnl)];
Mat sampleMat = new Mat(1, 2, CvType.CV_32F);
float[] sampleData  = new float[20];
for (int i = 0; i < dst.rows(); i++) {
        for (int j = 0; j < col; j++) {
                //对每像素值进行测试
                sampleData [0] = j;
                sampleData [1] = i;
                sampleMat.put(0, 0, sampleData );
                float result = svm.predict(sampleMat);

                if (result == 1){ //用浅绿色标出第1类的
                                  //训练数据
                        dstData[(i*col + j)*cnl] = 0;
                        dstData[(i*col + j)*cnl+1]=127;
                        dstData[(i*col + j)*cnl+2] = 0;
                } else if (result == 2) {//用浅蓝色标出
                                         //第2类的训练数据
                        dstData[(i*col + j)*cnl]=127;
                        dstData[(i*col + j)*cnl+1] = 0;
                        dstData[(i*col + j)*cnl+2] = 0;
                }
        }
}
//将所有数据放入结果图像中
dst.put(0, 0, dstData);
```

```
/*******************以下用于生成测试结果图像*************/
float px, py;
col = trainMat.cols();

//第 1 类用绿色
float[] trainData = new float[400];
trainMat.get(0, 0, trainData);
for (int i = 0; i < nSample; i++) {
px = trainData[i * col];
py = trainData[i * col + 1];
Imgproc.circle(dst, new Point(px, py), 3, new Scalar(0,
255, 0), -1);

}

//第 2 类用蓝色
for (int i = nSample; i < 2 * nSample; ++i) {
px = trainData[i * col];
py = trainData[i * col + 1];
Imgproc.circle(dst, new Point(px, py), 3, new Scalar(255,
0, 0), -1);

}

//获取原始的支持向量
Mat sv = svm.getUncompressedSupportVectors();
float[] svData = new float[(int) (sv.total() *
sv.channels())];

sv.get(0, 0, svData);

//在结果图像上用矩形画出支持向量
for (int i = 0; i < sv.rows(); i++) {
        double x = svData[i * sv.cols()];
        double y = svData[i * sv.cols() + 1];
        Imgproc.rectangle(dst, new Point(x-8, y-8),
new Point(x+8, y+8), new Scalar(180, 180, 180), 2);
}

//在屏幕上显示结果图像
HighGui.imshow("SVM", dst);
HighGui.waitKey();
System.exit(0);
}
}
```

　　程序的运行结果如图 12-11 所示。该程序用随机数生成两大类的训练样本，每类 100 个样本，其中线性可分的样本占 90%，线性不可分的样本占 10%，在图中可以看到在边界附近

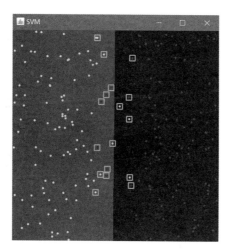

图 12-11　SVM2.java 程序的运行结果

有少量越界的样本。为了便于观看整体效果，程序中画出了所有样本的位置，并用灰色方框标出了支持向量。

12.6　人脸检测

人脸检测是指检测输入图像中是否有人脸，但并不包括识别出人的身份，后者称为人脸识别。本节不涉及人脸识别，只讨论人脸检测。

12.6.1　Haar 特征

OpenCV 中的人脸检测是基于 Haar 特征的。Haar 特征也称作 Haar-like 特征，因为与 Haar 小波转换极为相似而得名。Haar 特征最早是由 Papageorgiou 等人提出的，后来经过不断改进和完善，逐步形成了 OpenCV 中的 Haar 特征分类器。

Haar 特征由黑白矩形模板组成，特征值等于黑色矩阵像素值之和减去白色矩阵像素值之和。Haar 特征的计算量较大，不过在采用了 Paul Viola 和 Michael Jones 提出的利用积分图像法快速计算 Haar 特征的方法后，Haar 特征成为一种简单高效的图像特征。他们的论文 *Rapid Object Detection Using a Boosted Cascade of Simple Features* 的摘要中描述了该算法的三大特点：

"首先是引入了一种被称为积分图像的新的图像表示法，它允许我们非常迅速地进行特征检测。第二是基于 AdaBoost 的学习算法，它从一个较大的集合中选择少量关键视觉特征产生非常有效的分类器。第三是采用了级联分类器，该方法能快速丢弃背景区域并在有希望区域花费更多的算力。"

Haar 特征可以分为中心特征、边缘特征、线特征和对角特征四大类，如图 12-12 所示。

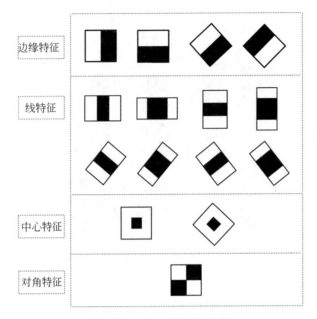

图 12-12　Haar 特征的分类

Haar 特征常与 AdaBoost 结合后用于人脸检测。

12.6.2　AdaBoost

随机森林采用的是 Bagging 算法，而 AdaBoost 则属于 Boosting 算法，两者同属于集成学习的范畴。随机森林是对多个弱学习器进行独立学习，然后取平均，而 Boosting 则不同。在训练弱分类器时，Boosting 算法在每次迭代时都会调整样本的权重，对上一个弱分类器被错误分类的样本加上较大的权重，从而使下一个弱分类器更多关注这些难度较大的样本以避免再次分错。如此循环多次以后，就有可能对所有训练样本都进行正确分类。Boosting 算法不仅会边学习边调整样本的权重，还会把学习过程中得到的所有弱分类器结合在一起求得最终的强分类器。由此可见，Boosting 算法是个不断增强的学习过程，这也是 Boosting 算法名称的由来（Boosting 的英文含义为增强、提高）。

Boosting 算法有多种更新样本权重的方法，其中最早提出的是 AdaBoost 算法。AdaBoost 是自适应增强（Adaptive Boosting）的简称，由 Yoav Freund 和 Robert Schapire 于 1995 年提出。AdaBoost 算法一次学习一组分类器，组内的每个分类器都是弱分类器。用于集成的弱分类器都非常简单，通常是只有一个节点的决策树桩（Decision Stumps），或者节点很少的决策树。在训练过程中，这些决策树桩或决策树从数据中学习分类决策，并从分类决策时数据的准确性学习投票的权重。AdaBoost 算法系统的检测速率较高，并且不易出现过适应现象，但是为了获得更高的检测精度，该算法需要较大的训练样本集。

在 OpenCV 中实现 Boosting 算法大致分为以下 4 步：

（1）创建 Boost 类对象（Boost 类继承自 Dtrees 类）。

（2）设置参数，常用参数的设置方法如下。

DTrees.setMaxDepth(int val)：设定最大深度。

DTrees.setUseSurrogates(boolean val)：设定是否建立替代分裂点。

Boost.setBoostType(int val)：设置 Boost 算法类型，可选参数如下。

　　Boost.DISCRETE：Discrete AdaBoost 算法。

　　Boost.REAL：Real AdaBoost 算法。

　　Boost.LOGIT：LogitBoost 算法。

　　Boost.GENTLE：Gentle AdaBoost 算法。

Boost.setWeakCount(int val)：设置弱分类器数量。

Boost.setWeightTrimRate(double val)：设置权重修剪率。

（3）用 StatModel.train()函数对样本数据进行训练。

（4）用 StatModel.predict()函数对测试数据进行预测。

在 OpenCV 中已经实现的 4 种 Boosting 算法中，Real AdaBoost 算法和 Gentle AdaBoost 算法的效果最好，其中 Real AdaBoost 算法适合于解决分类问题，而 Gentle AdaBoost 算法则适合解决回归问题。

12.6.3　级联分类器

级联分类器是指通过不同的特征一步步地筛选，最终得出所属分类的分类器。通过这种方法，一个复杂的分类问题被分解为多个简单的分类问题。

OpenCV 中提供了 3 种训练好的级联分类器，分别是 Haar 级联分类器、LBP 级联分类器和 HOG 级联分类器。这 3 种级联分类器分别应用于 Haar 特征、LBP 特征及 HOG 特征。

这 3 种特征的简单介绍如下。

（1）Haar 特征：描述图像局部像素值明暗特征，常用作人脸检测。

（2）LBP 特征：描述图像局部纹理特征。LBP 是局部二值模式（Local Binary Pattern）的简称，常用作人脸识别。

（3）HOG 特征：描述图像局部形状边缘梯度特征。HOG 是方向梯度直方图（Histogram of Oriented Gradient）的简称，常用作行人检测。

这 3 个级联分类器保存在…\OpenCV\sources\data\目录下，其中…\OpenCV\是 OpenCV 的安装目录。用于人脸检测的 Haar 级联分类器保存在该目录下名为 haarcascades 的文件夹中，包含了众多用于检测的 XML 文件，如图 12-13 所示。这些 XML 文件可用于检测人脸、眼睛、全身、侧脸等。在创建级联分类器对象时，需要引用相关的 XML 文件。

OpenCV 中使用级联分类器进行检测大致可以分为 3 步：

（1）创建一个 CascadeClassifier 对象。

（2）用 CascadeClassifier.detectMultiScale()函数进行检测。

（3）在图像中标记检测到的人脸等对象。

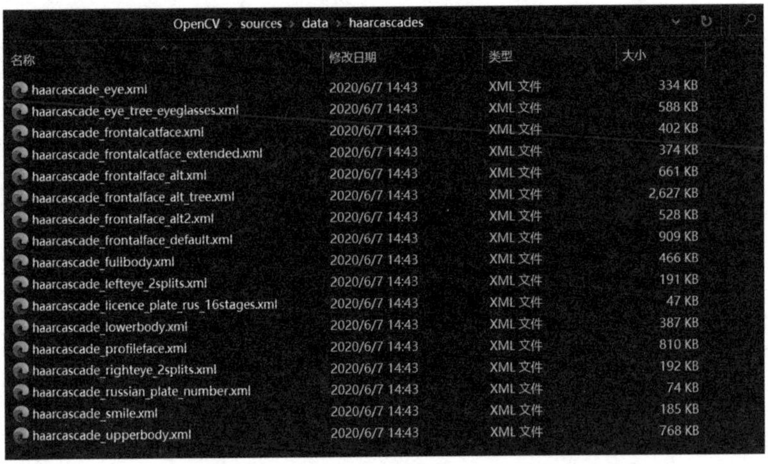

图 12-13　OpenCV 的 Haar 级联分类器

用于检测的 detectMultiScale()函数的原型如下：

void CascadeClassifier.detectMultiScale(Mat image, MatOfRect objects)
函数用途：在输入图像中检测不同尺寸的物体。检测到的物体用矩形列表的形式返回。

【参数说明】
(1) image：输入图像，图像深度为 CV_8U。
(2) objects：矩形向量组，每个矩形包括一个检测到的物体。矩形可能离物体有一定距离。
(3) scaleFactor：搜索窗口的缩减比率。
(4) minNeighbors：构成检测目标的相邻矩形的最小个数。
(5) flags：兼容老版本的一个参数。3.x 版本中不用此参数。默认为 0。
(6) minSize：目标的最小尺寸，小于该尺寸将被忽略。
(7) maxSize：目标的最大尺寸，超过该尺寸将被忽略。如 maxSize=minSize，则只评估单一尺寸。

下面用一个完整的程序说明人脸检测的过程，代码如下：

```java
//第 12 章/FindFace.java

import org.opencv.core.*;
import org.opencv.highgui.HighGui;
import org.opencv.imgcodecs.*;
import org.opencv.objdetect.*;
import org.opencv.imgproc.*;

public class FindFace {
        public static void main(String[] args) {
                System.loadLibrary(Core.NATIVE_LIBRARY_NAME);

                //读取图像并在屏幕上显示
                Mat src=Imgcodecs.imread("face.jpg");
                HighGui.imshow("src", src);
                HighGui.waitKey(0);

                //创建级联分类器并进行检测
```

```
                    CascadeClassifier Detector = new CascadeClassifier("D:/
Program/Tools/OpenCV/sources/data/haarcascades/haarcascade_frontalface_default
.xml");

                    MatOfRect DetectResult = new MatOfRect(); //用于存放检测
                                                //结果
                    Detector.detectMultiScale(src, DetectResult, 1.2, 3, 0,
new Size(30,30),new Size(200,200));

                    //如未检测到结果，则直接返回
                    if(DetectResult.toArray().length<=0){
                            System.out.println("No face detected!");
                            return ;
                    }

                    //如检测到结果，则用矩形画出
                    for(Rect rect:DetectResult.toArray()){
                            Imgproc.rectangle(src, new Point(rect.x,rect.y),
new Point(rect.x + rect.width, rect.y + rect.height), new Scalar(255,0,0), 2);
                    }

                    //在屏幕上显示检测结果
                    HighGui.imshow("Face", src);
                    HighGui.waitKey(0);
                    System.exit(0);
            }



    }
```

程序的运行结果如图 12-14 所示。

图 12-14　FindFace.java 程序的运行结果

级联分类器不仅能用于人脸检测，还能用于眼睛检测或其他对象的检测。下面用一个完整的程序说明眼睛检测的过程，代码如下：

```java
//第 12 章/FindEye.java

import org.opencv.core.*;
import org.opencv.highgui.HighGui;
import org.opencv.imgcodecs.*;
import org.opencv.objdetect.*;
import org.opencv.imgproc.*;

public class FindEye {
        public static void main(String[] args) {
                System.loadLibrary(Core.NATIVE_LIBRARY_NAME);

                //读取图像并在屏幕上显示
                Mat src=Imgcodecs.imread("monkey.png");
                HighGui.imshow("src", src);
                HighGui.waitKey(0);

                //创建级联分类器并进行检测
                CascadeClassifier Detector=new CascadeClassifier
("D:/Program/Tools/OpenCV/sources/data/haarcascades/haarcascade_eye.xml");
                MatOfRect DetectResult = new MatOfRect();
                //用于存放检测结果
                Detector.detectMultiScale(src, DetectResult);

                //如未检测到结果，则直接返回
                if(DetectResult.toArray().length<=0){
                        System.out.println("No eye detected!");
                        return ;
                }

                //如检测到结果，则用矩形画出
                for(Rect rect:DetectResult.toArray()){
                        Imgproc.rectangle(src, new Point (rect.x,rect.y),
new Point(rect.x + rect.width, rect.y + rect.height), new Scalar(255,0,0), 2);
                }

                //在屏幕上显示检测结果
                HighGui.imshow("Eye", src);
                HighGui.waitKey(0);
                System.exit(0);
        }
}
```

程序的运行结果如图 12-15 所示，除了检测出两只眼睛外，还有一个误判。

(a) 待检测图像　　　　　　　　(b) 眼睛检测结果

图 12-15　FindEye.java 程序的运行结果

12.7　本章小结

本章主要介绍了 K 均值、K 近邻、决策树、随机森林、支持向量机等传统机器学习算法。

本章介绍的主要函数见表 12-2。

表 12-2　第 12 章主要函数清单

编号	函　数　名	函　数　用　途	所在章节
1	Core.kmeans()	实现 K 均值聚类	12.1 节
2	StatModel.train()	训练统计模型	12.2 节
3	KNearest.findNearest()	找出 k 个最近邻	12.2 节
4	StatModel.predict()	对给定样本进行预测	12.3 节
5	CascadeClassifier.detectMultiScale()	在输入图像中检测不同尺寸的物体	12.6 节

本章中的示例程序清单见表 12-3。

表 12-3　第 12 章示例程序清单

编号	程　序　名	程　序　说　明	所在章节
1	Kmeans.java	K 均值聚类	12.1 节
2	Kmeans2.java	用 K 均值算法实现图像分割	12.1 节
3	Knn.java	用 K 近邻算法进行分类	12.2 节
4	Dtrees.java	用决策树进行分类	12.3 节
5	Rtrees.java	用随机森林进行分类	12.4 节
6	SVM1.java	SVM 对线性可分的训练样本进行分类	12.5 节

续表

编号	程 序 名	程 序 说 明	所在章节
7	SVM2.java	SVM 对线性不可分的训练样本进行分类	12.5 节
8	FindFace.java	人脸检测	12.6 节
9	FindEye.java	眼睛检测	12.6 节

视 频 分 析

本书前面的章节讨论的都是静态图像的处理，最后一章要讨论的则是视频。视频是一系列具有时序关系的图像集合，通过对视频的内容进行分析处理可以获取大量有用的信息，而所有这一切的基础是对视频的读写操作。本章将介绍视频的读写操作及视频属性的获取和修改，并在此基础上介绍均值迁移法、背景建模及光流估计等视频分析和目标跟踪算法。

13.1 视频基础操作

13.1.1 视频的读取

读取视频与读取静态图像不同，需要用到 OpenCV 中的 VideoCapture 类。读取视频可以分为两种，一种是从视频文件读取；另一种是从摄像头读取。

读取视频文件大致可以分为以下 5 步：

（1）创建 VideoCapture 对象。

（2）用 VideoCapture.open()函数打开视频文件。

（3）用 VideoCapture.isOpened()函数确认视频文件打开是否成功。

（4）用 VideoCapture.read()函数读取一帧图像。

（5）用 VideoCapture.release()函数释放资源。

打开视频文件的 VideoCapture.open()函数的原型如下：

```
boolean VideoCapture.open(String filename)
```
函数用途：打开视频文件或视频流。如打开成功，则返回值为 true，否则返回值为 false。

【参数说明】
filename：要打开的文件名。

读取视频帧的 VideoCapture.read()函数的原型如下：

```
boolean VideoCapture.read(Mat image)
```
函数用途：抓取并解码一帧图像。如果操作成功，则返回值为 true，否则返回值为 false。

【参数说明】

image：捕获的一帧图像。如果捕获失败，则返回空白图像。

下面用一个完整的程序说明读取视频文件的方法，代码如下：

```java
//第 13 章/VideoCap.java

import org.opencv.core.*;
import org.opencv.highgui.HighGui;
import org.opencv.imgproc.Imgproc;
import org.opencv.videoio.VideoCapture;

public class VideoCap {

        public static void main(String[] args) {
                System.loadLibrary(Core.NATIVE_LIBRARY_NAME);

                //创建 VideoCapture 对象并打开视频文件
                VideoCapture vc = new VideoCapture();
                vc.open("seagull.avi"); //打开视频文件

                //视频打开失败时的处理
                if(!vc.isOpened()) {
                        System.out.println("Unable to load video!");
                        return;
                }

                //循环读取视频
                while (true) {
                        Mat frame = new Mat();
                        vc.read(frame);                 //读取一帧图像
                        if (frame.empty())  break;   //文件读完

                        //将读取的帧图像转换成 Canny 边缘图并在屏幕上显示
                        Mat canny = new Mat();
                        Imgproc.Canny(frame, canny, 60, 200);
                        HighGui.imshow("Canny", canny);
                        int keyboard = HighGui.waitKey(100);
                        if (keyboard == 27) break;   //按 Esc 键退出
                }

                vc.release(); //释放资源
                HighGui.waitKey(0);
        }

}
```

程序中读取的视频文件是海鸥飞翔的景象，程序运行时的一个画面如图 13-1 所示。

图 13-1 VideoCap.java 程序的运行结果

上述程序同样适用于打开摄像头实时读取视频流，只不过其中 VideoCapture.open()函数的参数类型要改成整型，用于设定摄像头的 ID，其函数原型如下：

```
boolean VideoCapture.open(int index)
```
函数用途：打开摄像头。如打开成功，则返回值为 true，否则返回值为 false。

【参数说明】
index：摄像头设备的 ID，从 0 开始。

如果要打开计算机的摄像头，则将参数设为 0 即可；如果有多个摄像头，则 0 表示第 1 个摄像头，1 表示第 2 个摄像头，以此类推。程序的完整代码此处就不展示了。程序运行后，在屏幕上看到的就是摄像头实时拍到的画面。

13.1.2 视频的保存

保存视频的步骤大致分为以下 4 步：
（1）创建 VideoWriter 对象。
（2）用 VideoWriter.open()函数初始化视频写操作。
（3）用 VideoWriter.write()函数将一帧图像写入视频文件。
（4）用 VideoWriter.release()函数释放资源。
初始化视频写操作的 VideoWriter.open()函数的原型如下：

```
boolean VideoWriter.open(String filename, int fourcc, double fps, Size
frameSize)
```
函数用途：初始化视频写操作。如初始化成功，则返回值为 true，否则返回值为 false。

【参数说明】

(1) filename：视频保存的路径和文件名。

(2) fourcc：指定视频编码器的 4 字节代码，常用参数如下。

◆ VideoWriter.fourcc('M','P','4','V')：MPEG-4 编码，后缀名为.mp4。

◆ VideoWriter.fourcc('I','4','2','0')：YUV 编码类型，后缀名为.avi。

◆ VideoWriter.fourcc('P','I','M','I')：MPEG-1 编码，后缀名为.avi。

◆ VideoWriter.fourcc('X','V','I','D')：MPEG-4 编码，后缀名为.avi。

◆ VideoWriter.fourcc('T','H','E','O')：OGG Vorbis 编码，后缀名为.ogv。

◆ VideoWriter.fourcc('F','L','V','1')：Flash 视频，后缀名为.flv。

(3) fps：帧率。

(4) frameSize：帧的尺寸（宽和高）。

VideoWriter.write()函数的原型如下：

```
void VideoWriter.write(Mat image)
函数用途：写入一帧图像。
```

【参数说明】

image：要写入的一帧图像。

下面用一个完整的程序说明保存视频的方法，代码如下：

```java
//第 13 章/VideoWrite.java

import org.opencv.core.*;
import org.opencv.highgui.HighGui;
import org.opencv.imgproc.Imgproc;
import org.opencv.videoio.*;

public class VideoWrite {

        public static void main(String[] args) {
                System.loadLibrary(Core.NATIVE_LIBRARY_NAME);

                //创建 VideoCapture 对象并打开视频文件
                VideoCapture vc = new VideoCapture();
                vc.open("seagull.avi");

                //确认视频打开是否成功
                if(!vc.isOpened()) {
                        System.out.println("Unable to load video!");
                        return;
                }

                //初始化视频写操作
                VideoWriter vw = new VideoWriter();
                Size frameSize = new Size(1280,720);
                vw.open("out.mp4", VideoWriter.fourcc('D','I','V','X'),
10, frameSize);
```

```
//循环读取视频
Mat frame = new Mat();
Mat canny = new Mat();
while(vc.isOpened()) {

        //读取一帧图像并用 Canny 算法提取边缘
        vc.read(frame);
        Imgproc.Canny(frame, canny, 60, 200);

        //将 Canny 边缘图像写入视频并在屏幕上显示
        vw.write(canny);
        HighGui.imshow("out", canny);
        int index = HighGui.waitKey(100);

        //如按 Esc 键, 则退出
        if(index == 27) {

            //释放 VideoCapture 和 VideoWriter 占用的资源
            vc.release();
            vw.release();
            break;  //退出 while 循环
        }
    }

    HighGui.waitKey(0);
    }

}
```

程序运行时屏幕上的显示与 13.1.1 节的程序运行时相同, 但是在程序运行完以后会在项目目录下多出一个名为 out.mp4 的文件, 该视频文件的内容与原视频相同, 但是每帧图像都是 Canny 边缘图, 因为程序中保存的是经 Canny 边缘提取算法处理过的图像。另外, 如果想要改变视频的分辨率, 则不能简单地改变 frameSize 的设置, 因为从原视频读取的图像尺寸为 1280×720, 即使经过 Canny 边缘处理分辨率仍然如此。如果希望改变视频的分辨率, 则除了要修改 frameSize 的设置以外, 还要用 resize()等函数改变 vc.read()函数读取的图像的大小才可以, 具体代码此处就不展示了。

13.1.3 视频属性

VideoWriter.open()函数中需要提供 frameSize (帧的尺寸) 作为参数, 而 13.1.2 节的程序中因为 frameSize 已经直接用数字进行了定义, 但是更多的情况下 frameSize 是未知的, 此时需要通过 VideoCapture.get()函数获取, 当然此函数的用途并不限于获取帧的宽度和高度。该函数的原型如下:

```
double VideoCapture.get(int propId)
函数用途：获取 VideoCapture 对象的属性。
```

【参数说明】
(1) propId：属性 ID，常用参数见表 13-1。
(2) 返回值：正常情况下返回指定属性的值。如查询的属性不被支持，则返回 0。

表 13-1　VideoCapture 常用参数表

参　数	数字值	含　义
Videoio.CAP_PROP_POS_MSEC	0	视频文件的当前位置（以 ms 为单位）
Videoio.CAP_PROP_POS_FRAMES	1	帧的位置，从 0 开始索引
Videoio.CAP_PROP_POS_AVI_RATIO	2	视频文件的相对位置；0 表示视频的开始，1 表示视频的结尾
Videoio.CAP_PROP_FRAME_WIDTH	3	帧的宽度
Videoio.CAP_PROP_FRAME_HEIGHT	4	帧的高度
Videoio.CAP_PROP_FPS	5	帧速
Videoio.CAP_PROP_FOURCC	6	视频编码器格式的 4 字节代码
Videoio.CAP_PROP_FRAME_COUNT	7	视频文件中的帧数

这样，13.1.2 节的程序中设定 frameSize 一行可改为如下代码：

```
Size frameSize = new Size(vc.get(Videoio.CAP_PROP_FRAME_WIDTH),
vc.get(Videoio.CAP_PROP_FRAME_HEIGHT));
```

这行代码过于冗长，可以用数字值来表示相应的属性，代码如下：

```
Size frameSize = new Size(vc.get(3), vc.get(4));
```

这样就简洁多了。

当然，VideoCapture 的属性除了可以用 get()方法获取外，还可以用 set()方法进行修改，相关函数的原型如下：

```
boolean VideoCapture.set(int propId, double value)
函数用途：设置 VideoCapture 对象的属性。
```

【参数说明】
(1) propId：属性 ID，见表 13-1。
(2) value：设定的属性值。

下面用一个完整的程序说明获取视频属性的方法，代码如下：

```
//第 13 章/VideoProp.java

import org.opencv.core.*;
import org.opencv.videoio.VideoCapture;
```

```
public class VideoProp {

        public static void main(String[] args) {
                System.loadLibrary(Core.NATIVE_LIBRARY_NAME);

                //创建 VideoCapture 对象并打开视频文件
                VideoCapture vc = new VideoCapture();
                vc.open("seagull.avi"); //打开视频文件

                //视频打开失败时的处理
                if(!vc.isOpened()) {
                        System.out.println("Unable to load video!");
                        return;
                }

                //获取视频帧宽度和帧高度
                double width = vc.get(3);
                double height =vc.get(4);

                vc.release();   //释放资源

                //在控制台输出帧宽度和帧高度数据
                System.out.println("帧宽度: " + width);
                System.out.println("帧高度: " + height);

        }

}
```

程序运行后控制台输出的结果如图 13-2 所示。

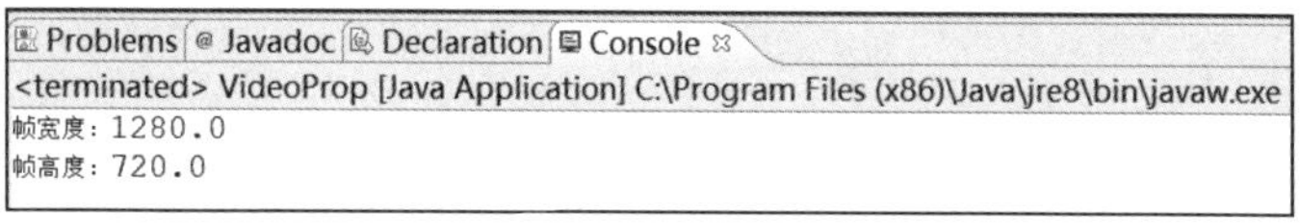

```
Problems  @ Javadoc  Declaration  Console ⊠
<terminated> VideoProp [Java Application] C:\Program Files (x86)\Java\jre8\bin\javaw.exe
帧宽度: 1280.0
帧高度: 720.0
```

图 13-2　VideoProp.java 程序的运行结果

13.2　均值迁移法

在掌握了读写视频的方法之后，就可以对视频进行分析处理了。视频分析常见的两个算法是 Meanshift 和 Camshift 算法。

13.2.1　Meanshift 算法

Meanshift 算法中有两个关键词：mean（均值）和 shift（移动），因此中文常译为均值漂移法或均值迁移法。

Meanshift 算法的原理很简单。假设有一堆点集，还有一个圆形区域，目标是将这个圆形区域移动到点集密度最大的区域中，如图 13-3 所示。

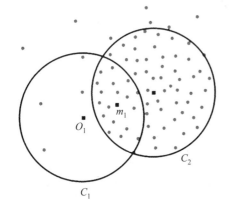

图 13-3　Meanshift 算法原理图

假设最初的圆形区域为 C_1，圆心为 O_1，区域内所有点的质心在 m_1 处。通常情况下，圆心和质心并不重合。移动圆形区域使圆心 O_1 与质心 m_1 重合，接着在新的圆形区域中再次寻找点集的质心，然后再次移动圆形区域。不断重复上述过程，直到圆心和质心大致重合。最后，圆形区域位于点密集度最大处，也就是图中的 C_2 处。

Meanshift 是一个应用广泛的算法，可用于实现目标追踪。用 Meanshift 算法在视频中追踪运动物体的流程如下：

（1）首先在图像 a 上选定一个搜索区域。

（2）计算该区域的直方图和直方图反向投影，均值漂移时就是据此进行搜索的。

（3）对下一帧图像 b 同样计算直方图和直方图反向投影。

（4）用 Meanshift 算法利用直方图反向投影图像寻找与选定区域直方图最为相似的区域，这就是目标在图像 b 中的位置。

（5）重复步骤（3）和（4），完成整个视频中的目标追踪。

传统的 Meanshift 算法计算量不大，在目标区域已知的情况下可用于实时跟踪，但是由于在跟踪过程中窗口大小保持不变，当目标发生变化时，跟踪就无法进行了。

OpenCV 中 Meanshift 算法的函数原型如下：

```
int Video.meanShift(Mat probImage, Rect window, TermCriteria criteria)
函数用途：用均值迁移法寻找物体。
```

【参数说明】
(1) probImage：目标区域的直方图反向投影。
(2) window：初始搜索窗口。
(3) criteria：迭代终止条件。

下面用一个完整的程序说明用 Meanshift 算法进行目标追踪的方法，代码如下：

```
//第13章/MeanShift.java

import java.util.*;
import org.opencv.core.*;
import org.opencv.highgui.HighGui;
import org.opencv.imgproc.Imgproc;
import org.opencv.video.Video;
import org.opencv.videoio.VideoCapture;
```

```java
class MeanShift {

    public static void main(String[] args) {
        System.loadLibrary(Core.NATIVE_LIBRARY_NAME);

        //打开视频文件
        VideoCapture vc = new VideoCapture();
        vc.open("cars.avi");

        //视频打开失败时的处理
        if (!vc.isOpened()) {
            System.out.println("Unable to load video!");
            System.exit(-1);
        }

        //读取视频的第1帧
        Mat frame = new Mat();
        vc.read(frame);

        //设置跟踪窗口
        Rect trackwindow = new Rect(350,190,100,100);
        Mat roi = new Mat(frame, trackwindow);
        Mat hsv0 = new Mat();
        Mat mask = new Mat();

        //转换为HSV颜色空间
        Imgproc.cvtColor(roi, hsv0, Imgproc.COLOR_BGR2HSV);
        Core.inRange(hsv0, new Scalar(0, 60, 32), new Scalar(180,
255, 255), mask);

        //直方图函数参数
        MatOfFloat range = new MatOfFloat(0, 256);
        Mat hist = new Mat();
        MatOfInt histSize = new MatOfInt(180);
        MatOfInt channels = new MatOfInt(0);

        //直方图数据统计并归一化
        List<Mat> mat0 = new LinkedList<Mat>();
        mat0.add(hsv0);
        Imgproc.calcHist(mat0, channels, mask, hist, histSize,
range);

        Core.normalize(hist, hist, 0, 255, Core.NORM_MINMAX);

        //设置终止条件
        TermCriteria criteria = new
TermCriteria(TermCriteria.EPS | TermCriteria.COUNT, 10, 1);
```

```
                        List<Mat> mat = new LinkedList<Mat>();
                        Mat hsv = new Mat();
                        mat.add(hsv);

                        while (true) {
                                //读取一帧视频
                                vc.read(frame);
                                //如果视频文件读完，则退出循环
                                if (frame.empty()) {
                                        break;
                                }

                                //计算目标区域的直方图反向投影
                                Imgproc.cvtColor(frame, hsv, Imgproc.COLOR_
BGR2HSV);

                                Mat dst = new Mat();
                                Imgproc.calcBackProject(mat, channels, hist,
dst, range, 1);

                                //Meanshift 跟踪目标
                                Video.meanShift(dst, trackwindow, criteria);

                                //绘制跟踪到的区域
                                Point pt1 = new Point(trackwindow.x,
trackwindow.y );
                                Point pt2 = new Point(trackwindow.x +
trackwindow.width, trackwindow.y + trackwindow.height );
                                Imgproc.rectangle(frame, pt1, pt2, new
Scalar(255, 0, 0), 2);

                                //在屏幕上显示跟踪结果
                                HighGui.imshow("frame", frame);
                                int keyboard = HighGui.waitKey(90);

                                //如按 Esc 键则退出
                                if (keyboard == 27) {
                                    break;
                                }

                        }
                        System.exit(0);
                }

        }
```

程序运行时的一个画面如图 13-4 所示。图中方框为程序开始时人为设定，随着方框中车辆的移动，方框也随之移动，这是跟踪成功的标志，但是随着车辆从画面中消失，方框开始无序游走，这说明目标已经跟丢。

图 13-4 MeanShift.java 程序的运行结果

程序中用到了一个没有介绍过的函数，其原型如下：

```
void Core.inRange(Mat src, Scalar lowerb, Scalar upperb, Mat dst)
函数用途：检查数组元素是否位于两个数组元素之间。
```

【参数说明】
(1)src：输入数组。
(2)lowerb：包含下边界的数组或标量。
(3)upperb：包含上边界的数组或标量。
(4)dst：输出数组，与 src 具有相同的尺寸，为 CV_8U 类型。

13.2.2 Camshift 算法

Meanshift 算法的检测窗口的大小是固定不变的，当跟踪物体由远及近或逐渐远去时用固定的窗口显然就不合适了。为此，需要根据目标的大小和角度来对窗口的大小和角度进行修正，这就是 Camshift 算法。

Camshift 算法的全称是"连续自适应均值漂移法（Continuously Adaptive Mean-Shift），是 Meanshift 算法的改进算法，可随着跟踪目标的大小变化实时调整搜索窗口的大小，具有较好的跟踪效果。

Camshift 算法的步骤如下：

（1）用 Meanshift 算法找到目标。

（2）调整窗口的大小。

（3）计算最佳外接椭圆的角度并据此调节窗口角度。

（4）用更新后的窗口大小和角度继续进行追踪。

Camshift 算法可适应运动目标的大小及形状的改变，但也有缺点。当背景色和目标颜色接近时，算法会使目标区域变大，从而导致跟丢目标。

OpenCV 中 Camshift 算法的函数原型如下：

```
RotatedRect Video.CamShift(Mat probImage, Rect window, TermCriteria criteria)
函数用途：寻找物体的中心、大小和方向。
```

【参数说明】
(1) probImage：目标区域的直方图反向投影。
(2) window：初始搜索窗口。
(3) criteria：迭代终止条件。

下面用一个完整的程序说明用 Camshift 算法进行目标追踪的方法，代码如下：

```java
//第13章/CamShift.java

import java.util.*;
import org.opencv.core.*;
import org.opencv.highgui.HighGui;
import org.opencv.imgproc.Imgproc;
import org.opencv.video.Video;
import org.opencv.videoio.VideoCapture;

class CamShift {

        public static void main(String[] args) {
                System.loadLibrary(Core.NATIVE_LIBRARY_NAME);

                //打开视频文件
                VideoCapture vc = new VideoCapture();
                vc.open("cars.avi");

                //视频打开失败时的处理
                if (!vc.isOpened()) {
                        System.out.println("Unable to load video!");
                        System.exit(-1);
                }

                //读取视频的第1帧
                Mat frame = new Mat();
                vc.read(frame);

                //设置跟踪窗口
                Rect trackwindow = new Rect(350,190,100,100);
                Mat roi = new Mat(frame, trackwindow);
                Mat hsv0 = new Mat();
                Mat mask = new Mat();
```

```
                              //转换为 HSV 颜色空间
                              Imgproc.cvtColor(roi, hsv0, Imgproc.COLOR_BGR2HSV);
                              Core.inRange(hsv0, new Scalar(0, 60, 32), new Scalar(180,
255, 255), mask);


                              //直方图函数参数
                              MatOfFloat range = new MatOfFloat(0, 256);
                              Mat hist = new Mat();
                              MatOfInt histSize = new MatOfInt(180);
                              MatOfInt channels = new MatOfInt(0);


                              //直方图数据统计并归一化
                              List<Mat> mat0 = new LinkedList<Mat>();
                              mat0.add(hsv0);
                              Imgproc.calcHist(mat0, channels, mask, hist, histSize,
range);

                              Core.normalize(hist, hist, 0, 255, Core.NORM_MINMAX);

                              //设置终止条件
                              TermCriteria criteria = new
TermCriteria(TermCriteria.EPS | TermCriteria.COUNT, 10, 1);

                              List<Mat> mat = new LinkedList<Mat>();
                              Mat hsv = new Mat();
                              mat.add(hsv);

                              while (true) {
                                      //读取一帧视频
                                      vc.read(frame);

                                      //如果视频文件读完，则退出循环
                                      if (frame.empty()) {
                                          break;
                                      }

                                      //计算目标区域的直方图反向投影
                                      Imgproc.cvtColor(frame, hsv, Imgproc.COLOR_
BGR2HSV);

                                      Mat dst = new Mat();
                                      Imgproc.calcBackProject(mat, channels, hist,
dst, range, 1);

                                      //CamShift 跟踪目标
                                      RotatedRect rect = Video.CamShift(dst,
trackwindow, criteria);

                                      //绘制跟踪到的区域
```

```
                                        Point[] points = new Point[4];
                                        rect.points(points);
                                        for (int i = 0; i < 4 ;i++) {
                                                Imgproc.line(frame, points[i],
points[(i+1)%4], new Scalar(255, 0, 0),2);
                                        }

                                        //在屏幕上显示跟踪结果
                                        HighGui.imshow("frame", frame);
                                        int keyboard = HighGui.waitKey(30);

                                        //如按 Esc 键，则退出
                                        if (keyboard == 27) {
                                            break;
                                        }

                                }
                                System.exit(0);
                        }

        }
```

程序运行时的一个画面如图 13-5 所示。

图 13-5　CamShift.java 程序的运行结果

13.3　背景建模

　　视频中的信息量很大，而通常运动的物体才是我们关心的，因此，如何将背景和前景进行分离就成为问题的关键，这里的背景是指场景中静止不动的景物。

　　如果手头正好有一张（不含前景的）背景图像，例如，没有车辆的道路，则只需在新的图像中减去背景就可以得到前景对象了，但是在大多数情况下是没有背景图像的，而是需要从图像中提取背景。如果天气晴好，车辆还有影子，背景的提取就更加困难了，因为影子也是运动的，简单的图像减法会把影子也当成前景。

提取背景或者说背景建模最简单的方法是对过去 N 帧的像素进行统计并计算其均值或中值，这种方法固然简单，但是效果并不理想。相比之下，高斯混合模型的效果就要好得多。

13.3.1 高斯混合模型

高斯混合模型（Gaussian Mixture Model, GMM）是一种常见的背景建模方法，OpenCV 中的背景分割算法 BackgroundSubtractorMOG()函数和 BackgroundSubtractorMOG2()函数就是基于高斯混合模型的（MOG2 是 MOG 的改进版）。

下面以 MOG 为例说明高斯混合模型的原理。该算法使用 K（K=3 或 5）个高斯分布混合对背景像素进行建模。每像素在时间序列中会有很多值，从而构成一个分布，将这些像素值在视频中存在时间的长短作为混合的权重。这样就可以为每像素选择一个合适数目的高斯分布进行建模。对新的像素的值与高斯混合模型中的每个均值进行比较，将差值大的判断为前景（用白色表示），将差值小的判断为背景（用黑色表示），这样就形成了前景的二值图像。

MOG2 算法是以高斯混合模型为基础进行背景提取的算法，通常分为以下两步：

（1）用 Video.createBackgroundSubtractorMOG2()函数创建一个对象。

（2）用 BackgroundSubtractor.apply()函数获取前景。

Video.createBackgroundSubtractorMOG2()函数的原型如下：

```
BackgroundSubtractorMOG2 Video.createBackgroundSubtractorMOG2(int history,
double varThreshold, boolean detectShadows)
函数用途：创建 MOG2 背景分割器。

【参数说明】
(1)history：历史时长。
(2)varThreshold：用于判断当前像素是前景还是背景的方差阈值。
(3)detectShadows：是否检测阴影的标志，如为 true，则算法将检测阴影并标记。检测阴影会对
速度有少许影响，如不需要此特性，则可设置为 false。
```

BackgroundSubtractor.apply()函数的原型如下：

```
void BackgroundSubtractor.apply(Mat image, Mat fgmask)
函数用途：计算前景掩膜。

【参数说明】
(1)image：视频的下一帧图像。
(2)fgmask：提取的前景掩膜，为 8 位二值图像。
```

下面用一个完整的程序说明用 MOG2 算法进行背景建模的方法，代码如下：

```
//第 13 章/MOG2.java

import org.opencv.core.*;
```

```java
import org.opencv.highgui.HighGui;
import org.opencv.imgproc.Imgproc;
import org.opencv.video.BackgroundSubtractor;
import org.opencv.video.Video;
import org.opencv.videoio.VideoCapture;
import org.opencv.videoio.Videoio;

public class MOG2 {

        public static void main(String[] args) {
                System.loadLibrary(Core.NATIVE_LIBRARY_NAME);

                //读取视频
                VideoCapture vc = new VideoCapture("cars.avi");
                Mat frame = new Mat();        //保存读取的一帧图像
                Mat fgMask = new Mat();       //保存提取的前景

                //创建MOG2背景分割器
                BackgroundSubtractor Subtractor;
                Subtractor = Video.createBackgroundSubtractorMOG2();

                while (true) {
                        //读取一帧图像
                        vc.read(frame);

                        //如果文件读完，则退出循环
                        if (frame.empty()) {
                            break;
                        }

                        //提取帧号
                        double n = vc.get(Videoio.CAP_PROP_POS_FRAMES);

                        //用MOG2提取前景并在屏幕上显示
                        Subtractor.apply(frame, fgMask);
                        Imgproc.putText(fgMask,   String.valueOf(n),
new Point(10, 30), 0, 1.0, new Scalar(255, 255, 255), 3);
                        HighGui.imshow("fgMask", fgMask);

                        int keyboard = HighGui.waitKey(30);

                        //按Esc键，则退出
                        if (keyboard == 27) break;
                    }

                HighGui.waitKey();
        }
```

```
}
```

程序运行时的一个画面如图 13-6 所示。

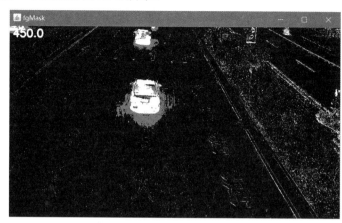

图 13-6 MOG2.java 程序的运行结果

13.3.2 *K*-NN 模型

高斯混合模型也有其缺点，主要缺点是参数太多，计算量大。另外，高斯混合模型在数据量少时效果并不好。针对高斯混合模型的不足，Z.Zivkovic 与 F.van der Heijden 在 2006 年发表的论文 *Efficient Adaptive Density Estimation per Image Pixel for the Task of Background Subtraction* 中提出了一种改进方法，该方法运用 *K* 近邻思想，实现前景目标变换到较小场景模型下的背景建模。*K* 近邻的原理在 12.2 节已经介绍过，此处不再重复。

在 OpenCV 中用 *K*-NN 方法进行背景建模大致分为以下两步：

（1）用 Video.createBackgroundSubtractorKNN()函数创建一个对象。

（2）用 BackgroundSubtractor.apply()函数获取前景。

Video.createBackgroundSubtractorKNN()函数的原型如下：

```
BackgroundSubtractorKNN  Video.createBackgroundSubtractorKNN(int  history,
double dist2Threshold, boolean detectShadows)
```
函数用途：创建 KNN 背景分割器。

【参数说明】

（1）history：历史时长。

（2）dist2Threshold：用于判断当前像素是否接近样本的阈值。

（3）detectShadows：是否检测阴影的标志，如为 true，则算法将检测阴影并标记。检测阴影会对速度有少许影响，如不需要此特性，则可设置为 false。

下面用一个完整的程序说明用 *K*-NN 模型进行背景建模的方法，代码如下：

```
//第13章/KnnBG.java
```

```java
import org.opencv.core.*;
import org.opencv.highgui.HighGui;
import org.opencv.imgproc.Imgproc;
import org.opencv.video.BackgroundSubtractorKNN;
import org.opencv.video.Video;
import org.opencv.videoio.VideoCapture;

public class KnnBG {

        public static void main(String[] args) {
                System.loadLibrary(Core.NATIVE_LIBRARY_NAME);

                //读取本地视频
                VideoCapture vc = new VideoCapture();
                vc.open("cars.avi");

                //视频打开失败时的处理
                if(!vc.isOpened()) {
                        System.out.println("Unable to load video!");
                        return;
                }

                //创建 BackgroundSubtractorKNN 对象
                BackgroundSubtractorKNN knn =
Video.createBackgroundSubtractorKNN();

                //设置结构元素
                Mat Kernel = Imgproc.getStructuringElement(Imgproc.MORPH_
RECT, new Size(3, 3));
                Mat frame = new Mat();
                Mat fgmask = new Mat();

                while (true) {
                        //读取一帧视频
                        vc.read(frame);

                        //如果视频文件读完，则退出循环
                        if (frame.empty()) {
                            break;
                        }

                        //获取前景
                        knn.apply(frame, fgmask, -1);

                        //形态学操作改善效果
                        Imgproc.morphologyEx(fgmask, fgmask,
Imgproc.MORPH_CLOSE, Kernel);

                        Imgproc.dilate(fgmask, fgmask, Kernel);
                        Imgproc.threshold(fgmask, fgmask, 20, 255,
```

```
Imgproc.THRESH_BINARY);

                              //在视频帧上消除背景
                              for (int i = 0, r = fgmask.rows(); i < r; i++) {
                                  for (int j = 0, c = fgmask.cols(); j < c;
                                  j++){
                                      if (fgmask.get(i, j)[0] <= 150) {
                                          frame.put(i, j, 255, 255, 255);
                                      }
                                  }
                              }

                              //在屏幕上显示前景
                              HighGui.imshow("frame", frame);
                              int keyboard = HighGui.waitKey(100);

                              //按 Esc 键，则退出
                              if (keyboard == 27) {
                                  break;
                              }
                          }

                      vc.release();
                      System.exit(0);
                  }

          }
```

程序运行时的一个画面如图 13-7 所示。

图 13-7　KnnBG.java 程序的运行结果

13.4 光流分析

光流（Optical Flow）是指在一个时间间隔内由于运动所造成的图像变化，此处的运动既可以指目标对象的运动，也可以指摄像机的运动，或者两者同时运动。

光流法可以用来对图像进行动态分析，例如目标跟踪。图 13-8 是一个点在连续的 5 帧图像间的移动，箭头表示光流场向量。

光流是基于以下基本假设的：

（1）目标对象的观察亮度并不随时间而改变。

（2）图像平面内的邻近点以类似的方式运动。

这两个假设也限制了光流法的应用范围。如果物体的亮度发生变化或者物体具有较大的反光性，则光流法的效果会受到较大影响。另外，物体运动

图 13-8 光流示意图

速度过快或帧率太小也会影响光流法的　　效果。

光流法可以分为稀疏光流法和稠密光流法。稀疏光流法在计算光流时只使用部分像素，而稠密光流法则使用所有像素。

13.4.1 稀疏光流法

Bruce D. Lucas 和 Takeo Kanade 在 1981 年提出的 Lucas Kanade（LK）算法是稀疏光流算法的重要技术，但该算法有个缺点：当像素运动到了局部窗口之外时会失效。为了解决这个问题，带有金字塔的 LK 算法诞生了。

OpenCV 中的 calcOpticalFlowPyrLK()函数就是用 LK 算法来计算稀疏集光流的，该算法一般需要与 Shi-Tomasi 角点检测算法配合使用，角点检测用以确定视频中需要跟踪的点。

OpenCV 中的 calcOpticalFlowPyrLK()函数的原型如下：

```
void Video.calcOpticalFlowPyrLK(Mat prevImg, Mat nextImg, MatOfPoint2f
prevPts, MatOfPoint2f nextPts, MatOfByte status, MatOfFloat err, Size winSize,
int maxLevel, TermCriteria criteria)
```

函数用途：用带有金字塔的 LK 算法计算稀疏光流。

【参数说明】

（1）prevImg：前一帧图像，必须是 8 位图像。

（2）nextImg：下一帧图像，和前一帧图像具有相同的尺寸和数据类型。

（3）prevPts：光流法要跟踪的特征点向量，必须是单精度浮点数。

（4）nextPts：重新计算过位置的前一帧的特征点向量，也必须是单精度浮点数。

（5）status：输出状态向量；如果找到对应的特征点，则状态为 1，否则为 0。

（6）err：输出错误向量。

（7）win_size：搜索窗口大小。

（8）maxLevel：最大的金字塔层数，如为 0，则不用金字塔。

(9) criteria：迭代搜索的终止条件。

下面用一个完整的程序说明用 LK 算法进行目标跟踪的方法，代码如下：

```java
//第13章/OpticalFlowLK.java

import java.util.*;
import org.opencv.core.*;
import org.opencv.highgui.HighGui;
import org.opencv.imgproc.Imgproc;
import org.opencv.video.Video;
import org.opencv.videoio.VideoCapture;

public class OpticalFlowLK {
        public static void main(String[] args) {
                System.loadLibrary(Core.NATIVE_LIBRARY_NAME);

                //打开视频文件，如打开失败，则退出
                VideoCapture vc = new VideoCapture("cars.avi");
                if (!vc.isOpened())  {
                        System.out.println("Unable to load video!");
                        System.exit(-1);
                }

                //定义颜色数组，用随机色跟踪不同对象
                Scalar[] colors = new Scalar[100];
                Random rd = new Random();
                for (int i = 0 ; i < 100 ; i++) {
                        int r = rd.nextInt(256);
                        int g = rd.nextInt(256);
                        int b = rd.nextInt(256);
                        colors[i] = new Scalar(b, g, r);
                }

                //读取用于比较的原始画面并转换为灰度图
                Mat frame0 = new Mat();
                Mat gray0 = new Mat();
                vc.read( frame0 );
                Imgproc.cvtColor( frame0, gray0, Imgproc.COLOR_BGR2GRAY);

                //进行角点检测
                MatOfPoint mop = new MatOfPoint(); //用于存储角点检测结果
                Imgproc.goodFeaturesToTrack(gray0, mop, 100, 0.01, 10,
new Mat(), 7, false, 0.04);

                //角点检测结果转换数据类型以便于处理
                MatOfPoint2f p0 = new MatOfPoint2f(mop.toArray());
```

```
                        MatOfPoint2f p1 = new MatOfPoint2f();
                        Mat mask = Mat.zeros(frame0.size(), frame0.type());
                        //与原始画面一样的mask

                        while (true) {
                                //读取与原始画面比较的新画面frame
                                Mat frame = new Mat();
                                vc.read(frame);

                                //如果视频文件读完，则退出循环
                                if (frame.empty()) {
                                    break;
                                }

                                //将frame转换为灰度图
                                Mat gray = new Mat();
                                Imgproc.cvtColor(frame, gray, Imgproc.COLOR_
BGR2GRAY);

                                //定义光流估计用参数
                                MatOfByte status = new MatOfByte();
                                MatOfFloat err = new MatOfFloat();
                                TermCriteria criteria = new
TermCriteria(TermCriteria.COUNT + TermCriteria.EPS, 30, 0.03);

                                //光流估计函数，p0为用于跟踪的特征点；有3个返回值：
                                //p1(在新画面中的p0)、status(0或1)和err
                                Video.calcOpticalFlowPyrLK(gray0, gray, p0,
p1, status, err, new Size(31,31),2, criteria);

                                //数据类型转换，以便于处理
                                Byte StatusArr[] = status.toArray();
                                Point p0Arr[] = p0.toArray();
                                Point p1Arr[] = p1.toArray();

                                //将跟踪成功的特征点的轨迹绘制出来
                                ArrayList<Point> goodones = new
ArrayList<Point>();

                                for (int i = 0; i< StatusArr.length ; i++ ) {
                                        if (StatusArr[i] == 1) {
                                                //仅status=1的有用，如为0，
                                                //则表示特征点跟丢了
                                                goodones.add (p1Arr[i]);
                                                Imgproc.line (mask, p1Arr[i],
p0Arr[i], colors[i],2);

                                                Imgproc.circle (frame, p1Arr[i],
5, colors[i],-1);
```

```
                                    }
                         }

                         //将跟踪结果在屏幕上显示
                         Mat img = new Mat();
                         Core.add(frame, mask, img);//与 Mask 进行加运算
                         HighGui.imshow("Frame", img);
                         int keyboard = HighGui.waitKey(150);

                         //按 Esc 键，则退出
                         if (keyboard == 27) break;

                         //更新原始画面和相关变量
                         gray0 = gray.clone();
                         Point[] goodonesArr = new
Point[goodones.size()];

                         goodonesArr = goodones.toArray(goodonesArr);
                         p0 = new MatOfPoint2f(goodonesArr);
                }

                HighGui.waitKey(0);
        }

}
```

程序运行时的一个画面如图 13-9 所示，车辆后面的线条就是跟踪到的角点的运动轨迹。

图 13-9 OpticalFlowLK.java 程序的运行结果

13.4.2 稠密光流法

LK 算法运用 Shi-Tomasi 角点检测来找到特征点，然后对特征点的邻域窗口内的部分像素进行光流跟踪，其优点是运行速度快，可用于实时跟踪，但有时效果不太理想。Farneback 算法则通过前后两帧图像中所有像素的位移向量实现光流跟踪。由于检测了所有像素的光流，所以其效果比稀疏光流法要更好，但是运行速度较慢，不适合实时处理。

OpenCV 中 Farneback 算法的函数原型如下：

```
void Video.calcOpticalFlowFarneback(Mat prev, Mat next, Mat flow, double
pyr_scale, int levels, int winsize, int iterations, int poly_n, double poly_sigma,
int flags)
```
函数用途：用 Farneback 算法计算稠密光流。

【参数说明】
(1) prev：前一帧图像，必须是 8 位图像。
(2) next：下一帧图像，和前一帧图像具有相同的尺寸和数据类型。
(3) flow：输出的光流图像，与前一帧图像具有相同的尺寸，数据类型为 CV_32FC2。
(4) pyr_scale：图像金字塔两层之间的图像比例，要求小于 1。
(5) levels：图像金字塔的层数。如为 1，则表示只用原图像，不构建金字塔。
(6) winsize：均值窗口的尺寸。
(7) iterations：在每层金字塔中迭代的次数。
(8) poly_n：每像素找到多项式展开的邻域大小。
(9) poly_sigma：高斯标准差。
(10) flags：计算方法标志，可为下列参数的组合。
◆ OPTFLOW_USE_INITIAL_FLOW：使用输入流作为初始流近似。
◆ OPTFLOW_FARNEBACK_GAUSSIAN：用高斯滤波器进行光流估计。

下面用一个完整的程序说明用稠密光流算法进行目标跟踪的方法，代码如下：

```
//第13章/OpticalFlowFB.java

import java.util.*;
import org.opencv.core.*;
import org.opencv.highgui.HighGui;
import org.opencv.imgproc.Imgproc;
import org.opencv.video.Video;
import org.opencv.videoio.VideoCapture;

public class OpticalFlowFB {
    public static void main(String[] args) {
        System.loadLibrary(Core.NATIVE_LIBRARY_NAME);

        //打开视频文件，如打开失败，则退出
        VideoCapture vc = new VideoCapture("cars.avi");
        if (!vc.isOpened()) {
            System.out.println("Unable to load video!");
```

```
            System.exit(-1);
}

//读取原始图像 frame0
Mat frame0 = new Mat();
Mat prev = new Mat();
vc.read(frame0);
Imgproc.cvtColor(frame0, prev, Imgproc.COLOR_BGR2GRAY);

while (true) {
        //读取新画面 frame
        Mat frame = new Mat();
        vc.read(frame);

        //视频文件读完，则退出循环
        if (frame.empty()) {
            break;
        }

        //将 frame 转换为灰度图
        Mat next = new Mat();
        Imgproc.cvtColor(frame, next, Imgproc.COLOR_BGR2GRAY);

        //计算稠密光流
        int type = CvType.CV_32FC2;
        Mat flow = new Mat(prev.size(), type);
        Video.calcOpticalFlowFarneback(prev, next,
            flow, 0.5, 3, 15, 3, 5, 1.2, 0);

        //将 flow 按通道拆分
        ArrayList<Mat> flow2c = new ArrayList<Mat>(2);
        Core.split(flow, flow2c);

        //计算幅值和角度
        Mat magnitude = new Mat();
        Mat angle = new Mat();
        Core.cartToPolar(flow2c.get(0), flow2c.get(1),
            magnitude, angle, true);

        //归一化
        Mat mag = new Mat();
        int nm = Core.NORM_MINMAX;
        Core.normalize(magnitude, mag, 0, 1, nm);

        //将幅值和角度生成 HSV 颜色空间的图像
        float f = (float) (180.0/255.0/360.0);
        Mat angle2 = new Mat();
```

```java
        Core.multiply(angle, new Scalar(f), angle2);

        //将 3 个通道图像合并
        ArrayList<Mat> hsv3c = new ArrayList<Mat>() ;
        hsv3c.add(angle2);
        hsv3c.add(Mat.ones(angle.size(), CvType.CV_32F));
        hsv3c.add(mag);
        Mat hsv = new Mat();
        Core.merge(hsv3c, hsv);

        //转换为 RGB 颜色空间
        Mat hsv2 = new Mat();
        Mat bgrImg = new Mat();
        hsv.convertTo(hsv2, CvType.CV_8U, 255.0);
        Imgproc.cvtColor(hsv2, bgrImg, Imgproc.COLOR_HSV2BGR);

        //在屏幕上显示跟踪结果
        HighGui.imshow("frame", bgrImg);
        int keyboard = HighGui.waitKey(60);

        //按 Esc 键，则退出
        if (keyboard == 27) {
            break;
        }
        prev = next;   //更新图像
    }

    HighGui.waitKey(0);
  }

}
```

程序运行时的一个画面如图 13-10 所示。

程序中用到了一个没有介绍过的 cartToPolar() 函数，其原型如下：

```
    void Core.cartToPolar(Mat x, Mat y, Mat magnitude, Mat angle, boolean
angleInDegrees)
```
函数用途：计算二维向量的幅值和角度。角度的精度约为 0.3°，点 (0,0) 的角度设为 0。

【参数说明】
(1) x：二维向量的 x 坐标数组，必须是单精度或双精度的浮点数组。
(2) y：二维向量的 y 坐标数组，和 x 具有相同的尺寸和数据类型。
(3) magnitude：输出的极径数组，和 x 具有相同的尺寸和数据类型。
(4) angle：输出的极角数组，和 x 具有相同的尺寸和数据类型。单位可以是弧度 (0~2Pi) 或角度 (0~360°)。
(5) angleInDegrees：极角单位标志，当参数为 false 时用弧度表示，当参数为 true 时用角度表示。

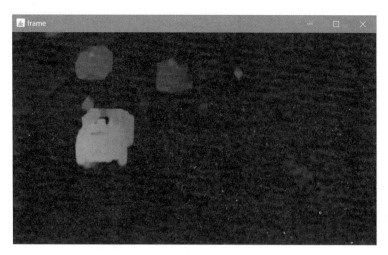

图 13-10　OpticalFlowFB.java 程序的运行结果

13.5　本章小结

本章首先介绍了视频的读取、保存等基础操作，并在此基础上介绍了均值迁移法、背景建模、光流分析等视频分析和目标跟踪算法。

本章介绍的主要函数见表 13-2。

表 13-2　第 13 章主要函数清单

编号	函 数 名	函 数 用 途	所在章节
1	VideoCapture.open()	打开视频文件或视频流	13.1.1 节
2	VideoCapture.read()	读取一帧视频图像	13.1.1 节
3	VideoWriter.open()	初始化视频写操作	13.1.2 节
4	VideoWriter.write()	写入一帧图像	13.1.2 节
5	VideoCapture.get()	获取 VideoCapture 对象的属性	13.1.3 节
6	VideoCapture.set()	设置 VideoCapture 对象的属性	13.1.3 节
7	Video.meanShift()	用均值迁移法寻找物体	13.2.1 节
8	Core.inRange()	检查数组元素是否位于两个数组元素之间	13.2.1 节
9	Video.CamShift()	用自适应的均值迁移法寻找物体	13.2.2 节
10	Video.createBackgroundSubtractorMOG2()	创建 MOG2 背景分割器	13.3.1 节
11	BackgroundSubtractor.apply()	计算前景掩膜	13.3.1 节
12	Video.createBackgroundSubtractorKNN()	创建 KNN 背景分割器	13.3.2 节
13	Video.calcOpticalFlowPyrLK()	用 LK 稀疏光流法计算	13.4.1 节
14	Video.calcOpticalFlowFarneback()	用 Farneback 算法计算稠密光流	13.4.2 节

本章中的示例程序清单见表 13-3。

表 13-3   第 13 章示例程序清单

编号	程　序　名	程　序　说　明	所在章节
1	VideoCap.java	读取视频文件	13.1.1 节
2	VideoWrite.java	保存视频	13.1.2 节
3	VideoProp.java	获取视频属性	13.1.3 节
4	MeanShift.java	用均值迁移法进行目标追踪	13.2.1 节
5	CamShift.java	用自适应的均值迁移法进行目标追踪	13.2.2 节
6	MOG2.java	用 MOG2 算法进行背景建模	13.3.1 节
7	KnnBG.java	用 KNN 模型进行背景建模	13.3.2 节
8	OpticalFlowLK.java	用 LK 算法进行目标跟踪	13.4.1 节
9	OpticalFlowFB.java	用稠密光流算法进行目标跟踪	13.4.2 节

参 考 文 献

[1] GONZALEZ R. 数字图像处理[M]. 阮秋琦，译. 北京：电子工业出版社，2011.

[2] BRADSKI G，KAEHLER A. 学习 OpenCV（中文版）[M]. 于仕琪，刘瑞祯，译. 北京：清华大学出版社，2009.

[3] BURGER W，BURGER M J. 数字图像处理：Java 语言算法描述[M]. 黄华，译. 北京：清华大学出版社，2010.

[4] HORSTMANN C. Java 核心技术·卷 I：基础知识[M]. 林琪，苏钰涵，译. 北京：机械工业出版社，2019.

[5] 陈刚. Eclipse 从入门到精通[M]. 北京：清华大学出版社，2005.

[6] ECKEL B. Java 编程思想 [M]. 陈昊鹏，译. 4 版. 北京：机械工业出版社，2007.

[7] MODRZYK N. Java 图像处理：基于 OpenCV 与 JVM[M]. 魏兰，潘婉琼，译. 北京：机械工业出版社，2019.

[8] 朱斌. OpenCV 4 机器学习算法原理与编程实战[M]. 北京：电子工业出版社，2021.

图 书 推 荐

书　　名	作　　者
HarmonyOS 应用开发实战（JavaScript 版）	徐礼文
HarmonyOS 原子化服务卡片原理与实战	李洋
鸿蒙操作系统开发入门经典	徐礼文
鸿蒙应用程序开发	董昱
鸿蒙操作系统应用开发实践	陈美汝、郑森文、武延军、吴敬征
HarmonyOS 移动应用开发	刘安战、余雨萍、李勇军 等
HarmonyOS App 开发从 0 到 1	张诏添、李凯杰
HarmonyOS 从入门到精通 40 例	戈帅
JavaScript 基础语法详解	张旭乾
华为方舟编译器之美——基于开源代码的架构分析与实现	史宁宁
Android Runtime 源码解析	史宁宁
鲲鹏架构入门与实战	张磊
鲲鹏开发套件应用快速入门	张磊
华为 HCIA 路由与交换技术实战	江礼教
深度探索 Go 语言——对象模型与 runtime 的原理、特性及应用	封幼林
深度探索 Flutter——企业应用开发实战	赵龙
Flutter 组件精讲与实战	赵龙
Flutter 组件详解与实战	[加]王浩然（Bradley Wang）
Flutter 跨平台移动开发实战	董运成
Dart 语言实战——基于 Flutter 框架的程序开发（第 2 版）	亢少军
Dart 语言实战——基于 Angular 框架的 Web 开发	刘仕文
IntelliJ IDEA 软件开发与应用	乔国辉
Vue+Spring Boot 前后端分离开发实战	贾志杰
Vue.js 快速入门与深入实战	杨世文
Vue.js 企业开发实战	千锋教育高教产品研发部
Python 从入门到全栈开发	钱超
Python 全栈开发——基础入门	夏正东
Python 全栈开发——高阶编程	夏正东
Python 全栈开发——数据分析	夏正东
Python 游戏编程项目开发实战	李志远
Python 人工智能——原理、实践及应用	杨博雄 主编,于营、肖衡、潘玉霞、高华玲、梁志勇 副主编
Python 深度学习	王志立
Python 预测分析与机器学习	王沁晨
Python 异步编程实战——基于 AIO 的全栈开发技术	陈少佳
Python 数据分析实战——从 Excel 轻松入门 Pandas	曾贤志
Python 数据分析从 0 到 1	邓立文、俞心宇、牛瑶
Python Web 数据分析可视化——基于 Django 框架的开发实战	韩伟、赵盼
Python 玩转数学问题——轻松学习 NumPy、SciPy 和 Matplotlib	张骞
Pandas 通关实战	黄福星
深入浅出 Power Query M 语言	黄福星

书　名	作　者
FFmpeg 入门详解——音视频原理及应用	梅会东
云原生开发实践	高尚衡
云计算管理配置与实战	杨昌家
虚拟化 KVM 极速入门	陈涛
虚拟化 KVM 进阶实践	陈涛
边缘计算	方娟、陆帅冰
物联网——嵌入式开发实战	连志安
动手学推荐系统——基于 PyTorch 的算法实现（微课视频版）	於方仁
人工智能算法——原理、技巧及应用	韩龙、张娜、汝洪芳
跟我一起学机器学习	王成、黄晓辉
TensorFlow 计算机视觉原理与实战	欧阳鹏程、任浩然
分布式机器学习实战	陈敬雷
计算机视觉——基于 OpenCV 与 TensorFlow 的深度学习方法	余海林、翟中华
深度学习——理论、方法与 PyTorch 实践	翟中华、孟翔宇
深度学习原理与 PyTorch 实战	张伟振
AR Foundation 增强现实开发实战（ARCore 版）	汪祥春
ARKit 原生开发入门精粹——RealityKit + Swift + SwiftUI	汪祥春
HoloLens 2 开发入门精要——基于 Unity 和 MRTK	汪祥春
巧学易用单片机——从零基础入门到项目实战	王良升
Altium Designer 20 PCB 设计实战（视频微课版）	白军杰
Cadence 高速 PCB 设计——基于手机高阶板的案例分析与实现	李卫国、张彬、林超文
Octave 程序设计	于红博
ANSYS 19.0 实例详解	李大勇、周宝
AutoCAD 2022 快速入门、进阶与精通	邵为龙
SolidWorks 2020 快速入门与深入实战	邵为龙
SolidWorks 2021 快速入门与深入实战	邵为龙
UG NX 1926 快速入门与深入实战	邵为龙
西门子 S7-200 SMART PLC 编程及应用（视频微课版）	徐宁、赵丽君
三菱 FX3U PLC 编程及应用（视频微课版）	吴文灵
全栈 UI 自动化测试实战	胡胜强、单镜石、李睿
FFmpeg 入门详解——音视频原理及应用	梅会东
pytest 框架与自动化测试应用	房荔枝、梁丽丽
软件测试与面试通识	于晶、张丹
智慧教育技术与应用	[澳]朱佳（Jia Zhu）
敏捷测试从零开始	陈霁、王富、武夏
智慧建造——物联网在建筑设计与管理中的实践	[美]周晨光（Timothy Chou）著；段晨东、柯吉译
深入理解微电子电路设计——电子元器件原理及应用（原书第 5 版）	[美]理查德·C.耶格（Richard C. Jaeger）、[美]特拉维斯·N.布莱洛克（Travis N. Blalock）著；宋廷强 译
深入理解微电子电路设计——数字电子技术及应用（原书第 5 版）	[美]理查德·C.耶格（Richard C.Jaeger）、[美]特拉维斯·N.布莱洛克（Travis N.Blalock）著；宋廷强 译
深入理解微电子电路设计——模拟电子技术及应用（原书第 5 版）	[美]理查德·C.耶格（Richard C.Jaeger）、[美]特拉维斯·N.布莱洛克（Travis N.Blalock）著；宋廷强 译